哈尔滨理工大学制造科学与技术系列专著

金属切削过程有限元仿真技术

岳彩旭　著

科学出版社
北　京

内 容 简 介

本书开展了金属切削过程有限元仿真技术的研究，旨在推进该技术在金属切削过程研究中的应用。书中首先阐述了切削过程基础理论，综述了切削过程有限元仿真技术的国内外研究现状和发展趋势；然后介绍了切削过程有限元仿真关键技术，并基于Abaqus对典型仿真案例进行了详细介绍；在此基础上，对金属车削和铣削过程进行了仿真分析，并探讨了刀具磨损仿真和切削过程控制仿真；最后对不同仿真软件的研究结果进行了特性对比。本书成果丰富了金属切削机理的研究手段。

本书可供从事切削理论与技术研究的科研人员、机械制造行业的技术人员参考，也可作为高等院校相关专业研究生的参考书。

图书在版编目（CIP）数据

金属切削过程有限元仿真技术 / 岳彩旭著.—北京：科学出版社，2017.10

（哈尔滨理工大学制造科学与技术系列专著）

ISBN 978-7-03-046859-8

Ⅰ. ①金… Ⅱ. ①岳… Ⅲ. ①金属切削 Ⅳ. ①TG501

中国版本图书馆 CIP 数据核字（2017）第 199186 号

责任编辑：裴 育 赵微微 / 责任校对：桂伟利

责任印制：吴兆东 / 封面设计：蓝 正

科学出版社 出版

北京东黄城根北街 16 号

邮政编码：100717

http://www.sciencep.com

北京九州迅驰传媒文化有限公司印刷

科学出版社发行 各地新华书店经销

*

2017 年 10 月第 一 版 开本：720×1000 1/16

2025 年 1 月第七次印刷 印张：17

字数：326 000

定价：150.00 元

（如有印装质量问题，我社负责调换）

序　　言

数字化设计与制造技术是实现智能制造的基础，而基于有限元理论的定量化仿真技术为产品的结构和性能优化、加工过程的定量分析与控制提供了重要的方法和手段。随着计算技术和计算机硬件的发展，有限元仿真技术取得了长足的发展，仿真技术也作为认识客观世界的第三种方法，在科学研究和技术开发的各个领域发挥着越来越重要的作用。

金属切削过程是在刀具刃前区几立方毫米的区域内，发生金属材料的高速变形、分离和流出、形成加工表面的过程。切削温度变化梯度大，刀具磨损快，导致切削状态变化十分复杂，若单纯依靠实验手段来研究则有较大的局限性。自有限元仿真技术被引入金属加工研究领域以来，受到了相关研究人员和技术开发者的广泛重视。该技术在切削机理研究、刀具设计和切削参数优化等方面已有了较好的应用案例。

该书详细阐述了切削过程有限元仿真技术的基础理论、技术方法及应用实践。作者结合自己近十年仿真经验和其所在团队在切削仿真方面取得的成果，着重论述了切削仿真的理论基础（有限元仿真基础知识）、切削仿真技术（车削及铣削典型案例设计）、切削过程仿真应用，并注重这三者的有机结合。该书基于仿真软件 Abaqus 建立了切削过程二维仿真模型及切削过程三维仿真模型，对切屑形成、切削力、切削温度、切削应力和刀具磨损进行了分析研究，仿真结果揭示了相关物理量的变化规律；同时，也将 Abaqus 与 Third Wave AdvantEdge 和 Deform 在软件操作及仿真结果等方面进行了对比论述，便于读者依据实际研究对象选取合适的仿真软件。

目前，专门针对切削过程仿真方面的论著还比较少，该书是作者在国家自然科学基金和国家科技重大专项等相关课题的研究中，对切削过程有限元仿真技术进行了系统研究而形成的。该书内容丰富，基础理论和技术实践相结合，并兼具学术研究专著和技术参考书的特点，具有较好的可读性和实用性。期望该书的出版能对从事相关研究的高校师生及科研人员有一定的帮助。

2017 年 7 月

前　言

切削过程的研究若单纯依靠实验手段，不仅耗时耗力，且要配备高精度的实验仪器和检测仪器作为支撑。近年来，随着计算机技术和软件技术的发展，有限元仿真技术在切削过程研究中得到越来越广泛的应用。经过仿真分析，可降低分析成本和时间。因此，有限元仿真技术在切削过程的研究中起到了越来越重要的作用。由于仿真技术已成为切削过程研究的有力工具，国际生产工程学会（CIRP）专门成立了“Modeling of Machining Operation”工作组来推动仿真技术在切削机理方面的研究和工业界的应用。同时，国内诸多学者也开展了此方面工作的研究。

早在 2000 年前后，本课题组在刘献礼教授的带领下开展了切削过程有限元仿真的研究，并获得了国家自然科学基金“淬硬钢高速切削过程的建模与仿真”（50575061）的资助。十多年来，课题组采用有限元仿真技术在切削力、切削温度、刀具寿命、已加工表面质量的预报及切削过程的优化与控制等方面取得了一系列成果，并在哈尔滨汽轮机厂有限责任公司、株洲钻石切削刀具股份有限公司、厦门金鹭特种合金有限公司等合作单位取得了良好的应用效果。研究成果为切削工艺优化和刀具设计提供了重要的参考依据。

为进一步凝练学术方向，作者在总结课题组研究成果的基础上撰写本书。书中主要从切削过程基础理论、切削过程仿真的关键技术、基于 Abaqus 的车削和铣削过程仿真、切削过程中的刀具磨损仿真、基于有限元仿真的切削工艺控制及不同软件的仿真结果对比等方面展开论述。目前，常用的切削仿真软件主要有 Deform、Third Wave AdvantEdge、Abaqus 等主流软件。上述软件的应用背景和计算特性各有不同，为了使本书内容更有针对性，书中所介绍的实例操作及典型案例分析主要选取 Abaqus，同时也将此软件与其他软件在模型操作和仿真结果等方面进行了特性对比。作为切削过程有限元仿真技术的专著，本书既有理论基础，又注重实际应用。为了使读者更好地掌握和理解本书内容，书中图文并茂，并在典型案例介绍时力求步骤详细，可操作性强。

在本书撰写过程中，得到了导师哈尔滨理工大学刘献礼教授的悉心指导和帮助，是刘献礼老师把我引入了切削过程仿真领域，在此表示深深的感谢。在切削试验研究方面，得到了严复钢高工、李玉甫高工和马晶老师热情的帮助；在模型计算方面，得到了南方科技大学融亦鸣教授、美国佐治亚理工学院 Steven Y. Liang 教授和潘智鹏博士、北京领航科技公司梁桂强老师、湖南大学研究生陶琪的帮助；

“高效切削及刀具”国家地方联合工程实验室和“先进加工技术与智能制造”黑龙江省重点实验室的同事及研究生也给予作者细致的帮助，在此一并表示感谢。对已经毕业的硕士研究生盆洪民和于明明表示特别感谢。同时，感谢在我访学期间美国佐治亚理工学院精密制造实验室（GTMI）提供的 Abaqus 和 Deform 的软件支持，以及北京澳森拓维科技有限公司在 Third Wave AdvantEdge 方面提供的资料。感谢国家自然科学基金项目（51575147、51235003）为本书提供的资助。

由于作者水平有限，书中难免存在不妥之处，恳请读者提出宝贵意见。

岳彩旭

2017 年 6 月

目　录

第 1 章　金属切削过程基本规律及研究方法

用切削刀具切除工件上多余的金属，从而使工件的形状、尺寸精度及表面质量都符合预定的要求，这样的加工称为金属切削加工。金属切削过程是刀具和工件互相作用的过程，在这个过程中既要保证低成本和高效率，又要保证工件的加工质量。随现代科学技术的快速发展，许多先进的加工技术已经伴随传统的切削加工技术而产生，如超声加工、激光加工、电火花加工和化学加工等技术，可以部分取代传统的切削加工。然而，由于传统的金属切削加工具有加工精度高、生产效率高、成本低等优点，机械制造方面的大多数零件还必须通过传统的切削加工来实现。

1.1　切削运动和切削用量

切削加工时，为了获得所需的零件形状，刀具与工件必须具有一定的相对运动，即切削运动，切削运动按其所起的作用可分为主运动和进给运动，如图 1.1 所示。

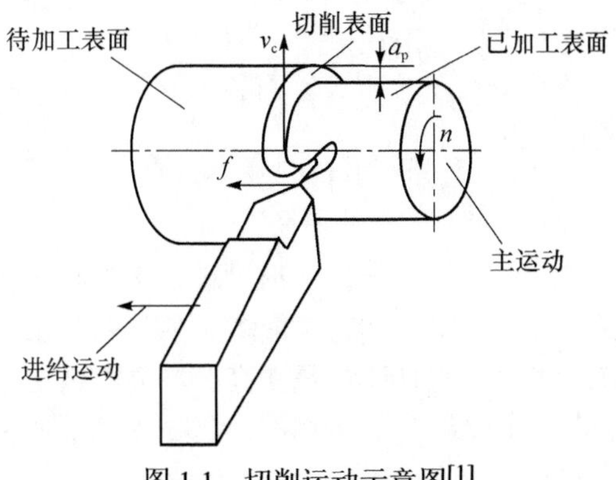

图 1.1　切削运动示意图[1]

（1）主运动。主运动是由机床或手动提供的刀具与工件之间主要的相对运动，它使刀具切削刃及其毗邻的刀具表面切入工件材料，使被切削层转变为切屑，从而形成工件新表面。

（2）进给运动。进给运动是由机床或手动传递给刀具或工件的运动，它配合主运动依次切除金属切屑，与此同时形成具有所需的几何特性的已加工表面。进给运动可以是间歇进行的，也可以是连续进行的。

（3）合成运动。合成运动是主运动和进给运动的合成。

切削用量是切削时各运动参数的总称，包括切削速度 v_c、进给量 f 和切削深度 a_p。切削用量是调整机床，计算切削力、切削功率和工时定额的重要参数。

（1）切削速度 v_c。计算切削速度时，应选取刀刃上速度最高的点进行计算。主运动为旋转运动时，切削速度 v_c（m/s 或 m/min）由式（1.1）确定：

$$v_c = \frac{\pi dn}{1000} \tag{1.1}$$

式中，d 为工件或刀具的最大直径，mm；n 为工件或刀具的转速，r/s 或 r/min[2]。

（2）进给量 f。进给量是工件或刀具每回转一周时，二者沿进给方向的相对位移，单位为 mm/r；进给速度 v_f 是单位时间内的进给位移量，单位为 mm/s 或 mm/min。对于刨削、插削等主运动为往复直线运动的加工，虽然可以不规定间歇进给速度，但要规定间歇进给的进给量。

进给量 f、进给速度 v_f 和每齿进给量 f_z 之间的关系为：$v_f = f \cdot n = f_z \cdot z \cdot n$（mm/s 或 mm/min）。

（3）切削深度 a_p。刀具切削刃与工件的接触长度在同时垂直于主运动和进给运动方向上的投影值称为切削深度（mm）。外圆车削的切削深度就是工件已加工表面和待加工表面间的垂直距离，d_w 为待加工表面直径，d_m 为已加工表面直径，三者之间的关系为

$$a_p = \frac{d_w - d_m}{2} \tag{1.2}$$

1.2 切削变形区

金属的切削加工是一个复杂的塑性变形过程，工件材料在刀具的剪切挤压作用下，经过弹塑性变形，最后将待加工表面多余的材料与工件表面分离进而产生切屑。这一过程不仅应变大，而且通常是在高速、高温情况下进行的[3,4]。图 1.2 为低速切削时切削层内三个变形区的示意图，Ⅰ为第一变形区，Ⅱ为第二变形区，Ⅲ为第三变形区。

（1）第一变形区。当刀具前刀面以切削速度 v_c 挤压切削层时，切削层中的某点沿 OA 面开始产生剪切滑移，直至其流动方向开始与刀具前刀面平行，不再沿 OM 面产生滑移，切削层形成切屑沿刀具前刀面流出。从 OA 面开始发生塑性变形到 OM 面的剪切滑移基本完成，这一区域称为第一变形区[1]。第一变形区的主要特征是沿滑移面的剪切滑移变形以及随之产生的加工硬化。

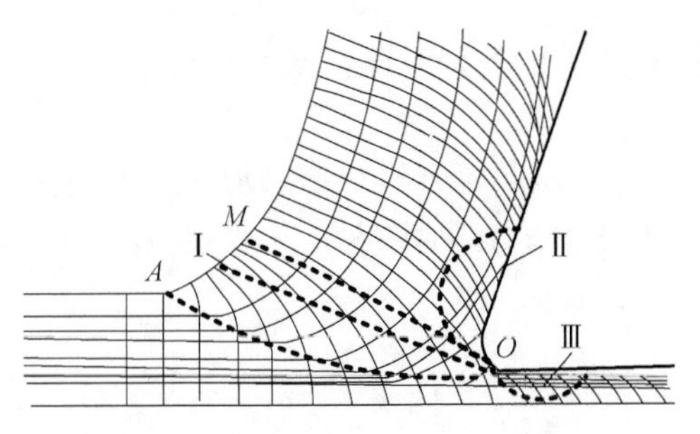

图 1.2　切削时形成的三个变形区

（2）第二变形区。当剪切滑移形成的切屑在刀具前刀面流出时，切屑底层进一步受到刀具的挤压和摩擦，使靠近刀具前刀面处的金属再次产生剪切变形，这一区域称为第二变形区。

（3）第三变形区。第三变形区是工件与刀具后刀面接触的区域，受到刀具刃口与刀具后刀面的挤压和摩擦，造成已加工表面变形。这是由于在实际切削中刀具刃口不可避免地存在钝圆半径，被挤压层再次受到刀具后刀面的拉伸、摩擦作用，进一步产生塑性变形，使已加工表层变形加剧。

1.3　切屑的形成

金属切削过程是切屑不断生成的过程。掌握金属切削规律，对提高切削效率、降低加工成本、改善产品质量有着至关重要的作用。

1.3.1　切屑的形成过程

通过试验得出：金属切削过程是工件切削层在受到刀具前刀面的挤压后而产生的以滑移为主的变形过程。

如图 1.3 所示，*OA* 面与 *OM* 面之间的塑性变形区域称为第一变形区。

在第一变形区内，变形的过程和特点是：当切削刃处于起始切削点 *O* 位置时，在切削层 *OA* 面上受刀具的 F_r' 作用后，使 *OA* 面上产生的切应力达到材料屈服强度 $\sigma_{0.2}$，引起金属材料组织中晶格在晶面上的剪切滑移，滑移方向与切应力方向一致，即与 F_r' 作用方向呈 45°。继而切削层移动到 *OM* 面时，其上晶格在晶面上滑移的方向仍然与切削力方向呈 45°。这主要

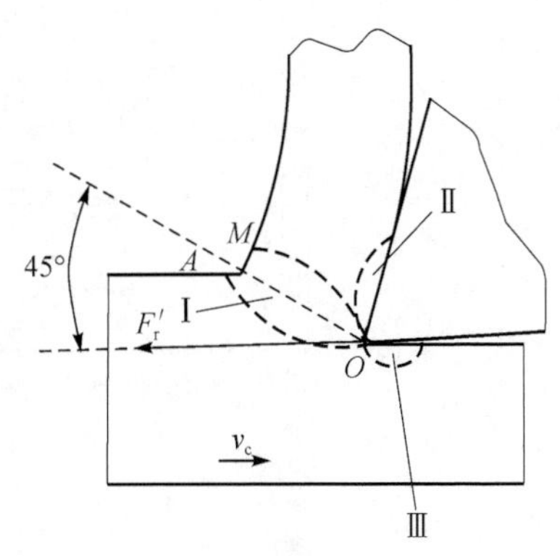

图 1.3　切削变形区域及特点

是由材料受力变形的特点决定的。因此，切削层经 *OM* 面后即被刀具切离而形成切屑[5]。

由图 1.3 可知，切削层从起始到终止切削形成切屑是在极短时间内完成的，通常 *OA* 面称为起始滑移面，*OM* 面称为终止滑移面，它们之间是个很窄的塑性变形区域，仅为 0.02～0.2mm。

1.3.2　切屑的类型

根据剪切滑移后形成切屑的外形不同，切屑可分为四种类型。

1. 带状切屑

带状切屑如图 1.4（a）所示，切削层经塑性变形后被刀具切离。其形状是延绵不断的带状，并沿刀具前刀面流出。

2. 节状切削

节状切屑如图 1.4（b）所示，切削层在塑性变形过程中，剪切面上局部位置处切应力达到材料强度极限而产生局部断裂，使切屑顶部开裂形成节状。

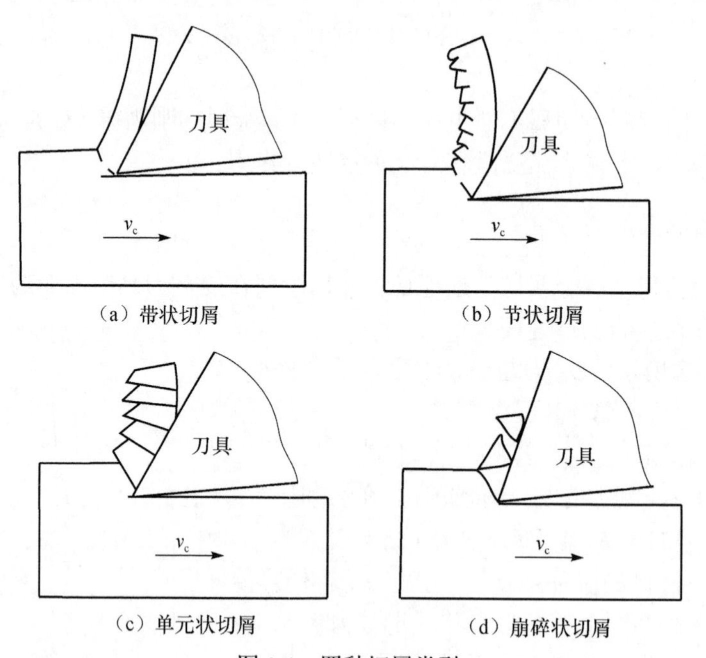

图 1.4　四种切屑类型

3. 单元状切屑

单元状切屑如图1.4（c）所示，在剪切面上产生的切应力超过材料强度极限，形成的切屑被剪切断裂成单元状。

4. 崩碎状切屑

崩碎状切屑如图1.4（d）所示，当切削铸铁类脆性金属时，切削层未经塑性变形，在材料组织中石墨与铁素体之间的疏松界面上产生不规则断裂而形成崩碎状切屑。工件材料越硬，刀具前角越小，越容易形成此类切屑。

1.3.3　研究切屑的方法

研究切屑几何形状的方法大致可以归纳为三类：理论分析法、试验法和有限元仿真法[6]。

1. 理论分析法

理论分析法是首先通过对所研究的对象进行假设、限定、简化等处理，建立其相对应的物理数学模型，然后对数学模型进行分析得到相应的结论，最后根据原来的假设和研究问题的特殊性进行有限推广。针对切屑几何形状的理论分析又分为剪切平面理论分析和滑移线理论分析。

切屑几何形状剪切平面理论分析中，常用的模型是 Merchant 的剪切平面模型。在此模型中得到的切屑是直的，即没有考虑实际切削中切屑的弯曲作用，因此通过该理论所得到的刀-屑总接触长度与实际的切屑长度相差很大。

切屑几何形状滑移线理论：经过多年的发展，以滑移线理论为基础，建立了一个新的模型，不仅考虑了刀具的圆弧刃口形状对切削的影响，还考虑了切屑的卷曲作用、切削过程中剪切区域的厚度等。总的来说，该模型较为真实地反映了实际切削情况。但是，该模型以滑移线理论为基础，工件材料的剪切流动应力值被假设为常数，而实际切削过程中，工件材料的剪切流动应力是变化的。

2. 试验法

用试验法对切屑进行研究，能很好地反映实际的切削情况，得出的结果可信程度高，但是进行切削试验比较烦琐，费时费力，成本高。另外，试验研究要想更好地指导生产实践，还必须借助理论分析。有国外学者曾研究高速正交切削条件下的刀-屑总接触长度，采用气枪推动炮弹发射装置来发射加工样品模拟正交切削，在切削过程中用聚焦数字高速摄像机拍摄切削的形成过程及切屑形状，测出

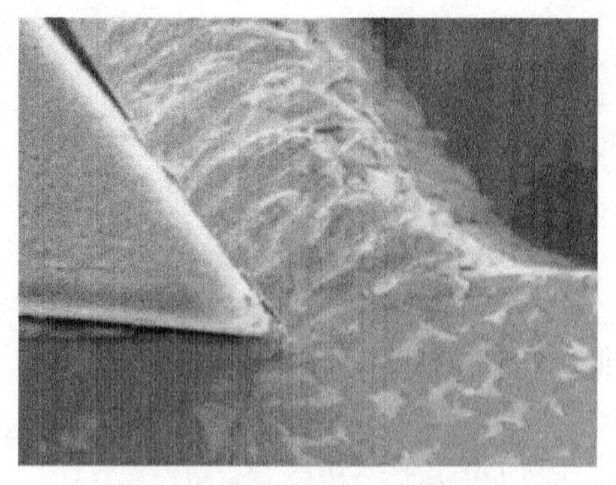
图 1.5　切削过程中切屑图像

了刀-屑总接触长度，研究了刀-屑总接触长度与切屑厚度之间的变化规律，该试验结果与理论分析所得到的变化规律基本一致。切屑的高速摄影图像如图 1.5 所示。国内学者在对冷作模具钢 Cr12MoV 干式硬态切削所形成的锯齿形切屑进行研究时，通过扫描电子显微镜（scanning electron microscope，SEM）观察切屑的金相组织和微观形貌，揭示了切削速度对切削力、切削温度的影响规律。

3. 有限元仿真法

自 1973 年首次把有限元法引入金属加工研究领域以来，有限元法已经成为金属切削研究中必不可少的工具。这种方法不仅极大地丰富和充实了切削加工领域的研究方法与手段，而且节省了大量的试验费用和时间，促进了切削加工研究的蓬勃发展。在切削区域中的工件材料和切屑一般都涉及塑性变形、弹性变形、弹塑性耦合与应力软化、黏塑性和蠕变等问题，这些问题的出现增加了试验的难度、成本和周期，通过有限元仿真法就可以解决试验研究和理论研究面临的难题，降低成本，缩短研发周期。在研究钛合金高速切削锯齿形切屑形成机理时，通过切削试验去探究虽然是一种比较可靠的方式，但切削试验条件比较复杂，研究起来很困难；而有限元仿真技术则是一种较为理想的方式。利用有限元仿真技术，可以研究切屑形成的机理，也可以分析切削参数对切屑的影响，还可以对切屑形成的过程进行分析。在研究不同刃口形式下锯齿形切屑形成过程时，就可以利用有限元技术，例如，有国内学者利用有限元软件 Abaqus，采用 Johnson-Cook 本构模型，通过设置合理的边界条件，运用适当的分离准则，建立了二维正交高速切削有限元模型，该模型成功地对硬态切削工艺中锯齿形切屑产生的过程进行了仿真[7]。还有学者利用有限元软件 MSC.Marc 中网格重新划分技术模拟硬态切削过程连续切屑形成，模型中考虑了工件材料机械物理性能随时间变化以及流动应力受应变、应变率和温度影响等特性，该模型的仿真精度较高[8]。也有国外学者通过建立有限元模型来揭示 Inconel718 切削过程中绝热剪切机制，并得到了切削条件对锯齿形切屑生成影响方面的结论[9]。

1.4　切　削　力

切削力是刀具切削工件材料时所产生的阻力，它影响工艺系统的强度和刚度，也对工件的表面质量产生重要影响。在设计机床、夹具、刀具和计算切削动力消耗时，都要以切削力为主要依据。在一些精密加工和自动化生产中，切削力也能用来检测与监控刀具磨损、切削热和加工表面质量等。

1.4.1　切削力的来源

当刀具切削工件时，刀具要克服工件内部弹性、塑性变形的阻抗力以及切屑和工件对刀具产生的摩擦阻力，这些力作用在刀具上的合力为 F，合力 F 作用在切削刃工作空间的某个方向，如图 1.6 所示，确定切削合力的方向和大小是困难的。因此，为便于测量、计算和反映实际加工的需要，可将合力 F 在正交平面坐标系上分解为三个分力。

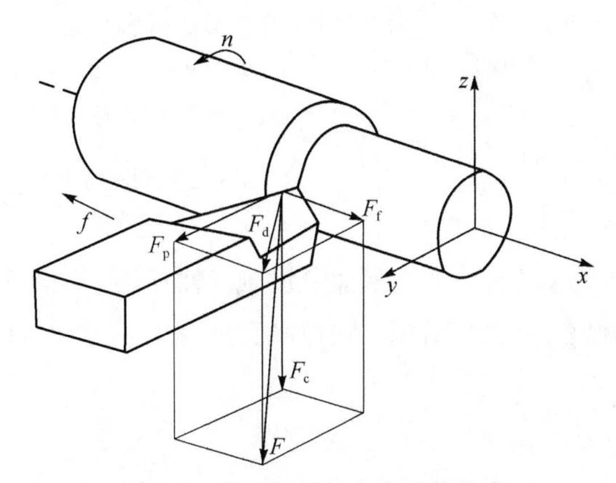

图 1.6　外圆切削时合力及其分力

切削力 F_c（主切削力 F_z）：在主运动方向上的分力，垂直于基面。

背向力 F_p（切深抗力 F_y）：在垂直于假定工作平面上的分力，在基面内。

进给力 F_f（进给抗力 F_x）：在进给运动方向上的分力，在基面内且垂直于进给平面。

1.4.2　影响切削力大小的主要因素

1. 切削用量的影响

增大切削深度 a_p 和进给量 f，则切削力 F_c 也随之增大。但两者对切削力的影响程度不同。如果切削深度增加 1 倍，则切削力约增加 1 倍；而如果进给量增大 1 倍，则切削力只增加 70%～80%。

切削速度对切削力的影响如图 1.7 所示，在积屑瘤产生的区域内，增大切削速度，因前角增大、切屑变形小，故切削力减小；当积屑瘤消失时，切削力又增大。在中速后进一步提高切削速度，切削力逐渐减小，当切削速度超过 90m/min 时，切削力减小不明显，而后将处于稳定状态。

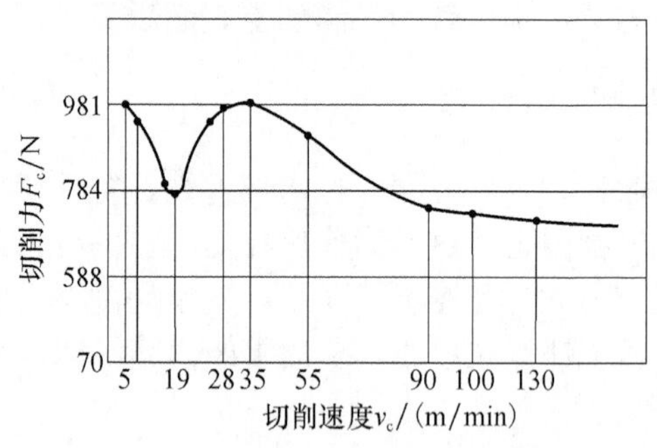

图 1.7　切削速度对切削力的影响

加工条件：工件材料 45 钢、刀具材料 P10（YT15）；

γ_0=15°、κ_r=45°、λ_s=0°、a_p=2mm、f=0.2mm/r

2. 工件材料的影响

工件材料的硬度越高，其剪切屈服强度 $\sigma_{0.2}$ 就越高，切削时产生的切削力就越大。工件材料的塑性和韧性越高，则切屑变形越大，刀具与切屑间的摩擦也就越大，故切削力越大。

3. 刀具几何参数的影响

刀具前角 γ_0 对切削分力的影响很大，前角增大，三个分力均有不同程度的减小。

主偏角 κ_r 在 30°～60°范围增大时，切削力 F_c 和背向力 F_p 随之减小，进给力 F_f 增大；当主偏角在 60°～70°范围时，切削力 F_c 最小；当主偏角继续增大时，切削力 F_c 和进给力 F_f 逐渐增大，背向力 F_p 减小。

4. 其他因素的影响

刀具材料、刃倾角、刀尖圆弧半径、刀具磨损、切削液等因素都会对切削力的大小产生影响。

1.4.3　切削力的研究方法

1. 经验建模法

经验建模是指经过大量切削试验，建立各切削参数、刀具参数与切削力的指数关系式。实际生产中，大多使用经验公式，对切削力获得一个经验范围内的判断，以便选用工艺参数。然而，这种方法在像铣削这样的断续切削中，就存在很明显的不足：首先，经验公式的建立需要大量的试验；其次，经验公式只能求得加工中的平均力，而无法获得各瞬时切削力的数值；再次，经验公式的精度不高[10]。

2. 解析法

解析法是通过分析切削机理，从材料特性的角度来建立模型，实现对切削力的预测。较为经典的是直角切削模型，该模型使用了剪切面理论、切屑滑移理论等，通过试验标定剪切角、摩擦角等参数，从而进行切削力预测。而剪切角本身是难以确定的，因此解析方法的精度有限[11]。

3. 力学建模法

力学建模法具有较好的建模精度，是目前比较成熟并且使用较为广泛的切削力建模方法，许多学者都对其进行了研究。

4. 有限元法

近年来，有限元技术已经在金属切削研究中得到越来越广泛的应用，大大减少了试验的周期和成本，国内外学者已经对切削力的有限元模拟做了大量的工作。通过试验法测量切削力存在很多问题，而有限元技术则可以更直观地表达出切削力和工件内部应力，对切削力定量分析以及对其造成的误差补偿具有重要的意义[12]。用有限元法研究切削力变化规律和切削过程中的切削力，将有助于分析整个切削过程。这种方法不仅可以更深刻地认识到切削力的物理本质，而且在预测过程中可以得到许多其他的变量，如切削温度、刀具磨损、应变、应变率等[11]，对制定合适的切削工艺、提高零件加工精度有着重要的指导意义。例如，有学者利用有限元仿真法系统地研究了硬态切削淬硬钢过程中切削力的特性，并分析刀具刃口形式对切削力的影响以及切削条件对已加工表面残余应力的作用。还有学者利用有限元仿真技术对硬态切削过程中的切削温度和切削力进行仿真求解，研究结果为切削条件的优化提供了有力的支撑工具[7]。国外也有学者利用有限元软件 Deform-2D 模拟预测了硬态铣削过程中的切削力，并取得了较好的效果。

1.5　切削热和切削温度

切削热是在金属切削过程中产生的基本物理现象，这是由切削力和切削变形的作用而形成的。切削热会引起机床和工件温度的升高，导致机床和工件膨胀或伸长，进而影响加工质量。切削温度不但会改变前刀面的摩擦状态，还会影响积屑瘤的产生，加剧刀具磨损，降低刀具寿命。因此，研究切削热和切削温度的产生、分布及变化规律有着重要的意义。

1.5.1　切削热的产生和传出

由切削变形三个区域可知，切屑的变形、摩擦会消耗大量的能量，这些能量绝大部分都转化成切削热。所以，在切削加工中，切削变形和摩擦产生的热量 Q 可按式（1.3）求得：

$$Q = F_c v_c \tag{1.3}$$

式中，F_c 为主切削力；v_c 为切削速度。

产生的切削热 Q 将向周围介质、切屑、工件和刀具传播。切削速度可以影响热量传播的比例，增大切削速度，产生的切削热增加，但大部分热量都会被切屑带走，留在刀具上的热量减少，留在工件上的热量也会减少。所以，在高速切削时，虽然切削产生的热量很高，但大部分热量都会传到切屑上，刀具和工件的温度反而较低，这对整个切削加工过程是比较有利的。

1.5.2　影响切削温度的主要因素

切削温度的高低取决于两个方面：产生热量的多少和传播速度的快慢；产生的热量少，散热速度快，切削温度就低。若两者之一占主导地位，也能有效降低切削温度。切削时影响产热量和散热量的因素有很多，主要包括切削用量、工件材料、刀具几何参数、切削液和刀具磨损等。

1. 切削用量

切削用量 v_c、f 和 a_p 对切削温度的影响规律是：增大其中任何一个量都会使切削温度升高。其中，切削速度 v_c 对切削温度影响最大，其次是进给量 f，切削深度 a_p 对切削温度影响最小。切削用量对切削温度的影响规律在切削加工中具有重要的实用意义。例如，在普通切削加工中，为了提高加工效率，可以提高 v_c、f 和 a_p，首先应增大切削深度，其次应增大进给量，这样可以减少刀具磨损、提高刀具寿命和工件的加工精度。

2. 工件材料

工件材料的硬度、强度和热导率不同，对切削温度的影响也不同。强度和硬度越高，热导率越低，故产生的切削温度就会越高。例如，加工合金钢产生的切削温度比加工 45 钢高 30%；不锈钢的热导率比 45 钢小 1/3，故切削时产生的切削温度比 45 钢高 40%。

3. 刀具几何参数

在刀具几何参数中，刀具前角 γ_0 和主偏角 κ_r 对切削温度的影响最大，其次是刀尖圆弧半径 r_ε。如图 1.8 所示，刀具前角为负值时，切削温度较高。随着前角增大，切削温度降低，如果前角过大，散热条件变差，会使切削温度升高。因此，在一定条件下，均有一个产生最低温度的最佳前角 γ_0。如图 1.9 所示，主偏角 κ_r 减小使切削变形和摩擦增加，切削热增加；但主偏角 κ_r 减小后，因刀头体积和切削宽度都增大，有利于热量传播，由于散热起主导作用，所以切削温度下降。

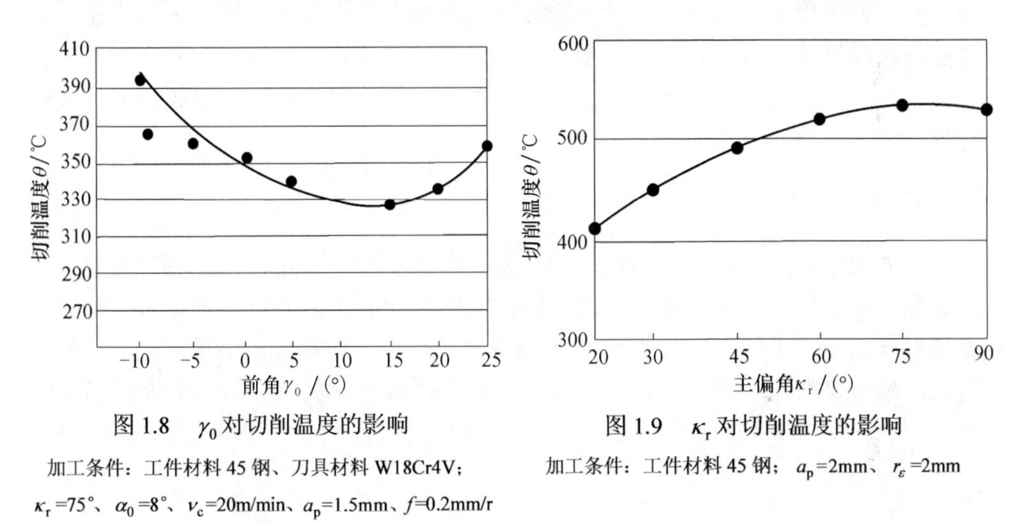

图 1.8　γ_0 对切削温度的影响

加工条件：工件材料 45 钢、刀具材料 W18Cr4V；$\kappa_r=75°$、$\alpha_0=8°$、v_c=20m/min、a_p=1.5mm、f=0.2mm/r

图 1.9　κ_r 对切削温度的影响

加工条件：工件材料 45 钢；a_p=2mm、r_ε=2mm

增大刀尖圆弧半径 r_ε，选用负的刃倾角 λ_s 和磨制负倒棱都能增大散热面积，降低切削温度。

4. 刀具磨损

刀具主后面磨损时，会加剧后刀面与工件间摩擦；刃口磨损时，会加剧切屑形成过程中的塑性变形，这些因素可以使切削温度升高。

1.5.3　切削热和切削温度的研究方法

1. 自然热电偶法

在切削温度的测量中，自然热电偶法是最常用的方法。自然热电偶法较多应用于车削加工中的切削温度测量，而用于铣、钻等刀具旋转的加工系统中的测量装置与方法却鲜见报道。

利用自然热电偶法测量切削温度时，若刀具或工件引出端因切削热影响而有温升，则会与热电偶标定时的冷端温度不一致，引出端与连接导线产生附加电动势，测得的热电势值不能真实反映实际切削温度，此时需采取温度补偿措施。自然热电偶法简单可靠，但要求刀具和工件都能导电，且仅能表征刀-屑或者刀-表面的平均温度，无法测量切削区指定点的温度，每变换一种刀具材料或工件材料都要重新标定[13]。

2. 人工热电偶法

人工热电偶法是将两种预先标定的金属丝组成热电偶，热电偶的热端安装于刀具或工件指定点上，冷端串接温度变送器和温度、电压信号数据采集系统。人工热电偶除热端结点，其余部分要与工件或者刀具绝缘。热端结点有一定体积和质量，热电势响应会滞后于温度变化。人工热电偶法与传热学原理相结合可以研究刀具或工件温度分布[13]。

3. 红外成像仪测温法

红外成像仪测温法是辐射法中的一种。其原理基于斯特藩-玻尔兹曼定律。红外成像仪通过红外探测器接收并测量物体辐射单元的辐射能量，若辐射单元的表面辐射率已知，则可通过斯特藩-玻尔兹曼定律求出辐射单元的表面温度。红外成像仪测温法直观、简便，其最大优势在于可非接触地监测物体较大表面的温度分布。但用于工业的红外成像仪价格昂贵，且难以测量高速旋转物体表面的温度[13]。

4. 有限元法

利用有限元法分析切削温度，不仅可以改变切削速度、工件材料等参数，还可以分析材料热性能参数随温度变化的情况，节省计算时间，避免重复建模，可得出相对应条件下切削温度分布曲线、温度梯度曲线等。国内外诸多学者对切削温度进行了有限元仿真。例如，采用有限元法对切削过程的热现象进行仿真，在仿真结果的基础上为切削工艺的优化提供了借鉴意义[14]；还运用 Zener-Hollorn 方程建立了硬态切削淬硬钢 AISI52100 的有限元切削模型，得到的切削力和切削热有限元模拟结果与试验结果具有较好的一致性[12]。国内也有学者采用 Abaqus 对不同刃口的 PCBN 刀具硬态切削淬硬钢过程进行了仿真，得到了刃口形状对切削过程的影响结果，也得到了锋利刀具的切削温度仿真结果[15]。

1.6 已加工表面质量

已加工表面质量，或称表面完整性，主要包括两方面内容：表面几何学和表层材质变化。表面几何学是指工件外表几何形状，常以表面粗糙度表示。表层材质变化是指已加工表层出现的晶粒组织变化，此变质层中金属的机械、物理、化学性质均发生变化。其特性可以用塑性变形、硬度变化、微观裂纹、残余应力、晶粒变化、热损伤以及化学性能等形式来表达。

表面质量对工件的性能有着重要的影响。表面粗糙度大的零件，单位压力大，耐磨性差，易磨损。产生加工硬化的工件，后续加工过程比较困难，切削时切削力大且刀具的磨损严重，也经常伴随大量显微裂纹的产生，疲劳强度和耐磨性也会变差。

1.6.1　已加工表面粗糙度

表面粗糙度是指加工表面具有的较小间距和微小峰谷不平度微观几何形状的尺寸特性[16]，用参数 R_a 表示。车削和磨削的表面质量用粗糙度参数 R_a 的数值评定；铣削的表面质量除用 R_a 评定，还应包括表面波度。表面粗糙度是评价切削加工工艺的重要指标，也是切削参数和加工系统变量对切削过程影响的综合反映[17]。

1. 几何因素造成的表面粗糙度

几何因素造成的表面粗糙度主要取决于残留面积高度。切削时，由于刀具几何因素以及刀具与工件的相对运动，工件上一小部分金属无法被切下，而残留在已加工表面上，称为残留面积。其高度 R_{max} 影响已加工表面粗糙度。车削时残留面积如图 1.10 所示。

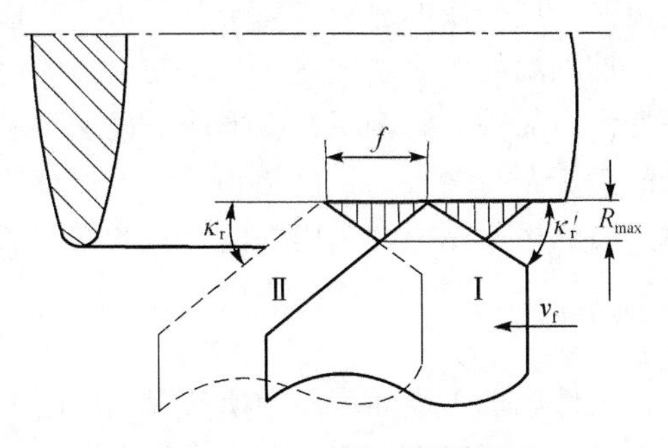

图 1.10　车削时残留面积

2. 积屑瘤的影响

积屑瘤在相对稳定时，可以代替切削刃进行切削，但积屑瘤的形状并不规则，会在已加工表面沿切削速度方向划出一些深浅、宽窄不一的纵向沟纹。当积屑瘤不稳定时，它可能被切屑带走，也有可能留在已加工表面上形成鳞片状毛刺；还会使切削力波动，从而产生振动，影响表面粗糙度。

3. 振动的影响

刀具、工件或机床出现周期性跳动称为振动。例如，纵车外圆时，有时会在圆周上出现波浪式不平度，这就是振动的痕迹，振动除了会恶化表面粗糙度，还会影响机床的加工精度，甚至损坏刀具。

4. 其他因素的影响

形成崩碎状切屑时，会在已加工表面造成凹凸不平，使表面粗糙度增大；切削塑性金属时，刀具切削刃及后刀面的挤压和摩擦，会使已加工表面材料发生塑性变形，残留部位挤歪或向上隆起，以及已加工表面粗糙度增大；如果刀具刃磨质量不好或切削刃存在缺陷，可能会在已加工表面上形成沟痕，使已加工表面粗糙度增大。

1.6.2　表层材质变化

1. 加工硬化

经过切削加工，会使工件已加工表面层金属的强度和硬度提高，这一现象称为加工硬化。在已加工表面形成过程中，表层金属因经受复杂的塑性变形，晶粒发生拉长、扭曲与破碎，形成加工硬化。这样阻碍了进一步的塑性变形而使金属强化，尤其是最外面极薄一层金属的晶粒破坏十分严重，其称为非晶质层，加工硬化最为强烈。另外，切削温度使金属弱化，甚至在更高的温度下引起相变。在这种强化、弱化和相变作用的综合影响下，就形成了已加工表面加工硬化。切削中减轻加工硬化现象的措施有：增大刀具前角和后角，保持切削刃锋利，控制后刀面磨损量，减轻后刀面的挤压摩擦，采用性能良好的切削液等。

2. 已加工表面残余应力

经切削加工后，在工件已加工表面表层中所残存的内应力称为残余应力。残余应力分为残余拉应力和残余压应力，应力的大小和表层深度有关。由于没有外力，表层的应力与里层的应力符号相反，彼此保持平衡。已加工表面残余应力的成因有三个方面：弹塑性变形作用、热塑性变形作用、相变作用。在上述各因素综合作用下，已加工表面层内呈现出残余应力。最终存在的是拉应力还是压应力，取决于何种作用力占优势。

1.6.3　已加工表面质量的研究方法

1. 表面粗糙度的研究方法

表面粗糙度对工件的性能有重要的影响，是衡量工件表面加工质量的重要指标之一。在切削加工中一般是基于切削运动学、刀具参数等建立几何模型，对表面粗糙度进行理论研究，但所建模型精度较差，与试验结果的差值比较大[18]。由于对工件表面粗糙度的理论建模误差较大，大多数分析是建立在经验或试验研究的基础上。试验数据的处理方法有回归分析法、正交试验法等。随着计算机软件和硬件技术的发展，神经网络、模糊控制等人工智能方法在机械加工质量分析中也得到了广泛应用[19]。

由于传统方法中为了对表面粗糙度进行研究，通常要经过大量的试验，既费时又费力，同时考虑到切削参数是影响表面粗糙度的主要因素，因此有学者在热力耦合理论的支持下，基于更符合铣削过程材料变化的Zerilli-Armstrong本构模型，充分考虑了刀具与工件之间的摩擦及弹塑性变形产热、刀具与工件之间的热传导以及工件与环境之间的对流换热等因素，建立了很接近实际加工情况的三维端面铣削有限元仿真模型；并通过试验验证了有限元模型的可靠性，在该有限元模型的基础上，使用MATLAB中的LS-SV模块建立了加工后的工件表面粗糙度的预测模型，并由此得出各切削参数对表面粗糙度的影响。国内还有学者基于数据统计分析提出一种用于表面粗糙度仿真的有限元分析模型最佳尺寸的确定方法，为模型尺寸的合理选择奠定了基础；并采用最优模型分析多种应变路径下铝合金6061材料的晶粒尺寸和织构类型对表面粗糙度演变的影响。还有学者在对铣削钛合金TC11的表面粗糙度进行研究时，采用Abaqus分析了加工工件表面位移的大小，对提前分析加工工件的表面粗糙度具有一定的指导意义[20]。

2. 表面残余应力的研究方法

残余应力的存在对材料的力学性能有重大影响，存在残余应力，一方面会降低工件强度，使工件在制造时产生变形和开裂等工艺缺陷，另一方面又会在制造完成后的自然释放过程中使材料的疲劳强度、应力腐蚀等力学性能降低[21]。

（1）超声波法。超声波法在测量残余应力方面很有发展前途，是无损检测法中较有发展前景的方法之一。它是利用材料的声弹效应（即施加在材料上的内应力的变化会导致超声波传播速度的变化，变化的大小与超声波的波形、传播方向、材料组织和应力状况等因素有关），通过准确测定超声波在工件内传播速度的变化测出应力分布[22]。

（2）有限元法。随着计算机和有限元技术的进步，有限元法在切削加工过程的模拟和残余应力的分析建模方面得到了越来越多的应用。可以采用热弹塑性力学理论和有限元法，分析预应力加工条件对加工表面残余应力的影响；也可以运用有限元软件建立非线性弹塑性有限元模型以模拟直角切削加工过程，分析刀具角度与残余应力分布之间的关系。国内外诸多学者利用有限元法对切削加工过程、刀具的摩擦磨损、切削力、温度场分布、加工表面残余应力和表面切屑形态等进行了数值模拟，对切削技术的发展具有重要意义[23]。早期，就有学者利用一个简单的滑移线模型来预测工件分型面的残余应力；也有学者用一个分析模型来研究工件硬度对工件表面残余应力的影响。国外还有学者开发了一个基于物理属性的模型来量化评估切削条件和刀具几何参数对已加工表面残余应力的影响，研究结果为切削条件的优化提供了理论依据；随后，又提出了一个增强的分析模型，该模型是通过将工件上的热应力和机械应力叠加得到的，通过分析模型在短时间内便可以准确获得进给方向残余应力分布特性图[24]。为了提高速度和精确度，研究人员又开发了混合模型。混合模型是基于解析-有限元模型的相互作用建立的，能精确预测机械加工过程中的残余应力，从而减少计算费用的支出。

1.7 本章小结

本章主要简述了金属切削加工的基本内容，从基本原理和影响因素两方面，分别介绍了切屑的形成过程、切削力、切削热和切削温度、已加工表面质量，并详细阐述了切削加工过程中的影响因素；随后，又介绍了研究这些问题的常用方法，并分析了这些方法的优缺点，重点阐述了有限元法的优点，以及有限元技术在切削过程研究中的应用。

参考文献

[1] 周泽华. 金属切削原理[M]. 上海: 上海科学技术出版社, 1992.

[2] 黄健求. 机械制造技术基础[M]. 北京: 机械工业出版社, 2011.

[3] Altintas Y. 数控技术与制造自动化[M]. 罗学科, 译. 北京: 化学工业出版社, 2002.

[4] 陈为国, 姚坤弟. 金属切削变形过程的有限元仿真初探[J]. 航空制造技术, 2010, (15): 82-85.

[5] 杨雪岭, 李晓静. 金属切削原理与刀具[M]. 西安: 西北工业大学出版社, 2012.

[6] 王加春, 朱利娜, 刘志平. 切屑形状的研究方法及研究现状[J]. 工具技术, 2006, 40(8): 3-6.

[7] 岳彩旭, 刘献礼, 严复钢, 等. 不同刃口形式下锯齿形切屑形成过程的仿真及实验研究[J]. 机械科学与技术, 2011, 30(4): 673-678.

[8] 岔洪民. 淬硬钢高速切削过程的有限元仿真[D]. 哈尔滨: 哈尔滨理工大学硕士学位论文, 2007.

[9] Molinari A, Musquar C, Sutter G, et al. Adiabatic shear banding in high speed machining of Ti6Al4V: Experiments and modelling[J]. International Journal of Plasticity, 2002, (18): 443- 459.

[10] 文杰. 300M 钢立铣切削力模型与仿真研究[D]. 武汉: 华中科技大学硕士学位论文, 2013.

[11] 侯恩光. 基于有限元法的钻削力预报研究[D]. 成都: 西华大学硕士学位论文, 2010.

[12] 侯军明, 王保升, 汪木兰, 等. 高速加工切削力影响因素的有限元分析[J]. 工具技术, 2011, 45(5): 28-30.

[13] 岳彩旭, 蔡春彬, 黄翠, 等. 切削加工过程有限元仿真研究的最新进展[J]. 系统仿真学报, 2016, 28(4): 815-825.

[14] Filice L, Umbrello D, Micari F, et al. On the finite element simulation of thermal phenomena in machining processes[J]. Advanced Methods in Material Forming, 2007, 9105(9): 576-582.

[15] 冯勇, 汪木兰, 王保升. 高速切削热及温度预测研究进展[J]. 机械设计与制造, 2012, (5): 261-263.

[16] 岳彩旭, 刘献礼. 高强度钢已加工表面完整性的研究进展[J]. 哈尔滨理工大学学报, 2011, 16(6): 5-10.

[17] 岳彩旭, 刘献礼, 王宇, 等. 硬态切削与磨削工艺的表面完整性[J]. 工具技术, 2008, 42(7): 13-18.

[18] 王素玉. 高速铣削加工表面质量的研究[D]. 济南: 山东大学博士学位论文, 2006.

[19] 王素玉, 赵军, 艾兴, 等. 高速切削表面粗糙度理论研究综述[J]. 机械工程师, 2004, (10): 3-5.

[20] 王明海, 王京刚, 郑耀辉, 等. TC11 钛合金铣削的表面粗糙度建模及有限元分析[J]. 机床与液压, 2014, 42(7): 52-55.

[21] 刘海涛, 刘泽生, 孙雅洲. 切削加工表面残余应力研究的现状与进展[J]. 航空精密制造技术, 2008, 44(1): 17-31.

[22] 虞付进, 赵燕伟, 张克华. 超声检测表面残余应力的研究与进展[J]. 新技术新工艺, 2007, 36(4): 72-75.

[23] 刘文文. 机械加工表面残余应力的有限元模拟与实验研究[D]. 南京: 南京航空航天大学硕士学位论文, 2012.

[24] Lazoglu I, Ulutan D, Alaca B E, et al. An enhanced analytical model for residual stress prediction in machining[J]. CIRP Annals—Manufacturing Technology, 2008, 57(1): 81-84.

第2章　金属切削过程有限元仿真技术

有限元法是求解工程问题一种有效的数值计算方法，这种数值分析技术将弹塑性理论、数学计算和计算机软件有机结合在一起，在许多领域中都有应用，如机械制造、土木工程、海洋结构工程、航空航天等，该方法已经成为科学研究和工程分析的重要方法与手段。有限元法的出现，促进了许多科学理论在技术上的实现和应用，极大地推动了科学研究的进步，是广大科研和工程技术人员需要掌握的必要知识。

2.1　有限元法的基本思想

有限元法的基本思想是将连续的求解区域离散为一组有限个、按一定方式相互连接在一起的单元组合体。由于单元能按不同的连接方式进行组合，且单元本身可以有不同形状，所以可以模型化几何形状复杂的求解区域。有限元法作为数值分析方法的一个重要特点是利用在每一个单元内假设的近似函数，分片地表示全求解域上待求的未知场函数。单元内的近似函数通常由未知场函数或其导数在单元的各个节点的数值和其插值函数表达。这样，一个问题的有限元分析中，未知场函数或其导数在各个节点上的数值就成为新的未知量（即自由度），从而使一个连续的无限自由度问题变成离散的有限自由度问题。一旦求解出这些未知量，就可通过插值函数计算出各个单元内场函数的近似值，从而得到整个求解域上的近似解。显然，随着单元数目的增加，即单元尺寸的缩小，或者随着单元自由度的增加及插值函数精度的提高，解的近似程度将不断改进。如果单元是满足收敛要求的，近似解最后将收敛于精确解[1]。

2.2　有限元法的一般分析流程

1. 结构物的离散

离散就是将一个连续的求解域人为地划分为一定数量的单元，单元又称网格，单元之间的连接点称为节点，单元间的相互作用只能通过节点传递[2]。通过离散，一个连续体被分割为由有限数量单元组成的组合体，如图2.1所示。

其步骤为：①建立单元；②对单元和节点编号；③准备必需的数据信息；④建立坐标系。

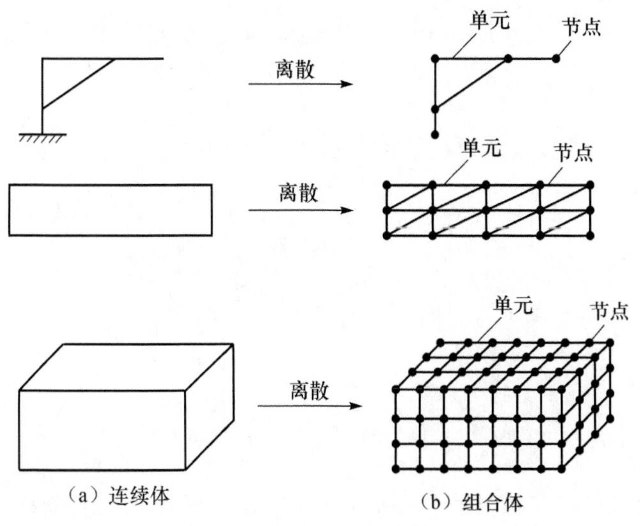

图 2.1　连续体的离散

离散处理的目的就是将原来具有无限自由度的连续变量微分方程和边界条件转换为只包含有限个节点变量的代数方程组，以利于用计算机求解[3]。采用有限元法分析计算得出的结果是近似结果，单元数目划分得越多，所设置的参数越精准，则得出的结果和实际越相符。图 2.2 为车刀刀片的实体模型离散为有限元模型的过程，单元类型为平面四边形。

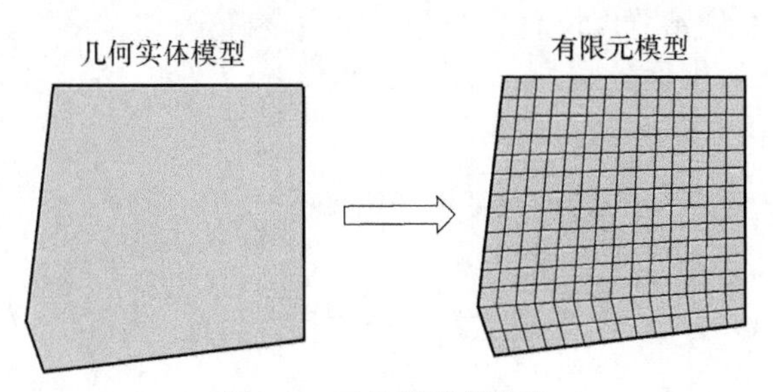

图 2.2　刀具模型离散化

2. 确定单元的位移模式

位移函数的假设合理与否，直接影响分析的计算精度、效率和可靠性。

线性有限元法是建立在最小势能原理基础上的一种近似数值方法，它以位移作为基本未知量。因此，必须首先建立以单元节点位移表示单元内任意一点位移的近似表达式。图 2.3 表示一个典型的平面三节点三角形单元，其节点 i、j、m 按逆时针方向排列。每一个节点位移在单元平面内有两个位移分量(u, v)，整个单元有六个节点位移分量，可记为

$$\delta^e = [e_i^{\mathrm{T}} \quad e_j^{\mathrm{T}} \quad e_m^{\mathrm{T}}]^{\mathrm{T}} = [u_i \ v_i \ u_j \ v_j \ u_m \ v_m]^{\mathrm{T}} \tag{2.1}$$

式中，矢量为

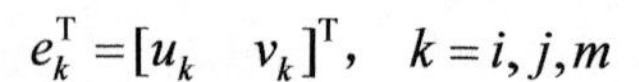

$$e_k^{\mathrm{T}} = [u_k \quad v_k]^{\mathrm{T}}, \quad k = i, j, m$$

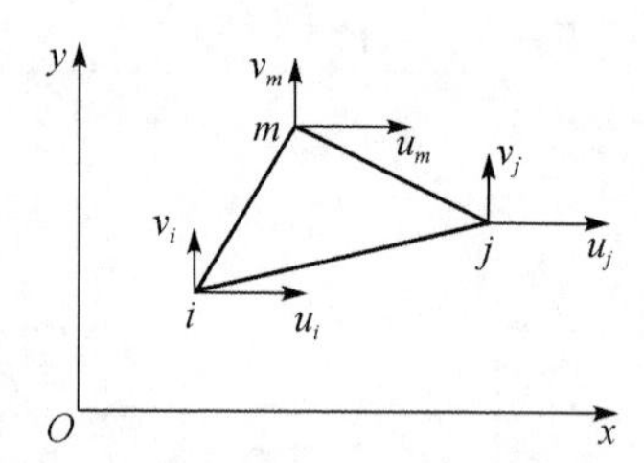

图 2.3　典型的平面三节点三角形单元

由于考察对象是二维的小变形弹性体，单元内任意一点的位移分量是 x 、y 的函数。有限元分析中以单元节点位移作为基本未知量，为了能使单元内任意一点的应变和应力可以由单元的节点位移表示，需要假定一个单元位移模式（单元位移的插值函数）。作为三角形单元，可以选择最为简单的线性多项式表示，即

$$\begin{cases} u = a_1 + a_2 x + a_3 y \\ v = a_4 + a_5 x + a_6 y \end{cases} \tag{2.2}$$

式中，u 、v 表示单元内任意一点的位移；$a_1, \cdots, a_6$ 为待定常数，又称广义坐标，且六个常数可以由单元节点位移六个分量来完全确定。

设节点 i, j, m 的坐标分别为(x_k ，y_k)，其中 $k = i, j, m$ ，将它们代入式（2.2）可得

$$\begin{cases} u_k = a_1 + a_2 x_k + a_3 y_k \\ v_k = a_4 + a_5 x_k + a_6 y_k \end{cases}, \quad k = i, j, m \tag{2.3}$$

式（2.3）由 $k = i, j, m$ 可得联立的三个方程。由这三个联立方程，即可解三个待定常数为

$$a_1 = \frac{1}{2\varDelta}\begin{vmatrix} u_i & x_i & y_i \\ u_j & x_j & y_j \\ u_m & x_m & y_m \end{vmatrix}, \quad a_2 = \frac{1}{2\varDelta}\begin{vmatrix} 1 & u_i & y_i \\ 1 & u_j & y_j \\ 1 & u_m & y_m \end{vmatrix}, \quad a_3 = \frac{1}{2\varDelta}\begin{vmatrix} 1 & x_i & u_i \\ 1 & x_j & u_j \\ 1 & x_m & u_m \end{vmatrix} \tag{2.4}$$

式中

$$2\varDelta = \begin{vmatrix} 1 & x_i & y_i \\ 1 & x_j & y_j \\ 1 & x_m & y_m \end{vmatrix}$$

由解析几何可知，Δ 等于三角形(i,j,m)的面积。为了使面积不为负，节点的次序必须是逆时针转向，或对 Δ 取绝对值。

将式（2.4）代入式（2.2）第一式，稍加整理可得

$$u=\frac{1}{2\Delta}[(a_i+b_ix+c_iy)u_i+(a_j+b_jx+c_jy)u_j+(a_m+b_mx+c_my)u_m] \tag{2.5}$$

式中

$$\begin{cases} a_i=\begin{bmatrix} x_j & y_j \\ x_m & y_m \end{bmatrix}=x_jy_m-x_jy_m \\ b_i=-\begin{bmatrix} 1 & y_j \\ 1 & y_m \end{bmatrix}=y_j-y_m \\ c_i=\begin{bmatrix} 1 & x_j \\ 1 & x_m \end{bmatrix}=-(x_j-x_m) \end{cases} \tag{2.6}$$

得出 a_i, b_i, c_i 的表达式，同理也可得到另两组 a_j, b_j, c_j 和 a_m, b_m, c_m 的表达式，下同。

同理，由式（2.2）第二式的三个联立方程可得

$$v=\frac{1}{2\Delta}[(a_i+b_ix+c_iy)v_i+(a_j+b_jx+c_jy)v_j+(a_m+b_mx+c_my)v_m] \tag{2.7}$$

若令

$$N_i=\frac{1}{2\Delta}(a_i+b_ix+c_iy) \tag{2.8}$$

式（2.5）和式（2.7）就可以写为

$$\begin{cases} u=N_iu_i+N_ju_j+N_mu_m \\ v=N_iv_i+N_jv_j+N_mv_m \end{cases} \tag{2.9}$$

式中，N_i、N_j、N_m 为坐标函数，它们反映单元位移的形态，因此称为单元形函数。

将式（2.9）用矩阵形式表示

$$\delta=N\delta^e \tag{2.10}$$

式中，$N=[N_i \quad N_j \quad N_m]$，$\delta=[u \quad v]^{\mathrm{T}}$。

δ 为式（2.1）定义的单元位移节点矢量。从以上介绍可发现，单元任意点位移形态完全取决于式（2.2）假定的位移模式，而位移模式中多项式阶数的选择又取决于单元节点的自由度数。从这个角度观察，三节点三角形平面单元是最简单的一种位移模式，也是形函数中最简单的一种形式。

3. 单元特性分析

单元特性分析包括三方面：分析单元的力学性质、选择位移模式和计算等效节点力。分析单元的力学性质就是根据单元的材料性质、尺寸、形状、节点数目、位置等找到单元节点力和位移的关系式。应用弹性力学的几何方程和物理方程建立力与位移的方程，从而得出单元刚度矩阵。具体转换过程如下：利用节点位移表示单元应变关系式[4]，即

$$\{\varepsilon\}=[B]\{u\}^e \tag{2.11}$$

式中，$\{\varepsilon\}$为应变阵列；$\{u\}^e$为单元的节点位移阵列；$[B]$为单元内任一点的应变矩阵。

由应变关系表达式和本构方程表示单元应力关系为[4]

$$\{\sigma\}=[D][B]\{u\}^e \tag{2.12}$$

式中，$[D]$为与材料相关的弹性矩阵；$\{\sigma\}$为单元内任一点的应力阵列。

根据变分原理建立节点力和节点位移之间的单元平衡关系式为[4]

$$\{F\}^e=[k]^e\{u\}^e \tag{2.13}$$

式中，$[k]^e$为单元刚度矩阵。

当选定位移模式后，可以得出单元内任一点应变矩阵形方程为

$$\{f\}=[N]\{u\}^e \tag{2.14}$$

式中，$[N]$为形函数矩阵；$\{f\}$为单元内任一点的位移阵列；$\{u\}^e$为单元的节点位移阵列。

物体离散化后，对于实际的几何体，力是从单元的公共边传递到另一个单元中的，作用在单元边界上的表面力、体积力和集中力都需要等效地移到节点上去，即用等效的节点力取代作用在单元上的力。

4. 建立表示整个结构节点平衡的方程组

单元组利用结构力的平衡条件和边界条件把各个单元按原来的结构重新连接起来，形成整体的有限元方程[4]，即

$$[\kappa]\{u\}=[F] \tag{2.15}$$

式中，$[\kappa]$为整体刚度矩阵；$\{u\}$为整个实体的节点位移阵列；$[F]$为载荷矩阵。

5. 求解未知节点位移和计算单元应力

由集合起来的方程组（2.15）解出未知节点。在线性平衡问题中，可以根据

方程的具体特点选择合适的计算方法。

最后，就可以利用式（2.12）和已求出的节点位移计算各个单元的应力，并加以整理得出所要求的结果。

2.3　有限元分析的基本步骤

总体来说，有限元分析可以分成三个阶段，即前处理、模型的提交与计算和后处理，前处理的目的是建立有限元模型，完成单元网格的划分，后处理的目的在于分析计算模型是否合理，在分析结果的基础上提出相应的结论。

有限元法的分析过程一般可以分为以下五步：

（1）建立实际工程问题的计算模型。利用几何、载荷的对称性简化模型，并建立等效模型。

（2）选择适当的分析软件。选择分析工具时应侧重考虑如多物理场耦合、大变形、网格重划分等问题。

（3）前处理。建立几何模型，并实现有限单元划分与网格控制。

（4）求解。给定约束；施加载荷；求解方法选择；计算参数设定。

（5）后处理。用可视化方法（等值线、等值面、色块图）分析计算结果，包括位移、应力、应变、温度等；最大最小值分析；特殊部位分析[5]。

2.4　有限元分析的基本假设

在工程实际中，要处理的对象都是连续体，在传统设计思维和方法中是通过一些理想化的假定，建立一组偏微分方程及其相应的边界条件，从而求出连续体上任意一点未知量的值。由于点是无限多的，很难直接求解这种偏微分方程，所以需要采取近似的方法来处理，数值分析方法有很多，但常用的方法是有限元法。

在工程力学问题建立力学模型的过程中，一般进行三方面的简化。

（1）结构简化。空间问题可以向平面问题简化或向轴对称问题简化；实体结构可以向板、壳结构简化。

（2）受力简化。根据圣维南原理，复杂力系可以简化为等效力系等。

（3）材料简化。根据各向同性、连续、均匀等假设进行简化。

工程问题的复杂性是诸多方面因素造成的，如果不分清主次因素，会导致问题过于复杂，数学推导困难，问题无法解决。根据问题的性质，忽略一部分不必考虑的因素，提出一些基本假设，使问题的研究限定在一个可行的范围内。

弹塑性力学基本假设主要包括连续性假设和辅助性假设。辅助性假设又包括均匀性假设、各向同性假设、完全弹性假设、小变形假设和无初始应力的附加假设。这些基本假设被广泛的试验和工程实践证实是可行的。

（1）连续性假设。假设所研究的整个弹性体内部完全由组成物的介质充满，各个质点间不存在任何空隙。材料变形后仍然保持连续，不出现开裂和重叠。根据这一假设，物体所有的物理量，如位移、应变和应力等均为空间坐标的连续函数。

（2）均匀性假设。假设弹性物体是由同一类型均匀材料组成的，因此物体各个部分的物理性质都是相同的，不随坐标位置的变化而改变，弹性常数(E,μ)不随位置坐标变化而变化，取微元分析的结果可应用于整个物体，物体的弹性性质处处相同。例如，在工程材料中，混凝土颗粒远小于物体的几何形状，并且在物体的内部均匀分布，从宏观意义上讲，也可以视为均匀材料。

（3）各向同性假设。假设物体在各个不同的方向上具有相同的物理性质，这就是说物体的弹性常数(E,μ)不随坐标方向的改变而变化。宏观假设，材料性能是各向同性的，如金属材料。当然，像木材、纤维增强材料等属于各向异性材料，这些材料的研究属于复合材料力学研究的对象。

应区分材料各向同性假设与均匀性假设，均匀性和各向同性是完全不同的性质。若用矢量的长短表示材料某力学性能的强弱，则图 2.4（a）表示均匀而非各向同性材料；图 2.4（b）表示均匀且各向同性材料；图 2.4（c）表示各向同性非均匀材料。

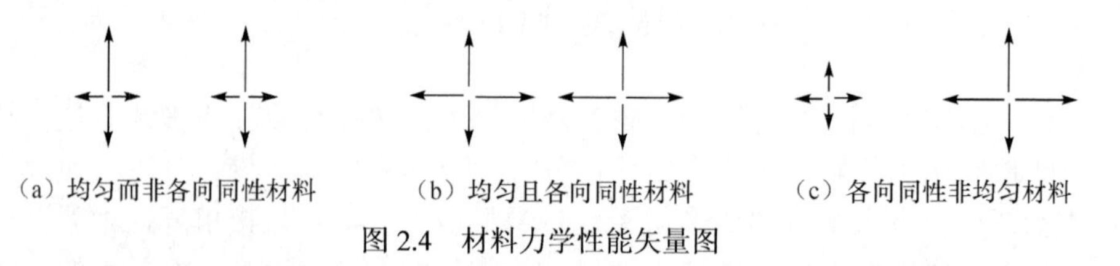

图 2.4　材料力学性能矢量图

（4）完全弹性假设。对应一定的温度，如果应力和应变之间存在一一对应关系，而且这个关系与时间无关，也与变形历史无关，称为完全弹性材料。完全弹性分为线性弹性和非线性弹性，弹性力学研究限于线性的应力与应变关系。

（5）小变形假设。假设在外力或者其他外界因素（如温度等）的影响下，物体的变形与物体自身几何尺寸相比属于高阶小量，即物体受力后物体内各点位移远小于物体原来的尺寸。在讨论弹性体的平衡等问题时，可以不考虑因变形引起的尺寸变化。可用变形前的尺寸代替变形后的尺寸。建立方程时，可略去位移、应变和应力等分量的高阶小量，使基本方程成为线性的偏微分方程。

（6）无初始应力的附加假设。假设物体处于自然状态，即在外界因素作用之前，物体内部没有应力。弹性力学求解的应力仅是载荷或温度变化而产生的。若存在初应力，理论求得的应力应叠加初应力才是实际应力。

2.5　有限元分析计算成本估计和结果评价

在平时进行的比较小的模型计算中，一般不会感觉到计算量的大小所带来的问题。然而，对于大型模型或者物理过程比较复杂的模型，其计算量的大小足以使人们不得不考虑如何节约计算成本的问题。

一个模型的计算成本的大小与多种因素有关，主要包括以下几个方面。

（1）模型的复杂程度：一个桁架和一个汽车模型进行同样的分析，其计算成本显然是不一样的。

（2）网格尺寸大小：一般情况下，网格尺寸越小，即单元数目越多，花费的计算成本就会越高。

（3）分析类型：同一个问题，线性分析和非线性分析的计算成本差别是相当大的，因为非线性问题存在大量的迭代运算，而线性问题则不需要[6]。

（4）单元类型：单元类型的选择有时会显著影响计算成本，一般情况下，高阶单元相对于线性低阶单元的计算成本是高出很多的。

（5）求解方法：对于同一个问题往往有多种不同的求解方法，这些不同的方法所耗费的计算成本也是不一样的。

（6）计算精度：采用单精度和双精度计算成本是有较大差别的，双精度计算成本相对较高。

（7）其他影响因素：凡是对提高结果精度有贡献的方法或者措施一般都会提高计算成本。

例如，网格的细化会带来计算成本的增加，但是在 Abaqus 中采用显式方法和隐式方法，计算成本的增加量是不一样的。使用显式方法，机时（计算成本）消耗与单元数量成正比，并且大致与最小单元的尺寸成反比。由于增加了单元数量和减小了最小单元尺寸，所以网格尺寸减小后增加了计算成本。例如，一个由均匀的长方形单元组成的三维模型，如果沿着所有三个方向以 2 倍的因数细分网格，由于单元数目增加而增加的计算成本为 2×2×2=8 倍，而作为最小单元尺寸减小的结果而增加的计算成本为 2 倍，由于网格细化整个分析的计算成本增加为原来的 8×2=16 倍。对于显式方法，可以直接预测随着网格细化带来的成本增加。而当采用隐式方法时，预测成本是非常困难的。一般情况下，隐式方法的计算成本大致与自由度数目的平方成正比。采用同样的长方形单元，如果沿三个方向都以 2 倍的比例细化网格，自由度的数目大致增加为 2～8 倍，则计算成本大致增加 64 倍[7]。从上面的分析可以看出，对于同样的模型，显式方法的计算成本比隐式方法要低得多。

有限元法是一种工程近似求解的方法，存在误差。所以，在利用有限元软件进行工程仿真计算时，必须审视分析的结果，进而对仿真结果有正确的认识，从而指导工程分析的正确进行。采用有效的方法对有限元分析结果的准确度进行估测是十分必要的[8]。进行有限元分析的结果评价，需要分析者具有以下条件[6]。

（1）坚实的有限元理论基础。

（2）熟悉与问题相关的专业背景。

（3）熟练使用有限元分析软件。

在有限元分析结果评价过程中经常需要注意以下几点问题。

（1）在开始分析之前，至少对分析的结果有粗略的估计，这来自于平时经验和试验的积累。

（2）如果结果与预期的不一样，应该研究差别存在的原因。

（3）识别无效的结果。

（4）如果只有一个载荷施加在结构上，检验结果比较容易。如果有多个载荷，可单独施加一个或多个载荷分别检验，然后施加所有载荷检验分析结果。

（5）计算出的几何项：检查结果中计算出的几何项在输出窗口中输出的质量特性，可能会揭示在几何模型、材料属性（密度）或常数方面存在的错误[6]。

（6）变形/温度/应力：检验求解的变形、温度、应力及自由度。

（7）反作用力或节点力：检验整个或部分模型的反作用力或节点力。

（8）调试可疑的分析结果：确定如何调试可疑的分析结果，千万不要忽略没有理解的细节。

（9）误差估计：误差估计依据沿单元内边界的应力或热流的不连续性，是平均与未平均节点应力间的差值。

2.6　有限元技术在金属切削研究中的应用

有限元法是模拟金属切削加工过程的有效方法，该方法有助于理解材料去除过程中发生的物理现象[9]，对于正确选择刀具材料、设计刀具几何形状、提高产品的加工精度和表面质量是非常重要的。采用有限元法分析切削加工过程不仅有利于对切削机理的理解，而且有利于机械加工工艺的优化。

2.6.1　金属切削研究中常用的有限元分析软件

1. Abaqus

Abaqus 是功能强大的有限元软件，可以分析复杂的固体力学和结构力学系统，模拟非常庞大复杂的模型，处理高度非线性问题。Abaqus 不但可以做单一零件的力学和多物理场的分析，还可以完成系统级的分析和研究。Abaqus使用起来十分简便，可以很容易地为复杂问题建立模型。Abaqus还具备十分丰富的单元库，可以模拟任意几何形状，其丰富的材料模型库可以模拟大多数典型工程材料的性能。Abaqus不仅能够解决结构分析（应力/位移）问题，而且能够分析热传导、质量扩散、电子元器件的热控制（热/电耦合分析）、声学、土壤力学（渗流/应力耦合分析）和压电分析等广泛领域中的问题。

2. Deform

Deform是一套基于有限元的工艺仿真系统，用于分析金属成形及其相关工业的各种成形工艺和热处理工艺。Deform不同于一般的有限元程序，它是专为金属成形而设计的，具有非常友好的图形用户界面，可帮助用户很方便地进行数据准备和成形分析。Deform是一个高度模块化、集成化的有限元模拟系统，主要包括前处理器、模拟器、后处理器三大模块。前处理器处理模具和坯料的材料信息及几何信息的输入、成形条件的输入，建立边界条件，它还包括有限元网格自动生成器；模拟器是集弹性、弹塑性、刚（黏）塑性、热传导于一体的有限元求解器；后处理器是将模拟结果可视化，支持OPGL图形模式，并输出用户所需的模拟数据。Deform允许用户对其数据库进行操作，对系统设置进行修改，以及定义自己的材料模型等[10]。

3. MSC.Marc

MSC.Marc为美国MSC公司的产品，该软件具有功能齐全的多种高级非线性有限元求解器，可以处理各种线性与非线性结构分析；其单元库提供数百种单元类型，包括结构单元、连续单元和特殊单元，几乎每种单元都具有处理大变形、几何非线性、材料非线性（包括接触在内的边界条件非线性）以及组合的高度非线性的超强能力，能满足绝大部分工程的实际需要；其材料库内容十分丰富，具有多种线性与非线性及复杂材料模型；分析时采用具有高数值稳定性、高精度与快速收敛的高度非线性问题求解技术，并采用加载步长自适应控制技术，可自动确定非线性分析和动力响应的加载步长，从而保证计算精度。MSC.Marc的缺点是其几何建模和网格划分功能较差，且操作不方便，尤其是对于比较复杂的结构更为困难[11]。

4. Third Wave AdvantEdge

Third Wave AdvantEdge是一款CAE软件，用于优化金属切削工艺。该分析软件适用于提高零件质量、增加材料去除率、延长刀具寿命等。利用Third Wave AdvantEdge可以减少试切次数，通过方案比较获得优化的切削参数及刀具选择，可以分析车削、铣削、钻孔、攻丝、镗孔、环槽、锯削、拉削等工艺。软件材料库有130多种工件材料（铝合金、不锈钢、钢、镍合金、钛合金和铸铁）；刀具材料库包括Carbide系列、立方碳化硼、金刚石、陶瓷及高速钢系列；涂层材料有TiN、TiC、Al_2O_3、TiAlN；支持用户自定义材料及自定义本构方程。Third Wave AdvantEdge还支持车削刀具及环槽刀具磨损仿真，以及车削、3D铣削残余应力仿真。

2.6.2 有限元仿真技术在金属切削过程中的应用

金属切削加工的目的是从工件上切除多余的金属，从而使工件在形状、尺寸精度及表面质量等方面都符合加工要求。切削过程是刀具与工件相互运动、相互作用的过程，在整个过程中刀具和切削层会产生推挤和摩擦作用，从而产生热-弹-塑性形变，最终发生断裂[12]。整个切削过程就是金属的热-弹-塑性成形的过程。而有限元法不但能计算塑性加工过程的力能消耗，为选择设备和组织生产提供依据，还能计算变形的应力和应变分布，分析加工过程中金属的流动规律。换句话说，可以用有限元法对整个加工过程进行模拟[13]。所以，只要是涉及热-弹-塑性静力学和动力学的问题，都可以利用有限元法进行研究。目前，有限元法已经成为模拟金属切削过程中金属塑性成形过程的一个强有力的工具[14]。

在金属切削过程中，工件材料、刀具材料、刀具几何参数和切削参数等因素对工件的加工质量、刀具的使用寿命和加工效率都有很大的影响。在金属切削过程中，有限元法主要是通过定义工件材料、刀具材料、刀具的几何参数和切削参数，以及刀具与切屑之间的接触和摩擦关系，建立合理的模拟切削的有限元模型，利用有限元软件对切削过程进行模拟计算，最终得出计算结果并对结果进行分析[15]。

1. 有限元仿真在刀具磨损研究中的应用

在实际切削加工中，随着切削的进行，刀具的磨损会越来越严重，这种磨损会严重影响切削过程，对切削力、切削温度等影响极大。现如今，计算机硬件和软件的能力及效率的大幅提升使有限元仿真在机械加工中表现出卓越的成效[16]。有学者在对刀具磨损进行研究时，通过Abaqus模拟了不同磨损程度的PCBN刀具切削高强度钢Cr12MoV的过程，得到了刀具磨损对切屑形态、切削温度和切削力的影响等仿真结果，揭示了刀具磨损对切削过程的影响规律[17]。有学者在研究超细晶陶瓷刀具磨损性能时，采用了计算机模拟软件Deform-3D，建立了亚微米陶瓷刀具和普通刀具高速切削的有限元模型与边界条件，通过计算机数值模拟分析，以及亚微米陶瓷和普通刀具高速切削试验，探讨了亚微米陶瓷刀具和普通刀具切削过程的切削力、切削温度和刀具的磨损规律与机理[18]。还有学者采用

Deform-3D，进行了不同速度下切削 45 钢的有限元仿真，得到了切削速度对刀具磨损的影响规律以及与切削温度之间的关系，为研究刀具磨损机理、合理选用切削加工速度提供了参考依据[19]。

2. 有限元仿真在切屑形成研究中的应用

金属切削加工过程是一种材料去除的不可逆过程，并伴随大应变和高温状态下的大塑性变形的断裂。随着金属切削加工不断向高精度、高效率和自动化方向发展，切屑控制问题越来越成为切削加工中的重要课题。利用有限元法对切屑进行研究，可以更直观地反映切削区域切屑形态，有效节约试验时间，降低试验耗费。有国内学者为研究带状切屑的形成过程，基于 Abaqus，采用 Johnson-Cook 本构模型，利用任意拉格朗日-欧拉网格算法（ALE）实现切屑分离，建立了二维正交自由切削模型。该有限元仿真获得了带状切屑形成时的切削力、切削应力及能耗变化趋势，为进一步揭示带状切屑的形成机理奠定了基础[20]。还有学者在研究钛合金 Ti6Al4V 高速铣削时，基于 Abaqus 建立了更加真实的三维有限元模型，模拟出切屑的形成过程，得到了铣削过程的应力分布云图、铣削温度分布云图以及铣削力曲线，并通过铣削力试验验证了所建立有限元模型的正确性[21]。

3. 有限元仿真在切削力研究中的应用

国内学者在研究高温合金 GH4169 铣削加工时，为减小高温合金 GH4169 铣削过程中切削力对加工精度及表面质量的影响，采用 Deform-3D 对高温合金 GH4169 铣削过程中的铣削力进行了建模与仿真，并且进行了切削试验。试验结果表明，端铣高温合金 GH4169 时铣削力仿真值与试验值基本吻合，该模型准确度优于其他铣削力模型[22]。还有学者采用有限元仿真分析了球头铣刀干式铣削多硬度拼接淬硬钢的加工过程，得出了切削温度分布云图和切削力的变化趋势[23]。在研究 CBN 刀具干式硬车冷作模具钢 Cr12MoV 时，有学者就运用 Johnson-Cook 本构模型和 Johnson-Cook 切屑分离准则建立了物理仿真模型，利用 Deform-3D 模拟了切屑从局部剪切失稳到断裂的过程，得到了不同切削用量三要素组合下的切削力数值[24]。还有学者使用 Abaqus，对超高强度钢和不锈钢材料在铣削加工中的切削力进行有限元模拟与试验研究，分析切削参数对切削力的影响规律，并总结三个方向切削力的关系，为实际加工和生产提供依据[25]。也有国外学者，在使用有限元方法模拟预测硬态铣削力方面做了一定工作。

4. 有限元仿真在多步切削研究中的应用

外国学者利用二维的平面应变热机械有限元模型来模拟多步切屑的形成，并研究材料去除所产生的残余应力。利用 Abaqus 的显式方法分析加工过程中影响残余应力生成的物理现象。随后研究多步切削所产生的累积应变和温度对残余应力的影响。此外，还通过建立热机械有限元仿真模型来预测由加工操作所产生的残余应力。研究的特殊性在于模拟多步累积的压力和温度对残余应力剖面的影响。该方法的试验结果接近于实际，切削深度是影响残余应力的主要因素[26]。

5. 有限元仿真在复合材料加工研究中的应用

复合材料切削是大应变、高应变率的脆性加工过程。切削过程中刀-屑之间的接触及边界条件都呈现出强烈的非线性特征。因此，可通过 Abaqus/Explicit 模块建立复合材料切削有限元仿真模型，模拟其切削加工过程。仿真模型中单元应采用四节点减缩应力单元和自动沙漏控制，且在仿真建模过程中不考虑温度的影响。由于所建立的复合材料切削模型为宏观模型，故不考虑纤维与基体的结合问题。有外国学者把单向复合材料的切削简化为基于有限元理论的正交切削模型，对切削力的仿真值与试验值进行比较，结果表明，仿真结果与试验结果吻合较好[27]。还有学者分别建立了复合材料切削二维、三维有限元模型，将其等效为各向同性的金属材料，分析了切削力与纤维方向之间的关系[28]。也有国内学者进行了基于宏观各向异性碳纤维增强树脂基复合材料的切削仿真，模拟复合材料切削过程，并进行基体破坏分析，获得了进入稳定切削状态后的基体破坏分布规律[29]。

2.7 本章小结

本章首先主要介绍了有限元法的基本思想、一般分析流程和有限元分析的基本步骤，随后给出了有限元分析法的成本估计和结果评价。然后简单介绍了四种在切削研究领域常用的有限元软件，包括 Abaqus、Deform、MSC.Marc 和 Third Wave AdvantEdge。最后介绍了有限元仿真技术在切削研究中的应用，分别为有限元仿真在刀具磨损研究中的应用、有限元仿真在切屑形成研究中的应用、有限元仿真在切削力研究中的应用、有限元仿真在多步切削研究中的应用和有限元仿真在复合材料加工中的应用。

参考文献

[1] 丁皓江, 何福保. 弹性塑性力学中的有限单元法[M]. 北京: 机械工业出版社, 1989.
[2] 李川. MCM 的热分析及复合 SnPb 焊点的应力应变分析[D]. 成都: 电子科技大学硕士学位论文, 2005.
[3] 张立荣. 基于有限元法 ZL50 装载机铲斗强度分析与结构优化[D]. 淄博: 山东理工大学硕士学位论文, 2008.
[4] 刘成文. 金属切削加工过程的有限元分析[D]. 杭州: 浙江大学硕士学位论文, 2002.

[5] 邹贵生. 材料加工系列实验[M]. 北京: 清华大学出版社, 2005.
[6] 赵腾伦. Abaqus6.6 在机械工程中的应用[M]. 北京: 中国水利水电出版社, 2007.
[7] 庄茁. Abaqus 非线性有限元分析与实例[M]. 北京: 科学出版社, 2005.
[8] 吴晓宇, 吴清文, 杨洪波, 等. 对有限元分析结果判定方法的探讨[J]. 机械设计与研究, 2003, 19(6): 13-16.
[9] 骆江锋. 有限元仿真在金属切削加工中的应用[J]. 现代制造工程, 2007, (5): 95-98.
[10] 周朝辉, 曹海桥, 吉卫, 等. Deform 有限元分析系统软件及其应用[J]. 热加工工艺, 2003, (4): 14-17.
[11] 蒋学武, 吴新跃, 朱石坚. 综合应用 UG, Hypermesh 和 MSC.Marc 软件进行有限元分析[J]. 计算机辅助工程, 2007, 16(2): 11-14.
[12] 杨荣福, 董申. 金属切削原理[M]. 北京: 机械工业出版社, 1988.
[13] 王祖唐, 关廷栋, 肖景容, 等. 金属塑性成形理论[M]. 北京: 机械工业出版社, 1989.
[14] Kobayashi S. The role of the finite element method in metal forming technology[J]. Advanced Technology of Plasticity, 1984, (11): 23-26.
[15] 王小平. 基于有限元方法的切削加工建模技术研究及应用[D]. 太原: 太原理工大学硕士学位论文, 2011.
[16] 岳彩旭, 蔡春彬, 黄翠, 等. 切削加工过程有限元仿真研究的最新进展[J]. 系统仿真学报, 2016, 28(4): 815-825.
[17] 张佳奕. PCBN 刀具磨损对切削过程影响的有限元仿真研究[J]. 工具技术, 2017, 51(1): 40-43.
[18] 胡红军, 黄伟九. 超细晶陶瓷刀具磨损性能的有限元和试验研究[J]. 材料热处理学报, 2013, 34(11): 195-200.
[19] 邓昭帅, 孙东明, 曹康学, 等. 高速切削刀具磨损的有限元研究[J]. 工具技术, 2010, 44(3): 22-24.
[20] 张嘉嘉, 王大中. 基于 Abaqus 的带状切屑有限元仿真研究[J]. 轻工机械, 2017, 35(1): 41-44.
[21] 陈国三, 黄晓华, 陈龙高, 等. 钛合金 Ti6Al4V 高速铣削三维有限元仿真分析[J]. 组合机床与自动化加工技术, 2016, (4): 43-46.
[22] 刘建强, 赵慧凯, 冯仑仑, 等. 高温合金 GH4169 铣削加工的有限元模拟与铣削力试验分析[J]. 西安工业大学学报, 2015, 35(6): 441-446.
[23] 文东辉, 王扬渝, 计时鸣. 多硬度拼接淬硬钢球头铣削加工的数值模拟[J]. 哈尔滨理工大学学报, 2011, 16(5): 16-20.
[24] 高世龙, 安立宝. CBN 刀具干式硬车切削力有限元仿真[J]. 机械设计与研究, 2016, 32(2): 131-134.
[25] 徐德凯, 王丽洁, 史卫朝, 等. 基于 Abaqus 高速切削铣削力的有限元分析与研究[J]. 制造业自动化, 2015, 37(5): 12-15.
[26] Dehmani H, Salvatore F, Hamdi H. Numerical study of residual stress induced by multi-steps orthogonal cutting[J]. Procedia CIRP, 2013, 8(8): 299-304.
[27] Arola D, Ramulu M. Orthogonal cutting of fiber-reinforced composites: A finite element analysis[J]. International Journal of Mechanical Sciences,1997, 39(5): 597-613.
[28] Mahdi M, Zhang L. A finite element model for the orthogonal cutting of fiber-reinforced composite materials[J]. Journal of Materials Processing Technology, 2001, 113(1): 373-377.
[29] 路冬, 李志凯, 融亦鸣. 基于宏观各向异性碳纤维增强树脂基复合材料的切削仿真[J]. 复合材料学报, 2014, 31(3): 584-590.

第 3 章　基于 Abaqus 的金属切削过程有限元仿真

本章详细介绍 Abaqus 在金属切削过程中有限元分析的步骤以及该软件的各个功能模块，不仅列举出各个功能模块中的常见问题和注意事项，还结合各个功能模块的作用及其操作流程给出切削过程仿真应用实例。

3.1　前　处　理

前处理阶段的中心任务是定义物理问题的模型，并生成相应的 Abaqus 输入文件。Abaqus/CAE 分为若干个功能模块，每个模块都用于完成模拟过程中的一个方面的工作，如定义几何形状、材料性质、载荷和边界条件等。建模完成之后，Abaqus/CAE 可以生成 Abaqus 输入文件，提交给 Abaqus/Standard 或 Abaqus/Explicit[1]。

Abaqus 各功能模块如图 3.1 所示。

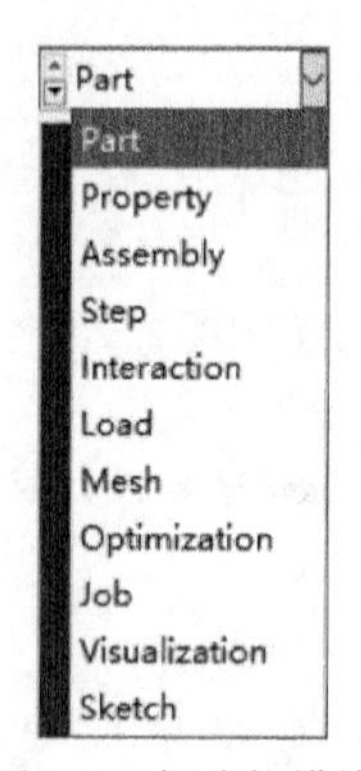

图 3.1　各功能模块

前处理各功能模块的主要作用如下。

（1）Part 模块。该模块主要用来建立几何模型。它可以建立二维和三维的几何模型，也可以从第三方软件导入。

（2）Property 模块。该模块主要用来建立材料属性。在这个模块中可以把自己常用的材料保存在材料库中，方便以后直接调用。

（3）Assembly 模块。该模块主要把部件组装起来，形成一个装配件。在这个模块中有几个约束是用来方便定位的。

（4）Step 模块。该模块用来调用求解器，可以进行静力分析、动力分析、热力分析、流固耦合分析等。在这个模块中不仅有几个重要的概念（一般分析步和线性摄动分析步；初始分析步和后续分析步；迭代增量步），还有两个特殊的设置（几何非线性和自适应性）分析步的替换。

（5）Interaction 模块。该模块用来建立约束和接触，这些都是非线性的代表。非线性主要体现在材料非线性、几何非线性和边界条件非线性三方面。

（6）Load 模块。该模块主要用来建立载荷、边界条件、定义幅值曲线、定义预定异常。

（7）Mesh 模块。该模块主要用来划分网格。要得到高质量的网格就要将网格划分得更细，高质量的网格主要体现在合适的单元、良好的形状和合理的网格密度三方面。这里主要有三种网格划分技术，即结构化划分、自由划分和扫掠划分，分别对应绿色、粉红色和黄色。

一般情况下，首先在 Part 模块中创建部件，然后在 Assembly 模块中进行部件的装配。但有时 Part 模块需要和 Assembly 模块相互配合使用。

Abaqus 可以在装配件和分析步的基础上，在 Interaction 模块中定义相互作用、约束、连接器以及在 Load 模块中定义载荷、边界条件、预定义场等，这两个模块通常没有先后顺序的要求。

在进入 Interaction 模块和 Load 模块之前的任何时候，都可以在 Step 模块中定义分析步和变量输出要求。在部件创建后，Job 模块之前的任何时候，都可以进入 Property 模块进行材料和截面属性的设置。

如果在 Assembly 模块中创建的是非独立实体，则用户可以在创建部件后，Job 模块之前的任何时候，在 Mesh 模块中对部件进行网格划分；如果在 Assembly 模块中创建的是独立实体，则用户可以在创建装配件后，Job 模块之前的任何时候，在 Mesh 模块中对装配件进行网格划分。图 3.2 为 Abaqus 分析过程基本流程图。

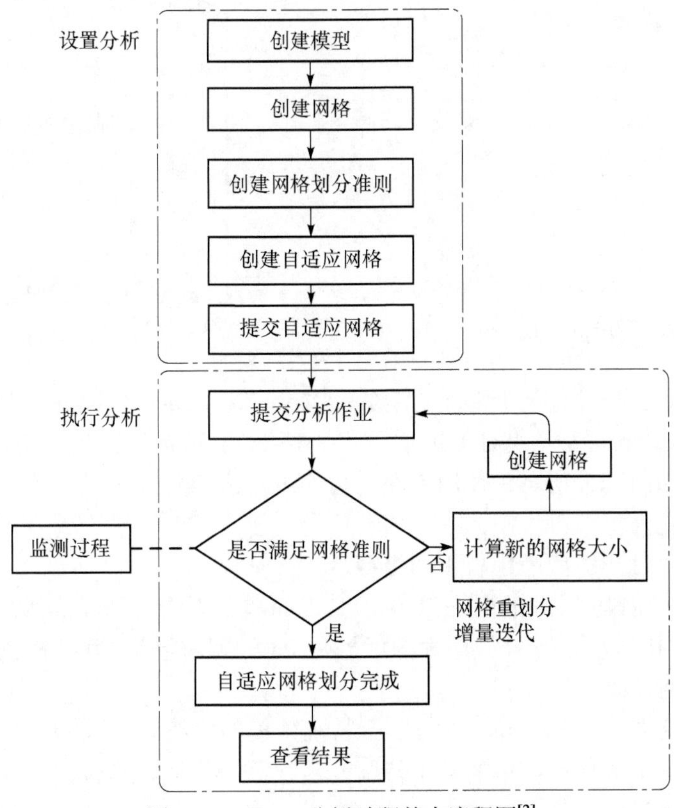

图 3.2　Abaqus 分析过程基本流程图[2]

3.1.1　部件模块

在启动 Abaqus 后，环境栏中会出现 Abaqus 的第一个功能模块，即部件模块（Part 模块），部件模块具有两种建模方式的建模功能，即在 Abaqus 中直接建模和从其他软件（如 Pro/E、UG、SolidWorks 等）中导入模型。

1. 创建部件

单击界面工具区中的创建部件工具（创建部件），如图 3.3 所示，就会弹出“创建部件”对话框，如图 3.4 所示。

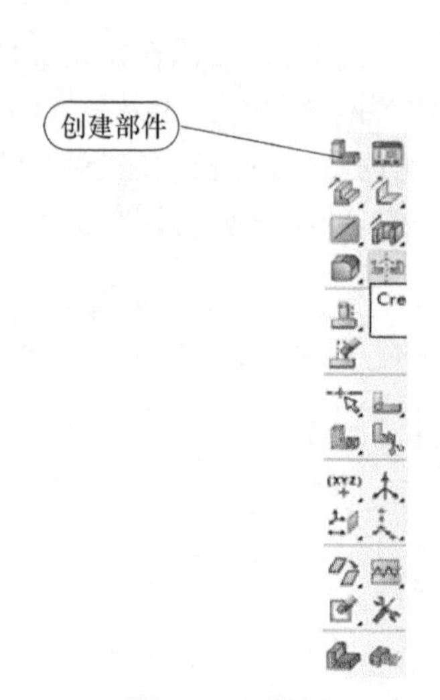

图 3.3　工具区

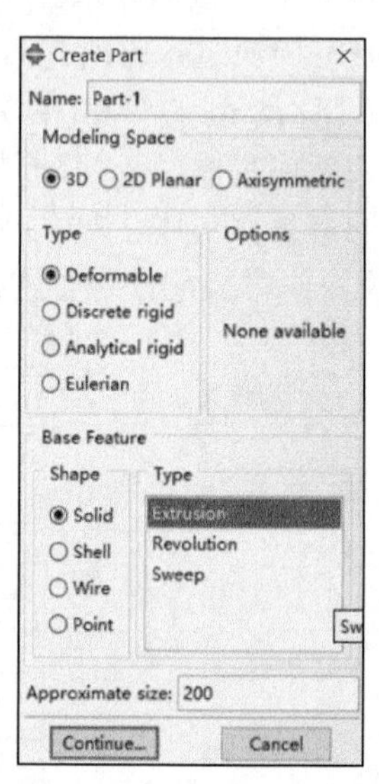

图 3.4　“创建部件”对话框

当选择好创建部件的 Name（名称）、Modeling Space（模型空间）、Type（类型）、Base Feature（基本特征）选项后，单击“Continue”按钮，进入绘制平面草图的界面，如图 3.5 所示。使用界面左边的工作区的各个工具选项就可以做出具体的部件。

创建部件时一般应考虑以下两个问题。

（1）选择创建几何模型的软件。对于简单的几何模型，可以优先考虑在 Abaqus/CAE 中建模，这样做最大的好处是 Part 模块能够与其他模块无缝结合，不会出现几何缺陷。

（2）建模顺序。Abaqus/CAE 基于特征建模的思路与实际的材料加工过程很相似，即首先生成形状简单的基本特征，其次添加拉伸、旋转、扫掠等特征，最后进行倒角等其他操作[3]。

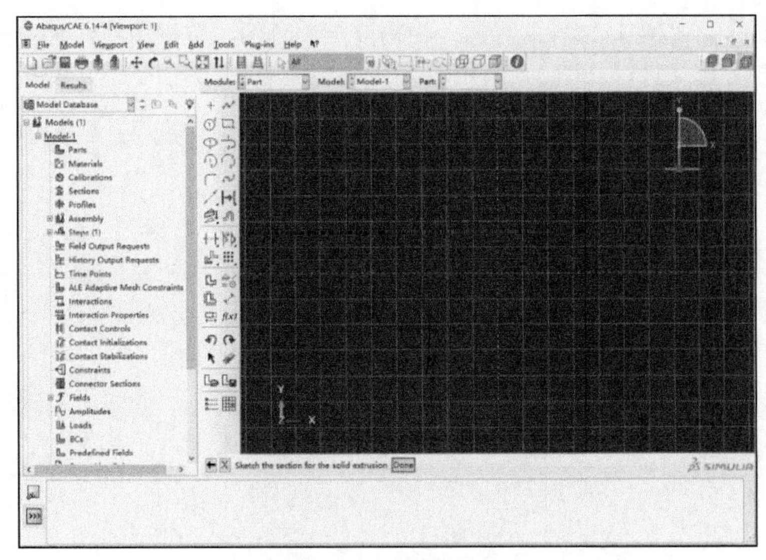

图 3.5　绘制草图界面图

2. 部件的导入和导出

建立好的模型导入 Abaqus 模型中有两种途径：第一种是从第三方软件导入建立好的模型（Abaqus6.14 支持多种格式不同的文件）；第二种是导入 Abaqus 建立后导出的模型，如图 3.6 所示。

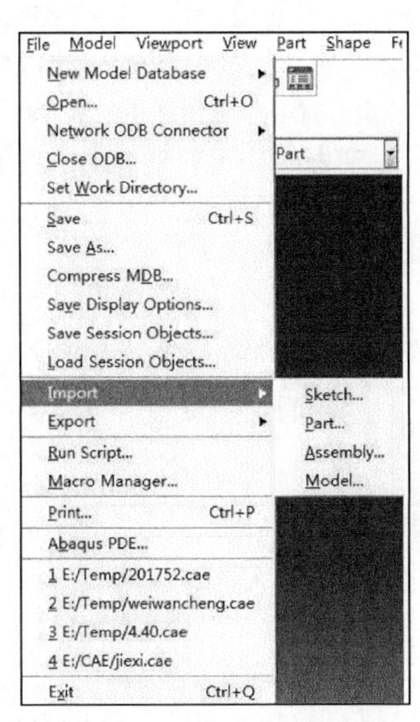

图 3.6　模型的导入

Abaqus 不但支持部件的导入，当需要导出草图、装配和部件时，还可以从 Abaqus 中导出文件，如图 3.7 所示。

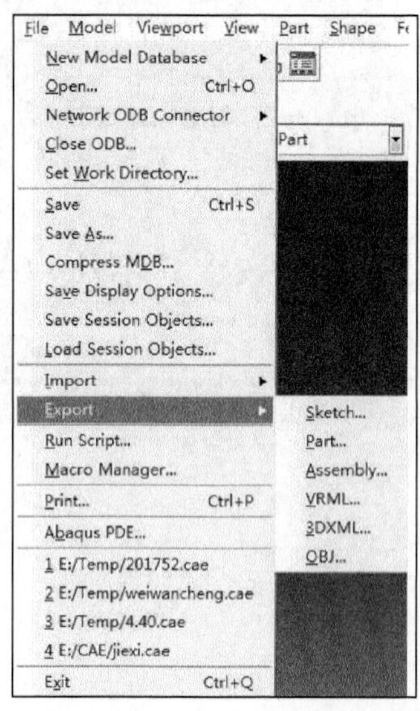

图 3.7　模型的导出

3. 模型的修改

建立好的模型有时在进行后续的模块中可能会出现问题，在下方会出现提示警告内容，根据相应的提示，对导入的模型进行修改或修复。执行“工具”(Tools) 中的几何编辑（Geometry Edit）命令，如图 3.8 所示，就会弹出“几何编辑”对话框，如图 3.9 所示。在该对话框中，可以进行边、表面、部件的修改或修复。

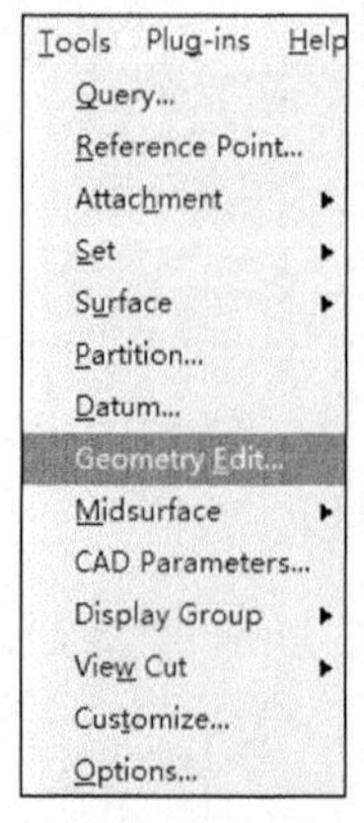

图 3.8 “工具”中的“几何编辑”

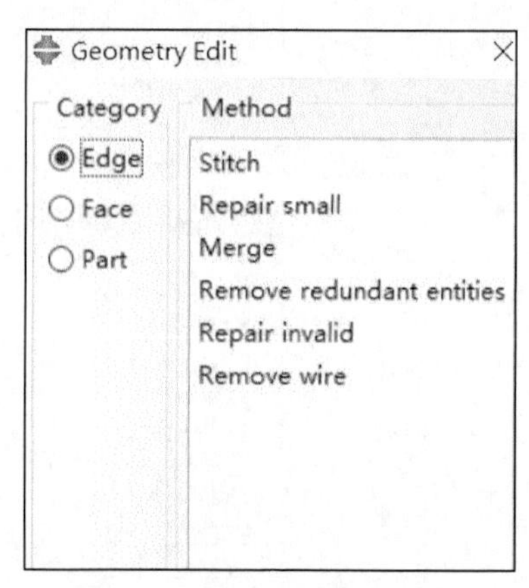

图 3.9 “几何编辑”对话框

4. Abaqus对单位的约定

如同其他有限元软件，Abaqus没有单位的概念（除转动和角度测量），它通过有限元法对矩阵进行数学运算得到结果，单位的一致性是保证结果有效性的前提。Abaqus建议用户使用一套公认的单位制进行单位定义。例如，国际单位制（SI）是最常用的一套单位系统，它符合一致性的要求。国际单位制中的基本单位共五个：长度（米，m）、质量（千克，kg）、时间（秒，s）、温度（热力学温度，K）、电流（安培，A），其他单位可以根据这些基本单位推导出来。在有些分析中，使用这些标准单位可能不方便，这时用户可以适当调整这些标准单位使其具备一致性[4]。

5. 部件模块中的常见问题及注意事项

（1）当创建较复杂的壳体部件时，可先创建一个以该壳体为表面的实体部件，然后点击菜单Shape→Shell→From solid，把其转化为壳体部件。

（2）在合并多个面时，一次合并多个面，很可能会出现操作失败。这时可以试着每次只合并两三个面，多次将无效区域附近的面合并起来。

（3）在为基本特征增加特征时，应优先选中Keep internal boundaries选项，这样在Mesh模块中划分网格或者结构化网格时就不用再对该区域进行分割操作。

3.1.2 属性模块

在模块列表当中选择属性选项，就会进入属性模块（Property模块），这时会看到菜单发生变化，当选择不同模块进行操作时，菜单中都会发生一定的变化。当处在属性模块时，会发生如图3.10所示的变化。

File　Model　Viewport　View　Material　Section　Profile　Composite　Assign　Special　Feature　Tools　Plug-ins　Help

图3.10　属性模块的菜单

在该模块首先需要定义材料属性并设置相关参数，然后定义截面特性并定义相关区域。相关工具如图3.11所示。

1. 材料属性

单击菜单中的“Material”按钮，再单击“Creat”按钮，进入“编辑材料”对话框，如图3.12所示。在编辑对话框中，包括名称（用于为材料参数命名）、材料行为（选择材料类型）和数据（设置相应的材料属性值）。

创建材料
材料管理器
创建截面
截面管理器
分配截面
截面分配管理器
创建复合材料
复合材料管理器
指定材料的取向
指定梁的方向
指定梁截面轮廓
梁截面管理器
创建皮肤
皮肤管理器
创建弦
弦管理器

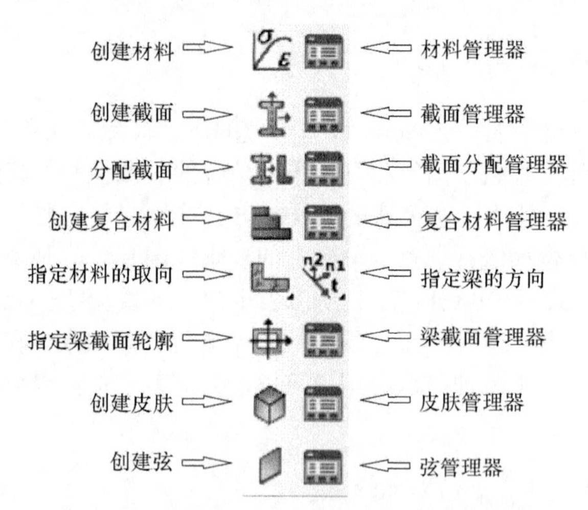

图 3.11　属性模块主要菜单对应的工具箱按钮

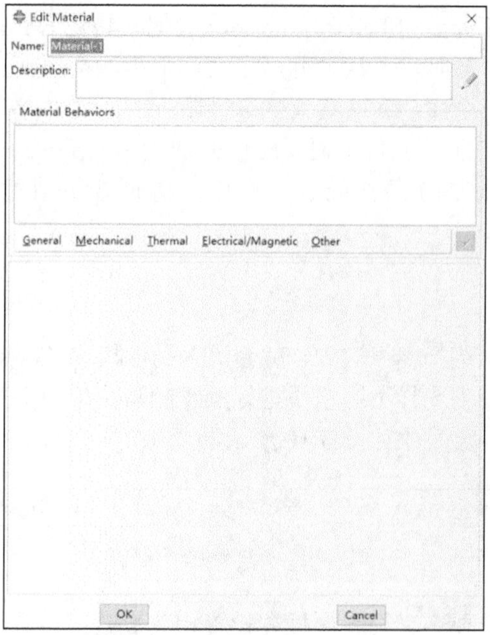

Edit Material
Name:
Material-1
Description:
Material Behaviors
General
Mechanical
Thermal
Electrical/Magnetic
Other
OK
Cancel

图 3.12　“编辑材料”对话框

2. 截面特性

Abaqus 不能直接将材料的属性赋予模型，而是要先建立好包括材料属性的截面特性，然后将截面特性分配给模型的各个区域。因此，截面特性包括两部分，即创建截面特性和分配截面特性。

1）创建截面特性

单击工具区的创建截面工具，弹出“创建截面”（Create Section）对话框，如图 3.13 所示。其中，Name 能够便于记忆和管理。Category（种类）和 Type（类型）配合起来指定截面的类型：Solid（实体）一般选择默认的 Homogeneous（均匀的）；Shell（壳）包含 Homogeneous（均匀的）、Composite（复合的）、Membrane（膜）和 Surface（表面）等。

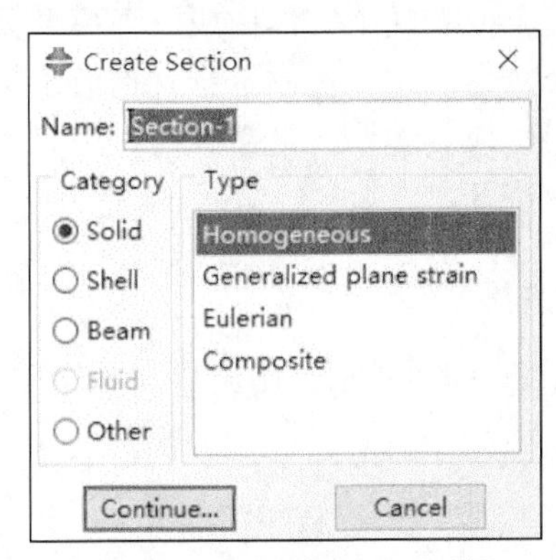

图 3.13　“创建截面”对话框

2）分配截面特性

创建截面特性后，就要将它分配给模型。首先，在环境栏的部件列表中选择要赋予截面特性的部件，如图 3.14 所示；然后，单击工具区中的指派截面工具，按提示在视图区选择要赋予此截面特性的部分，单击提示区的“完成”按钮，弹出“编辑截面指派”对话框。单击工具区的截面指派管理器工具，该管理器中显示已分配的截面列表。

图 3.14　在环境栏的部件列表中选择部件

3. 属性模块中的常见问题及注意事项

（1）在定义超弹性材料数据时，一定要输入名义应力和名义应变，这是和定义塑性材料数据不同的。

（2）在定义截面属性时，平面应变单元、平面应力单元和轴对称单元都必须定义为实体截面属性，而不能定义为壳截面属性。

（3）在进行二维切削仿真时，定义的截面属性要勾选平面应变应力厚度，而且一定要将默认值 1 改为实际要仿真的切削深度（对于车削，为径向车削深度），尤其是以米为单位时。

3.1.3 装配模块

每个结构都可看成一个实体，它由很多部件构成，通过装配模块（Assembly模块）可以把几个部件装配起来，创建成一个实体，并在整体的坐标系中为这些实体定位，形成一个完整的装配件。值得注意的是，整个模型只能包含一个装配件，这个装配件可以由一个或者几个实体构成。当模型只有一个部件时，这时可以只为这个部件创建一个实体，这个实体本身就构成了整个装配件。另外，一个部件可以被多次调用来组装成装配件，定义载荷、边界条件、相互作用等，这些操作都在装配件的基础上进行。

1. 装配模块中的主要菜单

该模块工具箱按钮如图 3.15 所示。这里只介绍 （实体化部件）和 （实体定位限制）。

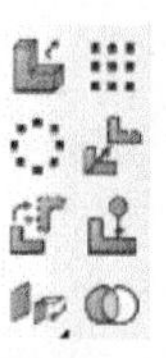

图 3.15　装配模块对应的工具箱按钮

（1）实体化部件（Creat Instance），该按钮实际就是将部件导入装配模块，它可以对部件进行平移、旋转、阵列等操作；另外，还可以对部件进行布尔运算，可把几个实体合并成一个新的部件。相反，它也可以把一个实体分割成多个部件。

（2）实体定位限制（Creat Constraint Parallel Face），该按钮的主要功能是建立各个实体间的位置关系去定位该实体，其中包括面面平行和相对、边边平行和相对、轴和点重合、坐标系平行等。

2. 装配模块中的常见问题及注意事项

（1）非独立部件实体转化成一个独立的部件实体时，其原有的网格将保持不变，但反过来不成立。

（2）在装配模块中施加定位约束之后，在部件模块中对部件进行编辑修改，但当重新回到装配模块时，部件实体的位置却发生变化，之前的定位约束已经失效。出现这类问题的原因是定位约束所描述的是各个部件间的相对位置关系，如果把这些约束转换成部件实体在全局坐标系下的绝对位置，就不会出现上述问题。

（3）装配模块中的 Instance 菜单与 Constraint 菜单皆可定位实体部件，Instance

菜单中的定位功能是使部件实体平移或者旋转来确定部件实体在全局坐标系下的绝对位置。Constraint菜单中的定位功能是定位各个部件实体间的相对位置关系，定位约束将会显示在模型树中，可以被抑制或者删除。

3.1.4 分析步模块

当装配件中所含有的全部部件的所有操作都完成以后，就可以进入分析步模块（Step模块）进行分析步和输出的定义。

1. Abaqus的分析过程

Abaqus的分析过程是由一系列的分析步组成的，其中包括两大类分析步，即初始分析步和后续分析步。

（1）初始分析步。Abaqus自动创建初始分析步，可以定义初始状态下的边界条件和相互作用。初始分析步有且只有一个，它不能被编辑、重命名、替换、复制或删除。

（2）后续分析步。在自动创建初始分析步以后，必须创建一个或者多个后续分析步，每一个后续分析步定义一个特定的分析过程。在创建后续分析步时，可以选择该后续分析步的类型，其有两个类别，即通用分析步和线性摄动分析步。

2. 结果数据输出

Abaqus可以输出以下数据文件。

（1）ODB文件，该文件的扩展名为.odb，供Abaqus/CAE后处理使用。在默认的情况下，Abaqus/CAE会把分析后的结果写入ODB文件中，这种文件是最为常见的输出文件。

（2）DAT 文件，该文件的扩展名为.dat，其为文本文件，能够存放用户要求的输出结果。

（3）RES文件，该文件的扩展名为.res，用来重启动分析的文件。

（4）FIL文件，该文件的扩展名为.fil，可供第三方软件进行后处理。

3. 分析步模块中的主要菜单

（1）Step（分析步），使用“Step”下的子菜单项可以创建和管理每个分析步。在确定分析步的类型以后，用户可以在“Edit Step”对话框中更改或设定分析步的每个细节。

（2）Output（输出），通过输出菜单下的功能选项，可控制计算结果输出。

（3）Other（其他），该菜单中主要提供两种功能，一是自适应技术的应用；二是求解过程的控制。图3.16为各菜单功能对应的工具箱按钮。

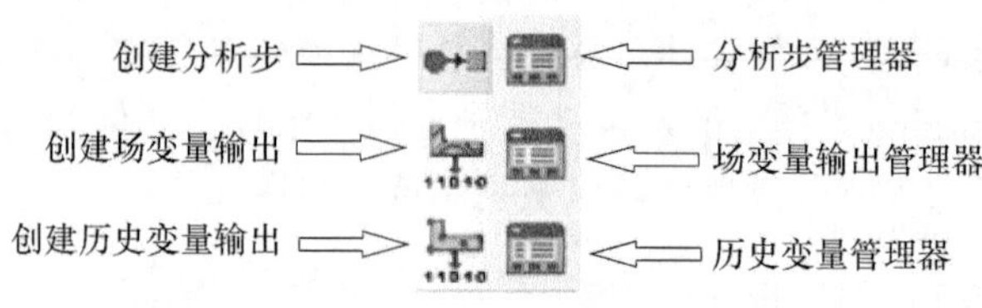

图 3.16　分析步模块对应的工具箱按钮

4. 分析步模块中的常见问题及注意事项

（1）切削力热耦合分析的分析步类型为 Dynamic、Temp-disp、Explicit，而不是 Dynamic、Explicit，否则无法输出温度。

（2）每增量步的最大允许温度变化（Max.allowable temperature change per increment）设置不宜过小，否则会报出“最小时间增量步不够小”（Time increment required is less than the minimum specified）的错误，即最小时间增量与最大温度变化增量要对应。

（3）当用固定增量步法分析计算时，如果由于增量步过大而不易收敛，Abaqus 不会自行减少增量步，所以导致失败。因此，应尽量不用固定增量步法。

3.1.5　相互作用模块

结构中每个模块之间的连接形式有很多种，它对结构在载荷作用下的影响十分重要。在相互作用模块（Interaction 模块）中，用户可以指定两个或多个不同区域间的力学、热学相互作用，如两个或多个物体的接触等。当然，相互作用不是只有接触，还包括多种约束。相互作用和分析步是有联系的，用户必须指出所定义的相互作用是在哪些分析步当中起到作用[5]。

1. 相互作用模块中的主要菜单

（1）定义接触面之间的接触属性，其中包括摩擦系数等参量；创建由接触面与接触面构成的接触对，应用最多的是面与面的接触。

（2）定义 Tie、Coupling、Shell-to-Solid Coupling、Embedded region、Equation 等约束关系。其中，Tie 约束适合于约束面之间网格划分不一致但变形连续的情况）。

（3）定义模型中的点与点之间或模型与地面间的单元（connector），模拟固定连接、铰接、恒定速度连接、止动装置、内摩擦、失效条件和锁定装置等。

图 3.17 给出了各菜单功能对应的工具箱按钮。

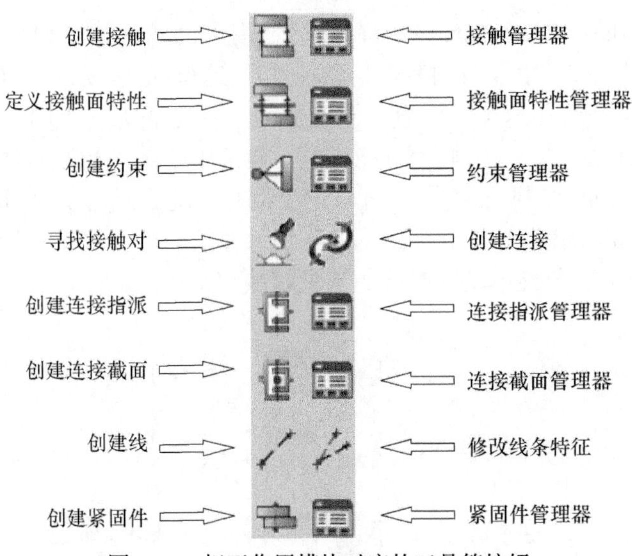

图 3.17　相互作用模块对应的工具箱按钮

2. 相互作用模块中的常见问题及注意事项

（1）接触和约束自动检测功能适用于二维平面应力、平面应变和轴对称模型以及面对边接触、边对边接触。

（2）每一个定位约束的目标对象只能针对两个对象，而不能是三个或更多的部件。

（3）如果想要精确定位部件实体，对于三维模型，需要三个定位约束，对于二维模型，需要施加两个定位约束。

（4）不开多线程可以正常求解，开多线程就会报错，这是由于罚函数法（penalty contact method）的接触约束严格性要低于动态接触算法，因此改为罚函数法即可。

3.1.6　载荷模块

在载荷模块（Load 模块）中，可以定义载荷、边界条件和载荷工况等。载荷和边界条件与分析步是相关联的，用户必须指定定义的相互作用在哪些分析步中起作用。

1. 载荷模块中的主要菜单

（1）Load（载荷），用于创建、修改和删除载荷。不同分析步的载荷类型也有所不同。

（2）Boundary Conditions（边界条件），用于创建、修改和删除边界条件。常用的类型有固支、对称/反对称、位移/转角、速度/角速度、加速度/角加速度、连接单元位移/速度/加速度、温度、声音压力、孔隙压力、电势、质量集中等。

（3）Predefined Field（预定义场变量），通常用来定义初始温度场。

（4）Load Case（载荷工况），可以定义载荷工况。载荷工况由一系列的载荷和边界条件组成，用于稳态动力分析和静力摄动分析。

图 3.18 给出了各菜单功能对应的工具箱按钮。

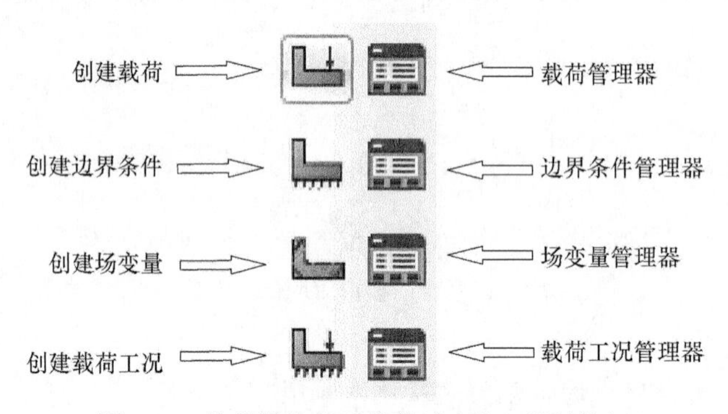

图 3.18　载荷模块主要菜单对应的工具箱按钮

2. 载荷模块中的常见问题及注意事项

（1）载荷和边界条件与特定的分析步是相互联系的，在定义载荷和边界条件时一定要指出它们在哪个分析步中起作用。

（2）定义载荷、边界条件、接触、约束等模型参数时，都应先将相对应的区域定义成集合或者面，这样方便检查和修改，避免出现错误。

（3）若要施加重力载荷，必须在属性模块中给出材料密度。

3.1.7　网格模块

在网格模块（Mesh 模块）中用户能布置网格种子；设置单元形状、单元类型、网格划分技术和算法；划分网格和检验网格质量。有限元计算中，网格数目与网格质量直接影响计算结果的精度和计算规模的大小。划分网格的个体差异性很大，不同用户划分得网格在形态上可能会有很多差异，也很难直接判断网格划分得是否合适，一般需要根据经验去综合使用多种技巧，并且进行大量的试算工作对网格进行评估。

1. 网格划分技术

Abaqus中提供了强大的网格划分技术，当进入网格模块后，Abaqus/CAE将用不同的颜色区分应用的网格划分技术。

（1）结构化网格划分技术（Structured）。使用结构化网格划分技术的区域显示为绿色。结构化网格划分技术是将一些标准的单元模式（如四边形、正方形）等应用于一些形状简单的几何区域。

（2）扫掠网格划分技术（Sweep）。使用扫掠网格划分技术的区域会显示为黄色。首先在源边或面（Source side）上生成网格，然后沿着扫掠路径（Sweep path）复制节点，直到目标边或面（Target side），得到网格。

（3）自由网格划分技术（Free）。使用自由网格划分技术的区域会显示为粉红色。自由网格是最灵活的网格划分技术，几乎可以用于任何几何形状。自由网格划分二维可使用三角形单元或四边形单元，三维需使用四面体单元，一般应选择带内部节点的二次单元来保证精度。

（4）自底向上的网格划分技术（Bottom-up）。使用自底向上的网格划分技术的区域显示为浅茶色（棕褐色）。一般情况，在Partition的辅助之下，前三种网格划分技术都能满足要求。当然，若不能满足要求，Abaqus提供了自底向上的网格划分技术。该技术仅适用于三维体的划分，从本质上讲，其是一种人工网格划分技术，用户在某一个面网格的基础上，指定特定的方法（拉伸、扫掠或旋转）沿着某一路径生成网格，在这个过程中不能够保证所有的几何细节都得到精确的模拟。

2. 网格模块中的主要菜单

（1）Seed（种子），该菜单下的各命令提供了设置种子密度的方法，如按网格尺寸指定、按边上单元数目指定等。

（2）Mesh（网格），在该菜单下，用户可以指定单元类型、网格划分技术以及对网格进行生成、删除等操作。

（3）Adaptivity（自适应），该菜单主要为网格自适应重划分服务。

图3.19给出了各菜单功能对应的工具箱按钮。

3. 网格模块中的常见问题及注意事项

（1）每次进行网格重划分之后，Eulerian boundary最好重新定义，也就是首先“Discard all edits”，再重新强制Region type=Eulerian。

（2）网格模块中选取单元类型时，Abaqus不会自动检查选取的单元类型合适与否，只是在提交分析时才会进行检查。

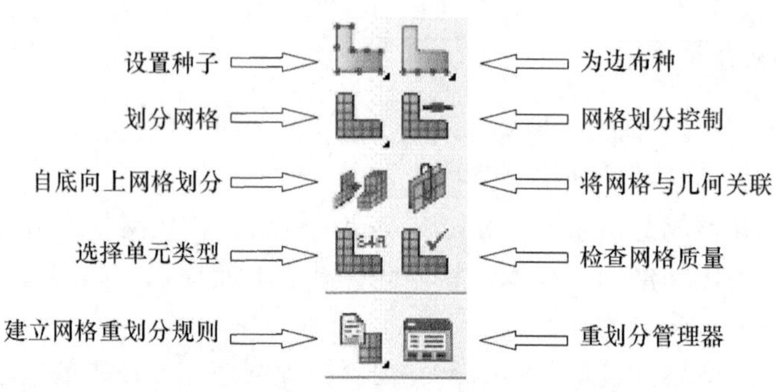

图 3.19　网格模块主要菜单对应的工具箱按钮

（3）在装配模块中创建的是非独立实体，在网格模块中看到的模型就会显示为蓝色，这时将不能进行网格划分。此时必须将窗口顶部的环境栏中的 Object 更改为 Part，这样才能进行网格划分操作[6]。

Abaqus/CAE 相对于其他有限元软件在前处理方面有以下优点：模型的材料属性、部件间的相互作用、载荷、边界条件等都可以直接定义在几何模型上，而不用必须直接定义在单元和节点上，故在重新划分网格时，这些参数都不需要重新定义。

3.2　模型的提交与运算和后处理

在模型的提交与运算阶段，使用 Abaqus/Standard 或 Abaqus/Explicit 求解输入文件所定义的数值模型，通常以后台方式运行，分析结果保存在二进制文件中，以便于后处理。完成一个求解过程所需要的时间取决于问题的复杂程度和计算机的运算能力，可以从几秒到几天不等。

Abaqus/CAE 的后处理部分文件又称为 Abaqus/Viewer，可以用来读入分析结果数据，以多种方法显示分析结果，包括彩色云图、动画、变形图和 XY 曲线等[7]。

3.2.1　模型的提交与运算

在环境栏中选择“作业”（Job）模块，如图 3.20 所示，进入作业模块中，如图 3.21 所示。单击“作业管理器”（Job Manager）按钮，如图 3.22 所示。在弹出的对话框中选择“创建”（Create）按钮，这里可定义作业名称，如图 3.23 所示。单击“继续”按钮，再单击“确定”（Done）按钮，这样就完成了作业定义。在“作业管理器”对话框中，单击“提交”（Submit）按钮，完成提交作业。

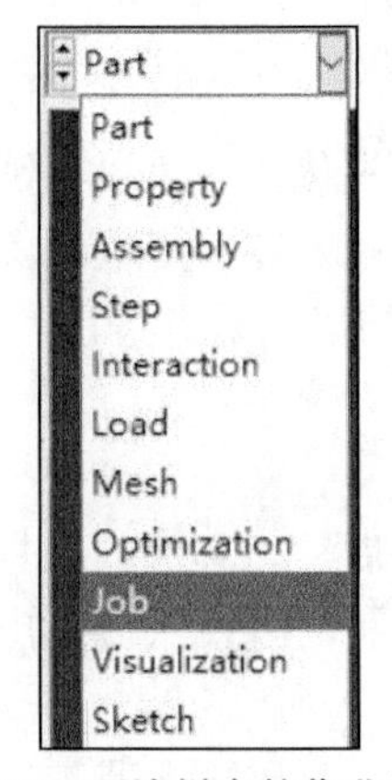

图 3.20　环境栏中的作业模块

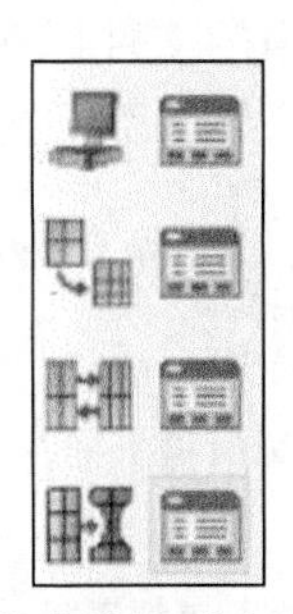

图 3.21　作业模块对应的工具栏

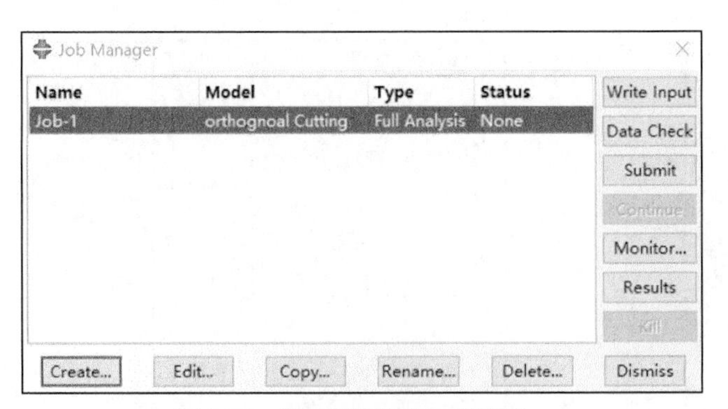

图 3.22 “作业管理器”对话框

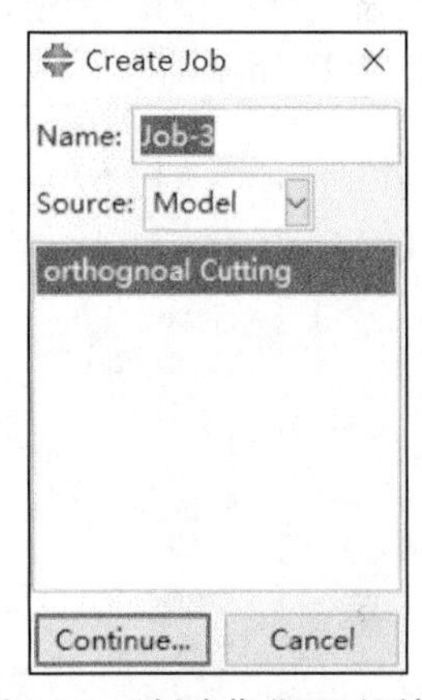

图 3.23 “创建作业”对话框

模型的提交与运算中的常见问题及注意事项如下。

（1）模型运算有时会出现不收敛的现象，其原因有很多，不同的模型存在相互不一样的问题。当出现不收敛的情况之后，用户需要查找大量信息来分析模型失败的原因，例如，查找是否存在过约束和刚体位移，材料本构关系定义是否正确等信息。

（2）警告信息和错误信息有着很大的不同，虽然警告信息并不一定意味着模型存在问题，但分析中断时，警告信息对分析中断产生的原因有很大的作用，因此用户有必要对常见的警告信息有一定程度的了解和掌握。

（3）如果模型中存在刚体位移，用户首先应参照警告信息中的提示信息查看相应部件的刚体位移，消除该部件上的刚体位移；然后还应检查模型的边界条件、约束和接触关系定义得是否足够，能否约束住模型中每个部件的刚体移动和转动。

3.2.2　后处理

Abaqus 中的可视化模块用于结果的后处理，可视化模块可以将读入的二进制输出数据库中的文件以多种方法显示结果，包括彩色云图、等值线图、动画、变形图和 XY 曲线等[8]。这些功能可以通过工具区中的工具进行调用。

1. 无变形图和变形图分别显示

在后处理模块（可视化模块）中打开结果文件后，工具区的工具被激活，视图区就显示出变形前的网格模型。单击工具区的，视图区显示出变形后的网格模型。

用户若直接对模型截图，则背景就为黑色，用户可以更改背景颜色来改变背景显示。首先单击“视图”命令，如图 3.24 所示。单击“图形选项”选项，弹出如图 3.25 所示的对话框。在该对话框中，用户可以自行定义背景颜色。

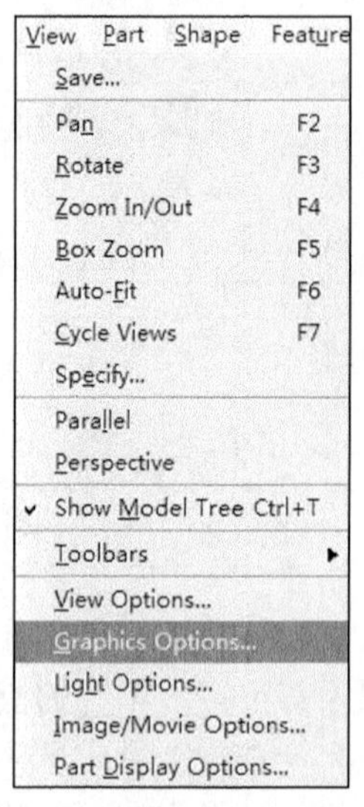

图 3.24　菜单栏的视图选项

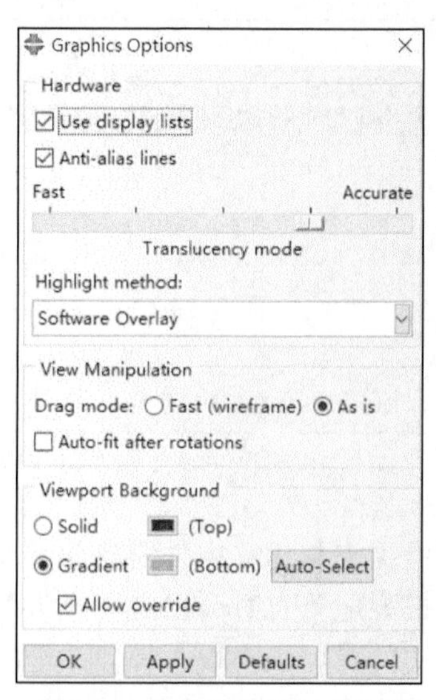

图 3.25　“图形选项”对话框

2. 无变形图和变形图同时显示

Abaqus 除了支持无变形图和变形图分别显示，还支持二者同时显示，单击工具区的，用户可以同时选择和，视图区就会显示变形前和变形后的网格模型。当视图区单独显示变形前和变形后模型时，工具区的用来设置模型显示；当同时显示变形前和变形后的模型时，工具区的用来设置变形后的模型显示，工具区的用来设置变形前的模型显示。

3. 云图的绘制

云图用来在模型上以不同颜色来显示分析变量。单击“绘制”按钮，选择“云图”选项，然后选择“在变形图上”命令，视图区显示模型变形后的 Mises 应力云图。鼠标左键按住工具区的，就会出现工具条，在该工具条中选择云图的显示方式。

后处理中的常见问题及注意事项如下。

（1）不同的分析作业会生成不同的 ODB 文件，当想要将多个 ODB 文件连接起来制成一个动画时，如果是重启动分析，则可把基础模型的 ODB 文件和重启动模型的 ODB 文件连接起来；如果不是重启动分析，则只能分别为不同的 ODB 文件保存单独的动画文件，然后凭借其他软件合并成视频文件。

（2）显示分析结果时，如果在变形图和云图中看不到模型发生位移，可以增大变形缩放系数，如果在选择场变量时找不到位移 U，很可能是因为在 Step 模块中设置场变量输出时，没有选择位移 U，所以在 ODB 文件中没有保存位移结果[3]。

（3）如果将未变形图、变形图、云图、矢量图以及材料方向图等重叠显示，则可以单击 Visualization 中的，然后单击未变形图、变形图、云图、矢量图或者材料方向图来添加重叠显示的图形。

3.3　基于 Abaqus 的金属切削过程仿真应用实例

切削过程中涉及的切削力、切削温度、切屑形态及已加工表面完整性是研究切削机理的主要研究对象，若借助有限元仿真对上述内容进行研究可以揭示切削机理，进而为刀具几何参数的设计和切削条件的控制与优化提供理论指导。图 3.26 为切削仿真技术涉及的相关知识。

研究钛合金的切削性能很有意义，钛合金具有密度小、强度高、耐腐蚀与抗疲劳等优良特性，目前多用于航空航天和军工领域中。钛合金导热系数低，在进行切削时，被加工表面温度高且刀具易磨损，所以钛合金是典型的难加工材料。

在实际生产加工过程中，影响工件加工误差（加工精度和表面质量）的因素很多，包括切削参数、刀具几何参数、材料、装夹和工艺等。因此，金属切削加工有限元仿真是一个非常复杂的热力耦合过程。本章建立的钛合金二维正交切削加工热力耦合有限元仿真基于以下基本假设：

（1）刀具为刚体，只考虑刀具的热传导；

（2）忽略加工过程中由温度变化引起的金相组织变化以及其他的化学变化；

（3）被加工对象的材料（钛合金）为各向同性；

（4）不考虑刀具、工件的振动；

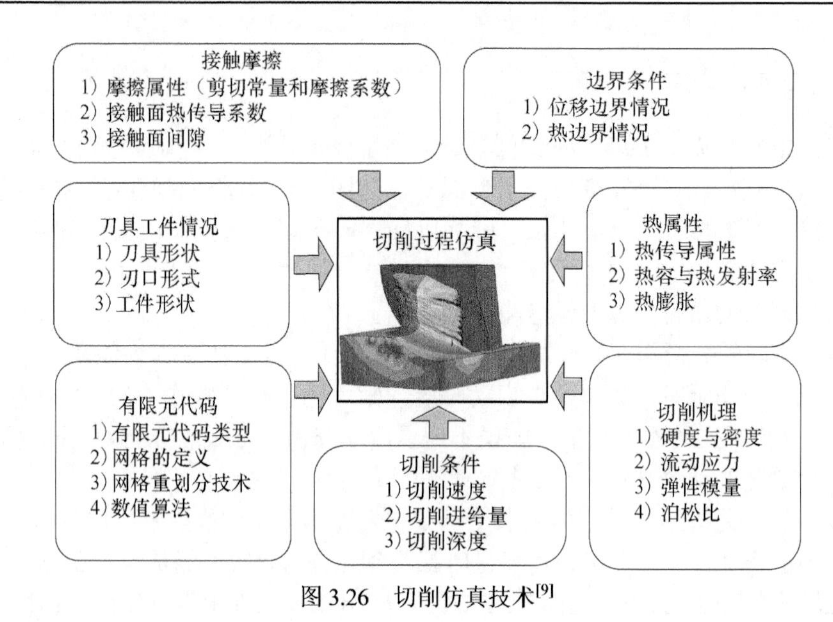

图 3.26　切削仿真技术[9]

（5）三维车削加工，切削深度不变，简化为平面应变问题。

Abaqus/CAE 主窗口如图 3.27 所示。

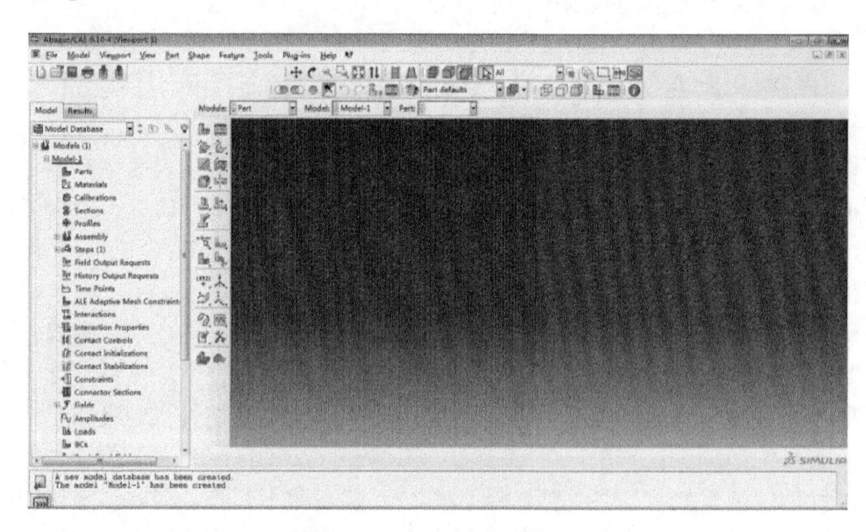

图 3.27　Abaqus/CAE 主窗口

3.3.1　Module：Part（部件）

在这个模块中的主要任务是为工件和刀具创建几何部件。Abaqus/CAE 模型由一个或多个部件构成，用户可以在 Part 模块中创建和修改各个部件，然后在

Assembly模块把它们组合起来。创建几何部件主要有以下两种方法：①使用Part模块中提供的拉伸、旋转、扫掠等特征来直接创建几何部件；②导入已有的CAD模型文件。

1. 工件创建（命名：WORKPIECE）

单击左侧工具区中的 (Create Part)，弹出"Create Part"对话框。在Name（部件名字）后面输入WORKPIECE，Modeling Space（模型所在空间）选择2D Planar，Type（类型）选择Deformable（变形体），Base Feature（基本特征）选择Shell（壳），将Approximate size（大约尺寸）后的200改为6，如图3.28所示，单击"Continue"按钮。

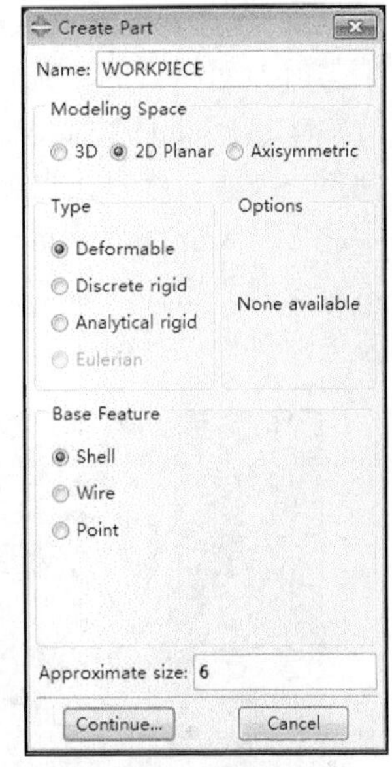

图3.28　"创建部件"对话框

Abaqus/CAE自动进入绘图环境，左侧的工具区内显示出绘图工具按钮，视图区内显示栅格，视图区正中两条相互垂直的点划线即当前二维区域的X轴和Y轴，二者相交于坐标原点。选择绘图工具箱的矩形工具，窗口底部的提示区显示"Pick a starting corner for the rectangle—or enter X，Y:"，单击视图区正中间的坐标原点（0，0），此时，窗口底部的提示区信息变为"Pick the opposite corner for the rectangle—or enter X，Y:"，在后面输入坐标（-3，-1），按Enter键。双击鼠标中键，工件创建成功。

2. 刀具创建（命名：TOOL）

1）创建部件

单击左侧工具区中的 (Create Part)，出现"Create Part"对话框。在Name（部件名字）后面输入TOOL，其他不变，单击"Continue"按钮。

2）绘制截面

选择绘图工具箱中的 (Create Construction：Oblique Lines Thru 2 Points)，以原点为交点，绘制两条相互垂直的构造线。选择绘图工具箱中的 (Add Constraint)，出现"Add Constraint"对话框，选择Fixed，然后分别单击刚刚建立的两条构造线，单击鼠标中键。两条线被固定，关闭"Add Constraint"对话框。

选择绘图工具箱中的 (Create Lines：Connected)，单击原点，单击另外三个点，最后单击原点，初步绘制刀具截面形状，如图3.29所示。

3）约束刀具尺寸

选择绘图工具箱中的（Add Dimension），确定刀具几何形状：前角 0°，后角 7°，高度尺寸 0.6，宽度 0.35。

4）绘制刀尖圆弧半径

选择绘图工具箱中的（Create Arc：Tangent to Adjacent Curve），在刀具前刀面上靠近刀尖的一点上单击，在刀具后刀面上靠近刀尖的一点上单击，绘制出与前刀面相切的一圆弧；然后选择绘图工具箱中的（Add Constraint），出现“Add Constraint”对话框，选择“Tangent”，单击刀具后刀面，单击刚刚所绘制的圆弧，圆弧与后刀面相切，关闭“Add Constraint”对话框；接着选择绘图工具箱中的（Add Dimension），单击所绘制的圆弧，在圆弧外适当位置单击，此时，窗口底部的提示区信息变为“New dimension:”，输入 0.03，按 Enter 键。绘制出刀尖圆弧半径，如图 3.30 所示。

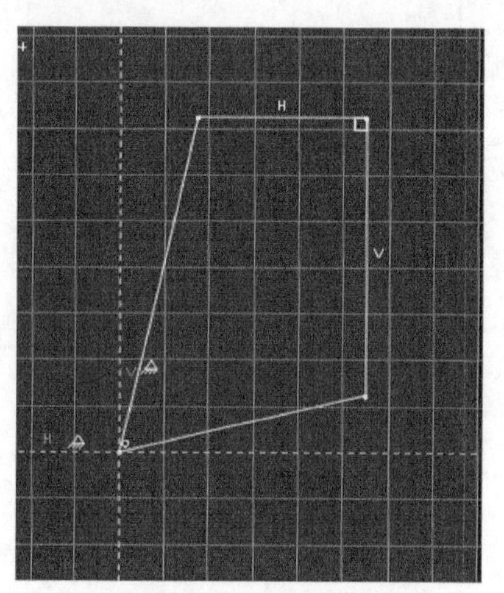

图 3.29　刀具草图

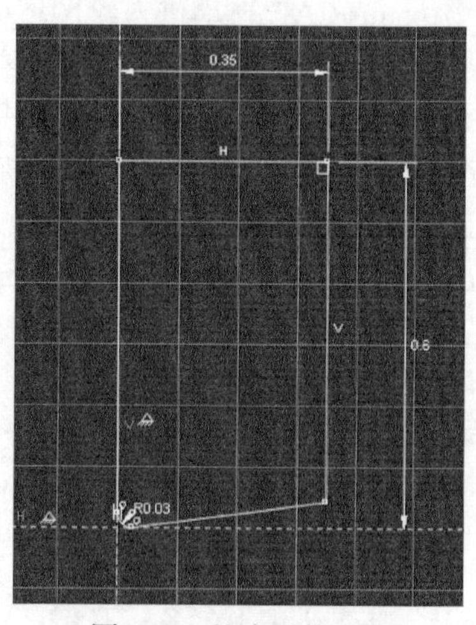

图 3.30　约束后的刀具

选择绘图工具箱中的（Auto-Trim），依次单击刀具刀尖圆弧以外的两条多余线段，然后单击鼠标中键。

选择绘图工具箱中的（Add Constraint），出现“Add Constraint”对话框，选择“Coincident”，单击圆弧与后刀面的交点，单击水平线，交点移到水平线上，关闭“Add Constraint”对话框。双击鼠标中键，刀具创建成功。

3.3.2　Module：Property（创建材料属性）

在窗口左上角的 Module（模块）列表中选择 Property（属性）模块，在这个模块定义材料属性。

1. 创建材料

1）创建工件材料

单击左侧工具区中的（Create Material），弹出“Edit Material”对话框。

在 Name（材料名称）后面输入 TI6AL4V-EXPONENTIAL，单击对话框中的 General→Density，在数据表中设置 Mass Density（密度）为 4.44e-9；依次输入其他参数，如图 3.31 所示，完成后单击“OK”按钮。

单击左侧工具区中的（Material Manager），弹出“Material Manager”对话框，选中 TI6AL4V-EXPONENTIAL，单击“Copy”按钮，弹出“Copy Material”对话框，输入 TI6AL4V-LINEAR，单击“OK”按钮。

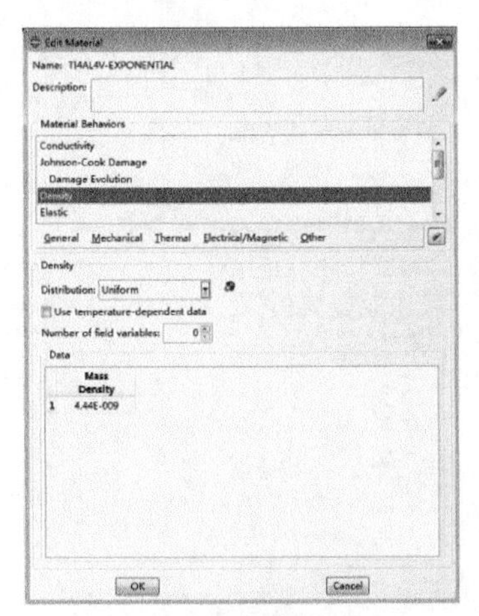

（a）工件密度

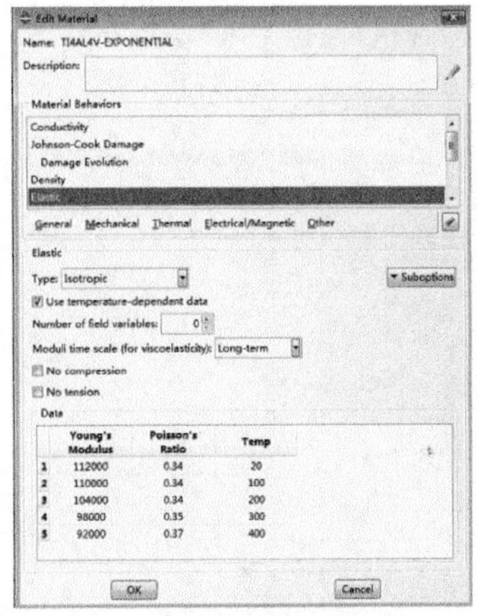

（b）工件弹性模量和泊松比

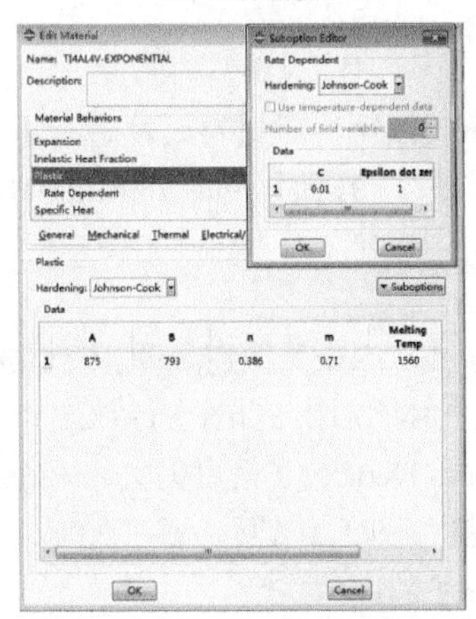

（c）工件Johnson-Cook本构方程

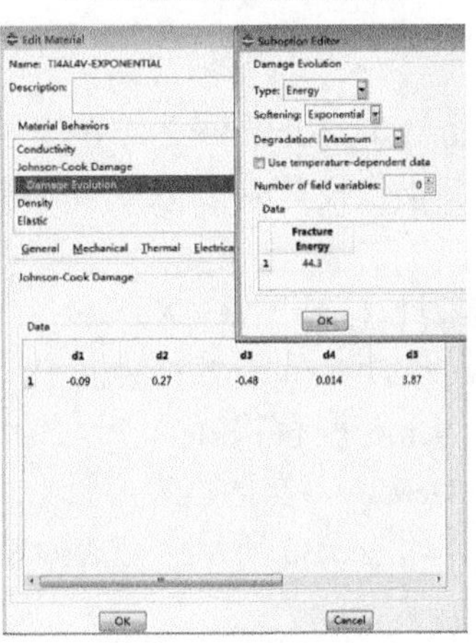

（d）工件Johnson-Cook损伤

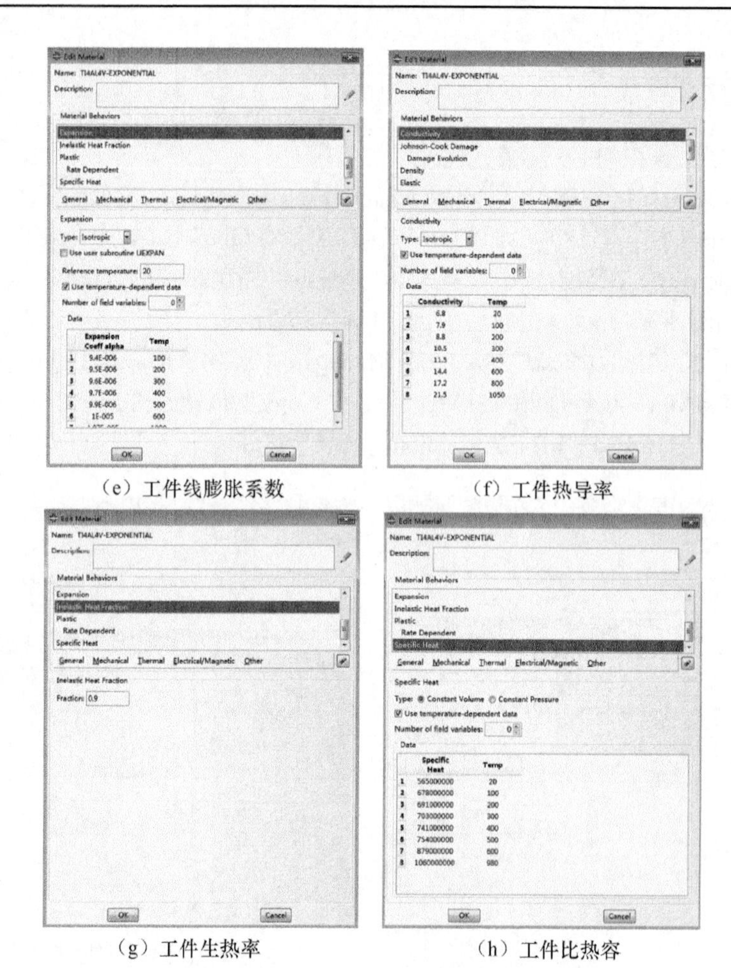

（e）工件线膨胀系数　　（f）工件热导率

（g）工件生热率　　（h）工件比热容

图 3.31　工件材料属性

选中 TI6AL4V-LINEAR，单击“Edit”按钮，对材料属性进行编辑，将工件 Johnson-Cook 损伤设置成图 3.32，单击“OK”按钮。回到“Material Manager”对话框。

2）创建刀具材料（YG6X）

在“Material Manager”对话框下，单击“Edit”按钮，弹出“Edit Material”对话框。在 Name（材料名称）后面输入 YINGZHIHEJIN-YG6X，单击对话框中的 General→Density，在数据表中设置 Mass Density（密度）为 1.485e-8；依次输入其他参数，如图 3.33 所示，完成后单击“OK”按钮。

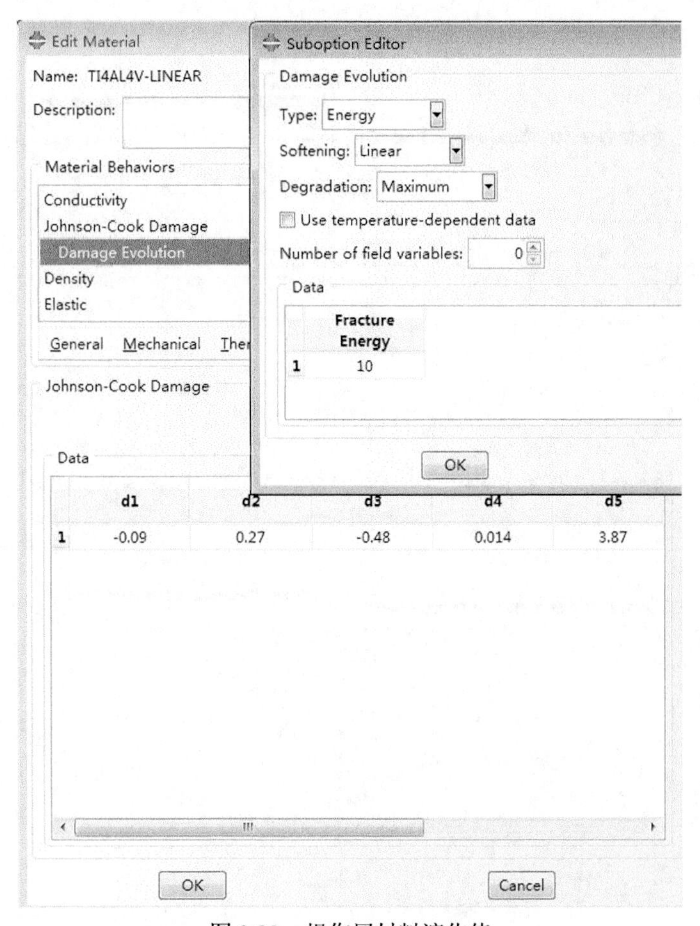

图 3.32　损伤层材料演化值

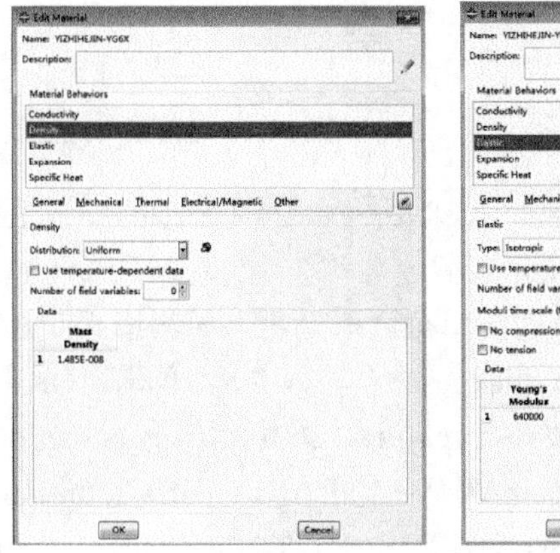

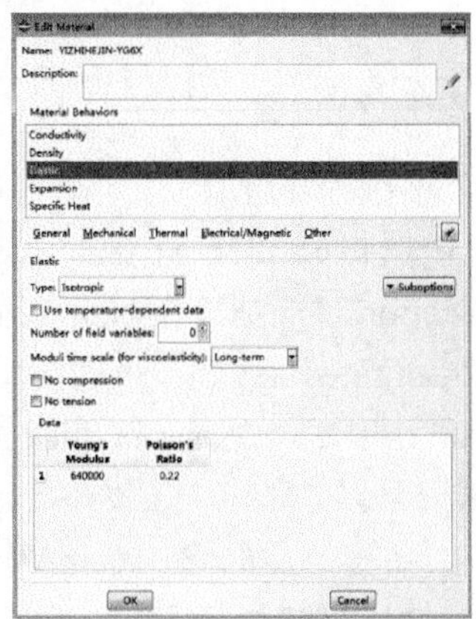

（a）刀具密度　　（b）刀具弹性模量和泊松比

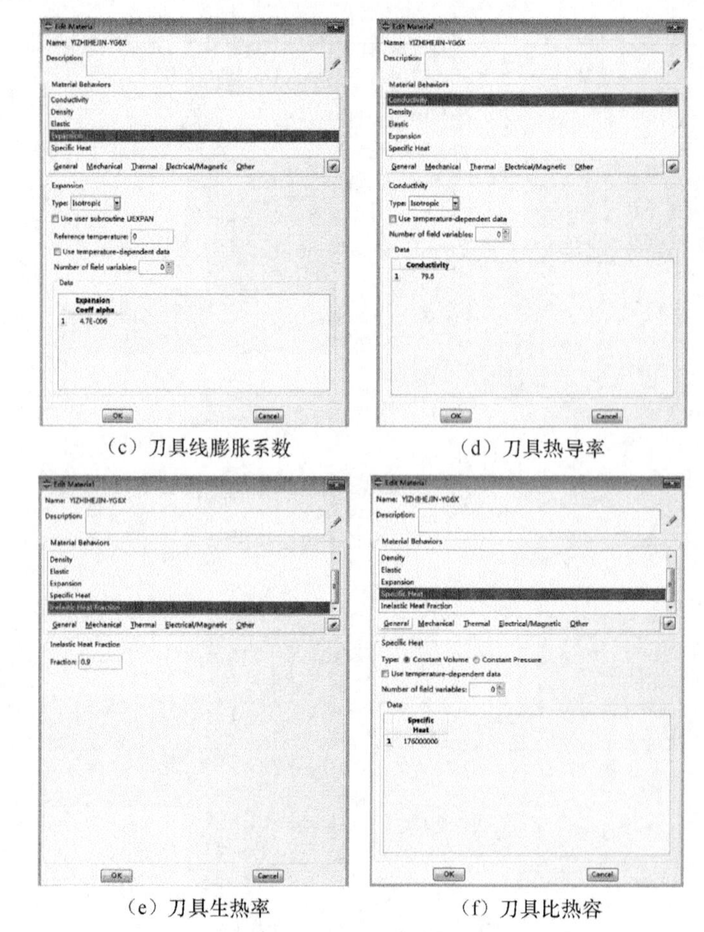

（c）刀具线膨胀系数　　（d）刀具热导率

（e）刀具生热率　　（f）刀具比热容

图 3.33　刀具材料属性

2. 创建截面属性

1）创建工件截面属性

在主菜单中选择 Section→Create，或单击左侧工具区中的 (Create Section)，弹出“Create Section”对话框，在 Name（截面名称）后面输入 TI6AL4V-EXPONENTIAL，单击“Continue”按钮，出现编辑截面对话框，材料选择 TI6AL4V-EXPONENTIAL，在“Plane stress/strain thickness：”输入 2.5，单击“OK”按钮。

单击左侧工具区中的 （Create Section），弹出“Create Section”对话框，在 Name（截面名称）后面输入 TI6AL4V-LINEAR，单击“Continue”按钮，出现编辑截面对话框，材料选择 TI6AL4V-LINEAR，在“Plane stress/strain thickness：”输入 2.5，单击“OK”按钮。

2）创建刀具截面属性

继续单击左侧工具区中的 （Create Section），弹出“Create Section”对话框，在 Name（截面名称）后面输入 YINGZHIHEJIN-YG6X，单击“Continue”按钮，出现编辑截面对话框，材料选择 YINGZHIHEJIN-YG6X，在“Plane stress/strain thickness：”输入 2.5，单击“OK”按钮。

3. 分割工件

在窗口顶部的环境栏中把 Object 选项设为 Part：WORKPIECE。

在主菜单中选择 Tools→Partition…，弹出“Create Partition”对话框，Type（类型）选择 Face（面），Method（方法）选择 Sketch，窗口底部的提示区信息显示“Sketch partition geometry”，进入绘图视图界面，单击左侧工具箱中的 （Create Lines：Connected），绘制一条直线，平行于上边界，单击左侧工具箱中的 （Add dimension），使绘制的直线距离上边界 0.4mm，双击鼠标中键，分割完成。

在“Create Partition”对话框下，窗口底部的提示区信息显示“Sketch the faces to partition”，把鼠标放在工件的上部分单击，选择上部分继续分割，单击鼠标中键，进入绘图视图界面，单击左侧工具箱中的 （Create Lines：Connected），绘制一条直线，平行于上边界，单击左侧工具箱中的 （Add dimension），使绘制的直线距离上边界 0.375mm，双击鼠标中键，分割完成。关闭“Create Partition”对话框。

工件分割完成，分割好的工件如图 3.34 所示。

图 3.34　分割工件

4. 为部件赋予截面属性

1）为工件基体和切屑赋予材料属性

单击左侧工具区的 （Assign Section），或在主菜单中选择 Assign→Section，按住 Shift 键，单击视图区中工件模型的上部分和下部分，Abaqus/CAE 以红色高亮度显示被选中的实体边界和区域，在视图区中单击鼠标中键，弹出“Edit Section Assignment”对话框，在“Section：”后选择 TI6AL4V-EXPONENTIAL 截面，如图 3.35 所示，单击“OK”按钮。

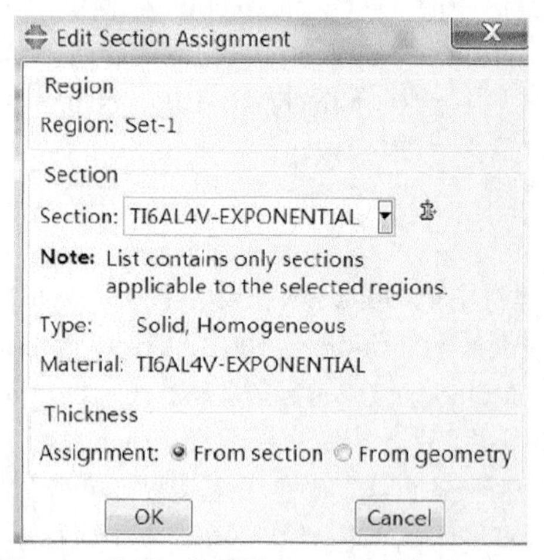

图 3.35　指派工件基体和切屑截面属性对话框

2）为工件损伤层赋予材料属性

窗口底部的提示区信息显示“Select the regions to be assigned a section”，在工件的中间部分单击，选中工件中间一小部分作为损伤层，单击鼠标中键，弹出“Edit Section Assignment”对话框，在“Section：”后选择 TI6AL4V-LINEAR 截面，单击“OK”按钮。

3）为刀具赋予材料属性

在环境栏的 Part（部件）列表中选择 TOOL，单击左侧工具区的 （Assign Section），单击视图区的工件模型，在视图区中单击鼠标中键，弹出“Edit Section Assignment”对话框，在“Section：”后选择 YINGZHIHEJIN-YG6X 截面，单击“OK”按钮。

3.3.3　Module：Assembly（装配）

整个分析模型是一个装配件，前面在 Part 模块中创建的各个部件需要在 Assembly 模块中装配起来。

在窗口左上角的 Module（模块）列表中选择 Assembly（装配）模块，在这个模块中将各部件装配成一个装配件，并适当调整刀具与工件的相对位置。

单击左侧工具区中的 （Instance Part），或在主菜单中选择 Instance→Part，弹出“Create Instance”对话框，按住 Shift 键，选择 TOOL 和 WORKPIECE 两个部件，单击“OK”按钮。使用左侧工具区中的 （Translate Instance），适当调整刀具与工件的相对位置，如图 3.36 所示。

图 3.36　工件与刀具的相对位置关系

3.3.4　Module：Step（分析步）

Abaqus/CAE 会自动创建一个初始分析步（initial step），可以在其中设置初始边界条件，用户还必须创建后续分析步（analysis step），用来施加载荷。

在窗口左上角的 Module 列表中选择 Step（分析步）模块，完成分析步的创建。

单击左侧工具区中的 （Create Step），弹出“Create Step”对话框，选择“Dynamic，Temp-disp，Explicit”，其余参数保持默认值，单击“Continue”按钮。弹出“Edit Step”对话框，在“Time period:”后面输入 0.0008（计算时间），单击“OK”按钮，得到图 3.37。

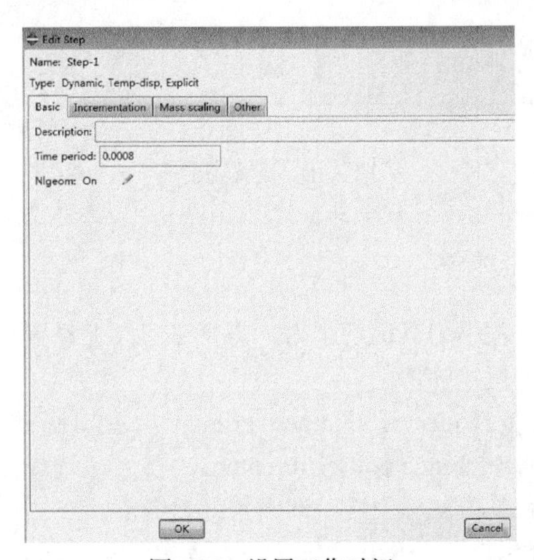

图 3.37　设置工作时间

1. 状态输出场

单击左侧工具区中的 （Field Output Manager），弹出“Field Output Requests

Manager”对话框，单击“Edit”按钮，弹出“Edit Field Output Request”对话框，将“Interval:”的 20 改为 200，勾选 Failure/Fracture 下拉列表中的 SDEG 和 DMICRT 选项，勾选 Thermal 下拉列表中的 TEMP 选项，勾选 State/Field/User/Time 下拉列表中的 STATUS 选项，如图 3.38（a）所示。

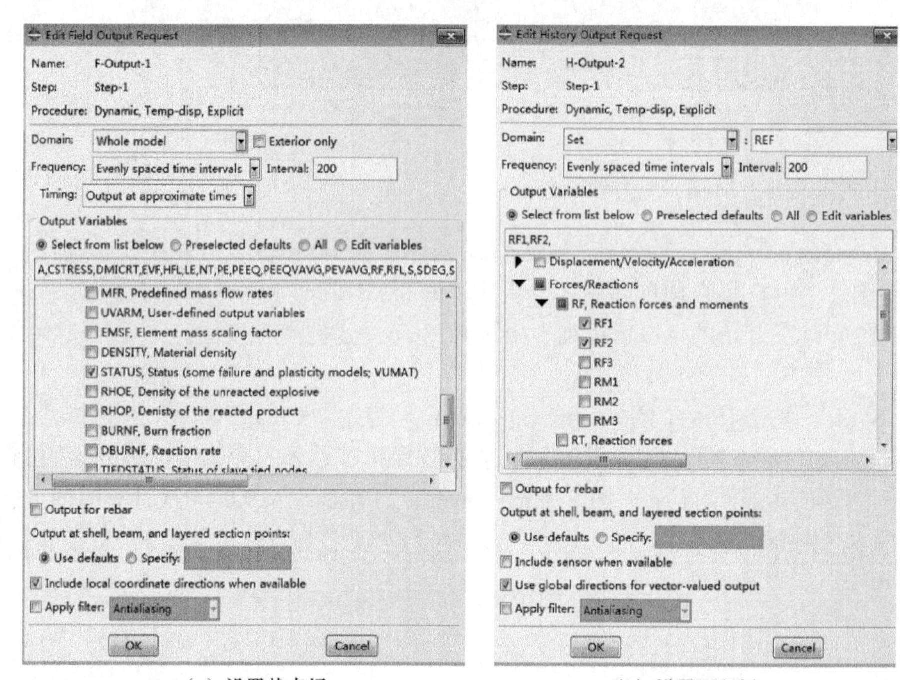

（a）设置状态场　　　　（b）设置历程场

图 3.38　设置输出场

2. *历程输出场*

为了得到切削过程中刀具的切削力，需要在刀具上设置一个参考点，在历程输出场中记录切削过程中的切削力。

在主菜单中选择 Tools→Reference Point…，窗口底部的提示区信息显示“Select point to act as reference point—or enter X，Y:”，选择刀具前刀面与上边界的交点并单击，然后单击鼠标中键，即设置好参考点。

在主菜单中选择 Tools→Set→Manager，弹出“Set Manager”对话框，单击“Create”（创建）按钮，弹出“Create Set”对话框，在“Name:”后面输入 REF，单击“Continue”按钮，选择刚刚创建的参考点，单击鼠标中键，关闭“Set Manager”对话框，完成参考点集创建。

单击左侧工具区中的 （History Output Manager），弹出“History Output Requests Manager”对话框，单击“Create”（创建）按钮，弹出“Create History”对话框，保持默认设置，单击“Continue”按钮，弹出“Edit History Output Request”对话框，选择“Domain:”为 Set，在后面的下拉列表中选择 REF，然后勾选 Forces/Reactions 下拉列表中的 RF1 和 RF2 选项，如图 3.38（b）所示，单击“OK”按钮，关闭“Edit History Output Request”对话框。

3.3.5　Module：Mesh（网格）

模型的接触与载荷直接作用在单元和节点上，所以需要先进行划分网格。

在窗口左上角的 Module 列表中选择 Mesh（网格）模块，在窗口顶部的环境栏中把 Object 选项设为 Part：WORKPIECE，即为部件 WORKPIECE 划分网格，而不是为整个模型装配划分网格。

1. 为工件划分网格

1）设置边上的种子

按照图 3.39 所示参数给工件布种，其中 1、2、3 和 4 分别对应工件上所有等长的边。

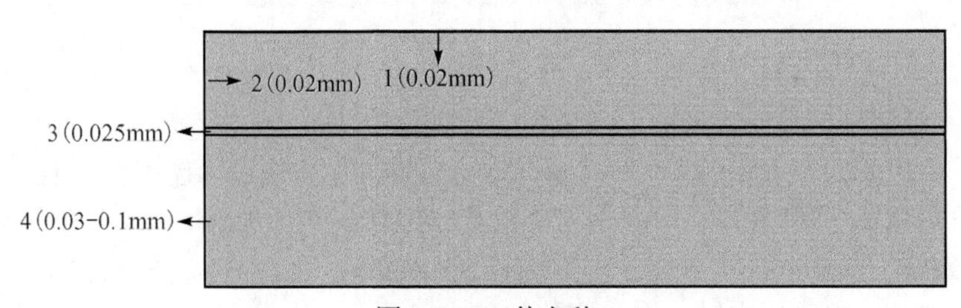

图 3.39　工件布种

单击左侧工具区中的 （Seed Edges），然后选中边 1，单击鼠标中键，弹出“Local Seeds”对话框，Method（方法）选择 By size，在“Approximate element size:”后输入 0.02，其余参数保持默认设置，如图 3.40（a）所示，单击“OK”按钮。

继续选择边 4，单击鼠标中键，弹出“Local Seeds”对话框，Method（方法）选择 By size，Bias（偏置）选择 Single，在“Minimum size:”后输入 0.03，在“Maximum size:”后输入 0.1，其余参数保持默认设置，如图 3.40（b）所示，单击“OK”按钮。

按照上述方法给工件所有边布种，结果如图 3.41 所示。单击鼠标中键，退出布种。

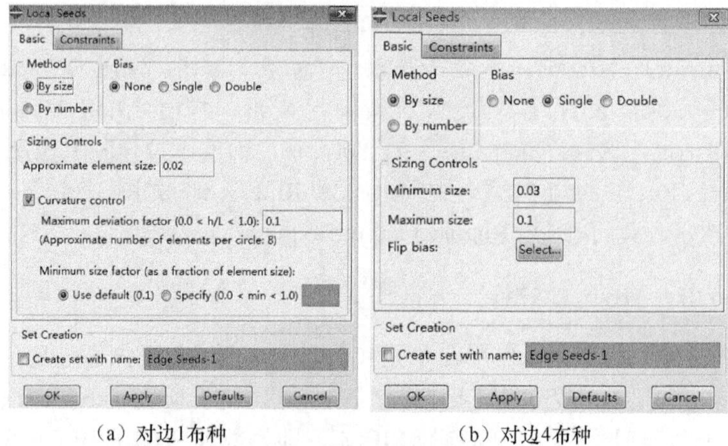

（a）对边1布种　　（b）对边4布种

图 3.40　局部布种

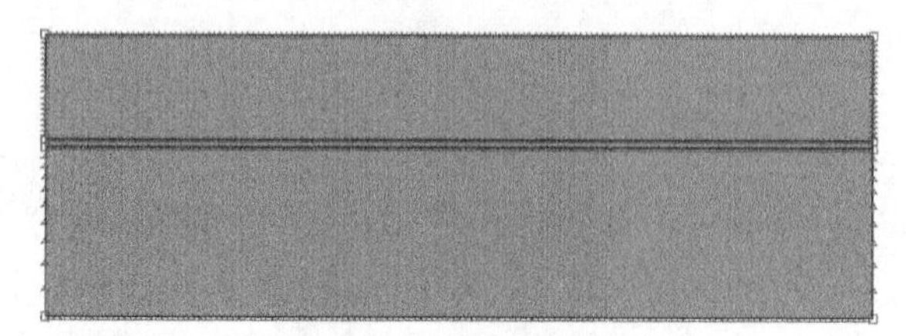

图 3.41　工件布种完成

2）设置网格控制参数

单击左侧工具区中的（Assign Mesh Control），按住鼠标左键框选整个工件，然后单击鼠标中键，弹出“Mesh Control”对话框，Element Shape（单元类型）选择 Quad，Technique（分网技术）选择 Structured，如图 3.42 所示，单击“OK”按钮，然后单击鼠标中键，退出网格控制。

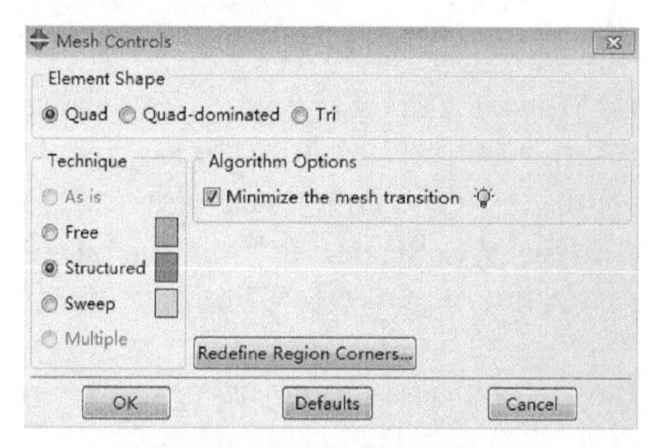

图 3.42　设置工件网格控制参数

3）设置单元类型

单击左侧工具区中的▦（Assign Element Type），按住鼠标左键框选整个工件，然后单击鼠标中键，弹出“Element Type”对话框，按照图 3.43 所示设置参数，设置完成后，单击“OK”按钮，退出单元类型设置。

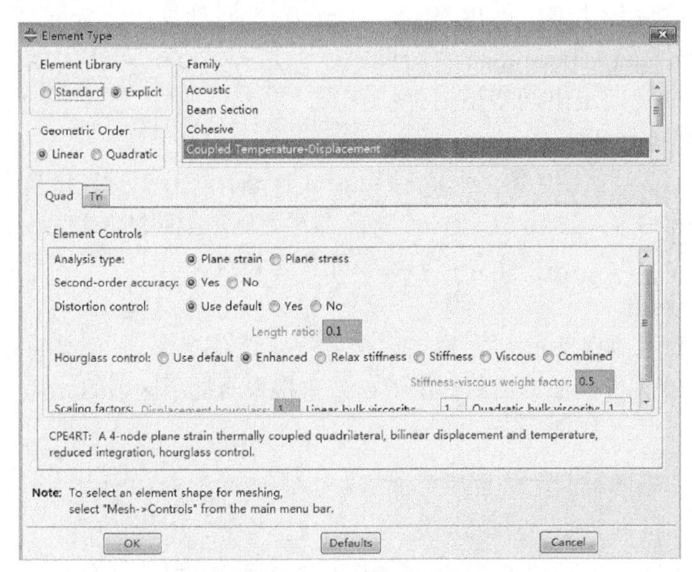

图 3.43　设置工件单元类型

4）划分网格

单击左侧工具区中的▙，窗口底部的提示区信息显示“OK to mesh the part instance?”，在视图区中单击鼠标中键，或直接单击提示区中的 Yes，得到如图 3.44 所示的网格。

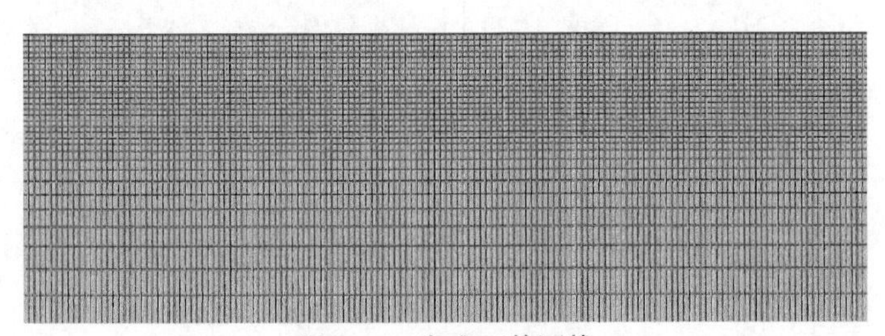

图 3.44　生成工件网格

2. 为刀具划分网格

首先，在窗口顶部的环境栏中把 Object 选项设为 Part：TOOL，即为部件 TOOL 划分网格。

1）设置边上的种子

按照图 3.45 所示参数给刀具布种，按照给工件布种方法给刀具边 1～5 布种。

2）设置网格控制参数

单击左侧工具区中的（Assign Mesh Control），按住鼠标左键框选整个工件，然后单击鼠标中键，弹出“Mesh Control”对话框，Element Shape（单元类型）选择 Quad，Techniques（分网技术）选择 Free，单击“OK”按钮，然后单击鼠标中键，退出网格控制。

3）设置单元类型

单击左侧工具区中的（Assign Element Type），按住鼠标左键框选整个工件，然后单击鼠标中键，弹出“Element Type”对话框，按照图 3.43 所示设置参数，设置完成后，单击“OK”按钮，退出单元类型设置。

4）划分网格

单击左侧工具区中的，窗口底部的提示区信息显示“OK to mesh the part instance?”，在视图区中单击鼠标中键，或直接单击提示区中的 Yes，得到图 3.46 所示的网格。

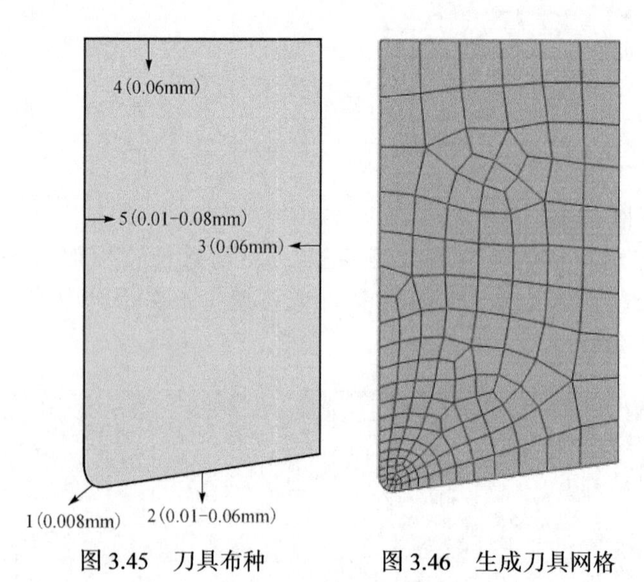

图 3.45 刀具布种　　图 3.46 生成刀具网格

3.3.6 Module：Interaction（接触）

在 Interaction 模块，需要完成三部分内容，首先定义在接触和载荷中使用到的 Set（集合）和 Surface（面），然后定义刀具与工件之间的接触，最后把刀具定义为刚体。

在窗口左上角的 Module 列表中选择 Interaction（接触）模块。

1. 定义集合

在主菜单中选择 View→Assemble Display Option…，弹出“Assemble Display Option”对话框，选择 Instance 菜单，在 Visible Name 下去掉 WORKPIECE-1 勾选，单击“Apply”按钮，在视图区，只剩下刀具网格。

在主菜单中选择 Tools→Surface→Manager，弹出“Surface Manager”对话框，单击“Create”（创建）按钮，弹出“Create Surface”对话框，在“Name：”后面输入 TOOL_FACE，Type（类型）选择 Geometry，单击“Continue”按钮，按住 Shift 键，鼠标左键依次单击刀具的外轮廓，单击鼠标中键，完成刀具表面集的创建。关闭“Surface Manager”对话框。

在主菜单中选择 Tools→Set→Manager，弹出“Set Manager”对话框，单击“Create”（创建）按钮，弹出“Create Set”对话框，在“Name：”后面输入 TOOL，Type（类型）选择 Element，单击“Continue”按钮，按住鼠标左键框选整个刀具表面，单击鼠标中键，完成刀具单元集的创建。

在“Assemble Display Option”对话框中，在 Visible Name 下，勾选 WORKPIECE1，单击“Apply”按钮，在视图区，可以看到同时显示出工件和刀具。关闭“Assemble Display Option”对话框。

在主菜单中选择 Tools→Surface→Manager，弹出“Surface Manager”对话框，单击“Create”（创建）按钮，弹出“Create Surface”对话框，在“Name：”后面输入 CHIP，Type（类型）选择 Mesh，单击“Continue”按钮，选择工件切屑边，单击鼠标中键，完成切屑边集的创建。

在主菜单中选择 Tools→Surface→Manager，弹出“Surface Manager”对话框，单击“Create”（创建）按钮，弹出“Create Surface”对话框，在“Name：”后面输入 BASE，Type（类型）选择 Mesh，单击“Continue”按钮，选择工件基体上表面边界，单击鼠标中键，完成工件基体上表面边界集的创建。关闭“Surface Manager”对话框。

在主菜单中选择 Tools→Set→Manager，弹出“Set Manager”对话框，单击“Create”（创建）按钮，弹出“Create Set”对话框，在“Name：”后面输入 CONSTRAINT，Type（类型）选择 Node，单击“Continue”按钮，选择工件下边界所有节点，单击鼠标中键，完成工件固定节点集的创建。

单击“Create”（创建）按钮，弹出“Create Set”对话框，在“Name：”后面输入 ALL，Type（类型）选择 Node，单击“Continue”按钮，按住鼠标左键框选整个刀具和工件，单击鼠标中键，完成所有节点集的创建。关闭 Set Manager 对话框。

2. 定义接触对

1）设置接触属性

单击左侧工具区中的▦（Interaction Property Manager），弹出“Interaction Property Manager”对话框，单击“Create”按钮，弹出“Create Interaction Property”对话框，保持默认设置，单击“Continue”按钮，弹出“Edit Contact Property”对话框，选择 Mechanical→Tangential Behavior，在“Friction Formulation：”选择 Penalty，在 Friction Coeff 下输入 0.2；选择 Mechanical→Normal Behavior，保持默认设置；选择 Thermal→Thermal Conductance，在 Conductance 下方的空格中输入 6000，在 Clearance 下方的空格中输入 0.04；选择 Thermal→Heat Generation，保持默认设置，如图 3.47（a）所示。单击“OK”按钮，关闭“Edit Contact Property”对话框。第一个接触属性设置完成。

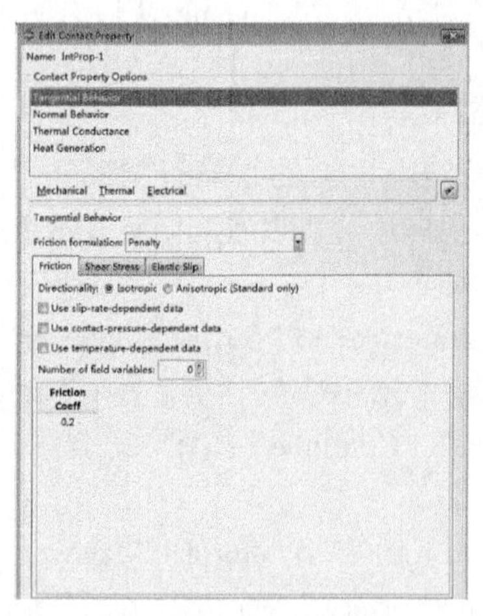

（a）刀具与工件的接触属性

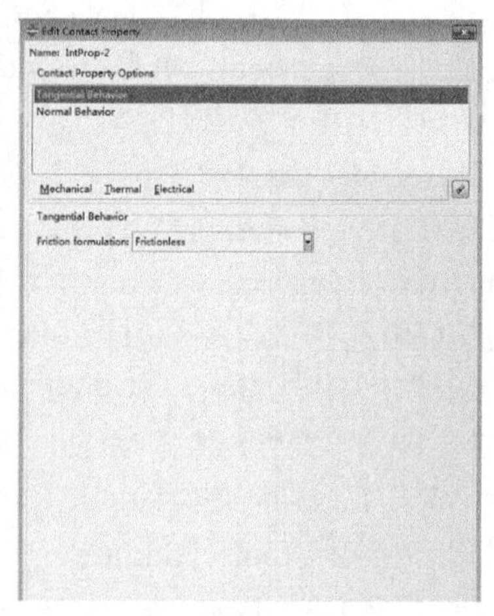

（b）切屑自接触属性

图 3.47　接触属性设置

在“Interaction Property Manager”对话框下，单击“Create”按钮，弹出“Create Interaction Property”对话框，保持默认设置，单击“Continue”按钮，弹出“Edit Contact Property”对话框，选择 Mechanical→Tangential Behavior，在“Friction Formulation：”选择 Frictionless；选择 Mechanical→Normal Behavior，保持默认设置，如图 3.47（b）所示。单击“OK”按钮，关闭“Edit Contact Property”对话框，继续关闭“Interaction Property Manager”对话框。第二个接触属性设置完成。

2）建立接触对

单击左侧工具区中的▦（Interaction Manager），弹出“Interaction Manager”对话框，单击“Create”按钮，弹出“Create Interaction”对话框，在 Types for Selected

Step 下选择 Surface-to-surface contact（Explicit），单击“Continue”按钮，单击窗口底部提示区右边的 Surfaces，弹出“Region Selection”对话框，选中 TOOL_FACE 表面集，单击“Continue”按钮，这时窗口底部提示区信息显示“Choose the second surface type：”，单击“Surface”选项，弹出“Region Selection”对话框，选中 CHIP 边集，单击“Continue”按钮，弹出“Edit Interaction”对话框，在“Contact interaction property：”后选择 IntProp-1，如图 3.48（a）所示，单击“OK”按钮。第一个接触对创建完成。

（a）定义刀具与切屑接触

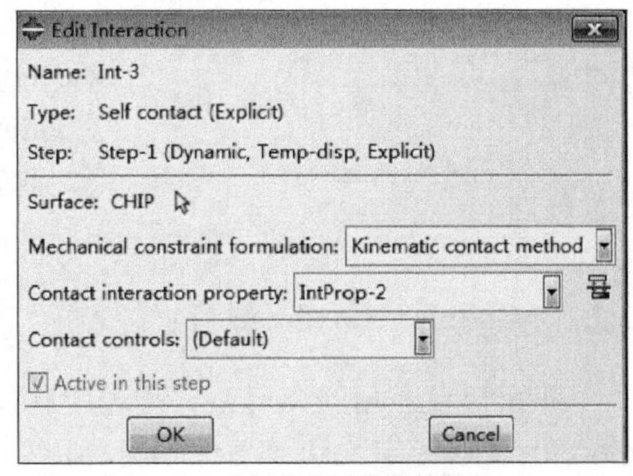

（b）定义切屑自接触

图 3.48　定义接触属性

在“Interaction Manager”对话框下，单击“Create”按钮，弹出“Create Interaction”对话框，在 Types for Selected Step 下选择 Surface-to-surface contact（Explicit），单击“Continue”按钮，单击窗口底部提示区右边的 Surfaces，弹出“Region Selection”对话框，选中 TOOL_FACE 表面集，单击“Continue”按钮，这时窗口底部提示区信息显示“Choose the second surface type：”，单击 Surface 选项，弹出“Region Selection”对话框，选中 BASE 边集，单击“Continue”按钮，弹出“Edit Interaction”对话框，在“Contact Interaction Property：”后选择 IntProp-1，单击“OK”按钮。第二个接触对创建完成。

在“Interaction Manager”对话框下，单击“Create”按钮，弹出“Create Interaction”对话框，在 Types for Selected Step 下选择 General Contact（Explicit），单击“Continue”按钮，弹出“Region Selection”对话框，选中 CHIP 边集，单击

“Continue”按钮，弹出“Edit Interaction”对话框，在“Global property assignment：”后选择 IntProp-2，如图 3.48（b）所示，单击“OK”按钮。第三个接触对创建完成。关闭“Interaction Manager”对话框。

3. 定义刚体

单击左侧工具区中的（Create Constraint），弹出“Create Constraint”对话框，在 Type 下选择 Rigid Body（刚体），单击“Continue”按钮，弹出“Edit Constraint”对话框，选中 Body（element），然后单击右边的箭头，单击窗口底部提示区右边的 Set，弹出“Region Selection”对话框，选中 TOOL 单元集，单击“Continue”按钮，回到“Edit Constraint”对话框，单击 Point：（None）右边的箭头，单击窗口底部提示区右边的 Set，弹出 Region Selection 对话框，选中 REF 几何体，单击“Continue”按钮，回到“Edit Constraint”对话框，此时对话框如图 3.49 所示。单击“OK”按钮，关闭“Edit Constraint”对话框。

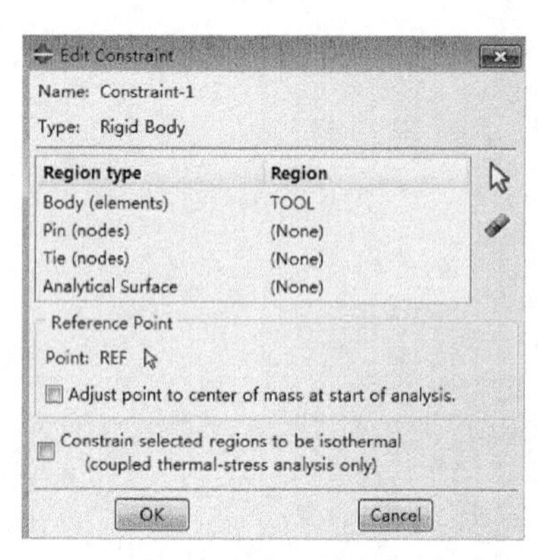

图 3.49　定义刚体

3.3.7　Module：Load（载荷）

在窗口左上角的 Module 列表中选择 Load（载荷）模块，定义边界条件和载荷。

1. 定义边界

单击左侧工具区中的（Create Boundary Condition），弹出“Create Boundary Condition”对话框，单击“Continue”按钮，单击窗口底部提示区右边的 Set，弹出“Region Selection”对话框，选中 CONSTRAINT 节点集，单击“Continue”按钮，弹出“Edit Boundary Condition”对话框，选中 ENCASTRE (U1=U2=U3=UR1=UR2=UR3=0)，如图 3.50 所示，单击“OK”按钮。

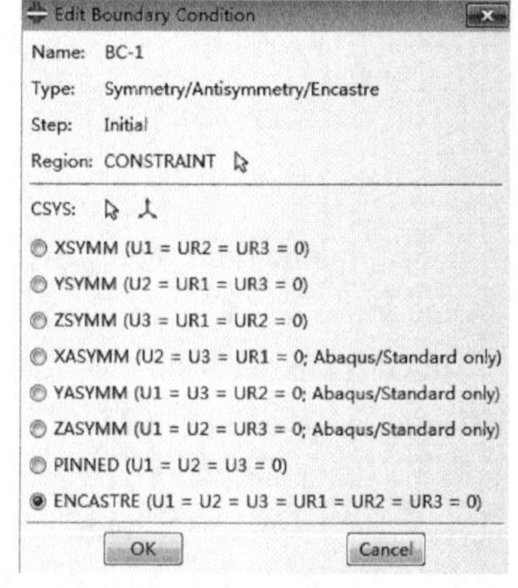

图 3.50　定义边界

2. 定义切削速度

单击左侧工具区中的（Create Boundary Condition），弹出“Create Boundary

Condition”对话框，在 Step 下拉列表中选择 Step-1，在 Types for Selected Step 下选 Velocity/Angular velocity，单击“Continue”按钮，弹出“Region Selection”对话框，选中 REF 几何体，单击“Continue”按钮，弹出“Edit Boundary Condition”对话框，选中所有选项，然后在“V1:”后输入-3000，如图 3.51 所示，单击“OK”按钮。

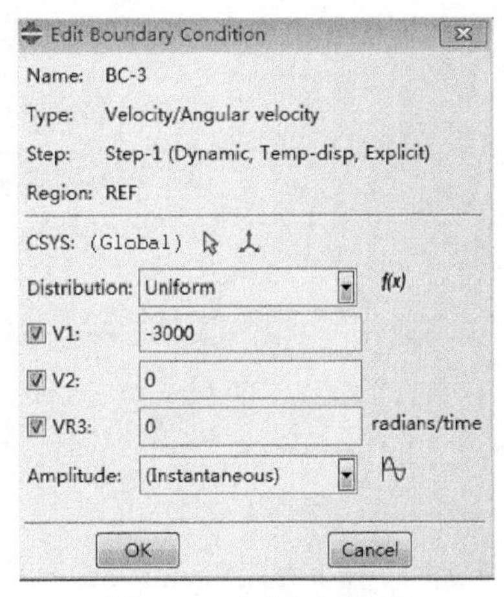

图 3.51　定义切削速度

3. 定义初始温度

单击左侧工具区中的（Create Predefined Field），弹出“Create Predefined Field”对话框，将 Category（种类）选择 Other，在 Types for Selected Step 下选中 Temperature，单击“Continue”按钮，弹出“Region Selection”对话框，选中 ALL 节点集，单击“Continue”按钮，弹出“Edit Predefined Field”对话框，在“Magnitude:”后输入 25，单击“OK”按钮。

3.3.8　Module：Job（作业）

在窗口左上角的 Module 列表中选择 Job（作业）模块，在这个模块创建分析作业，并提交分析。

1. 创建分析作业

单击左侧工具区中的（Job Manager），弹出“Job Manager”对话框，单击“Create”（创建新的作业）按钮，在 Name 后面输入 Orthonogal Cutting，单击“Continue”按钮，弹出“Edit Job”对话框，各参数保持默认设置，单击“OK”按钮。

2. 提交分析

在“Job Manager”对话框中单击 Submit（提交分析）。对话框中的 Status（状态）提示依次变为 Submitted、Running（图 3.52）和 Completed，这表示对模型的分析已经成功完成。单击此对话框中的 Results（分析结果），自动进入 Visualization。

3. 分析监控

在 Abaqus/Explicit 求解计算过程中，单击“Job Manager”对话框中的“Monitor”按钮，弹出“Orthonogal Cutting Monitor”对话框，通过该对话框观察

分析进程和模型存在的有关问题。

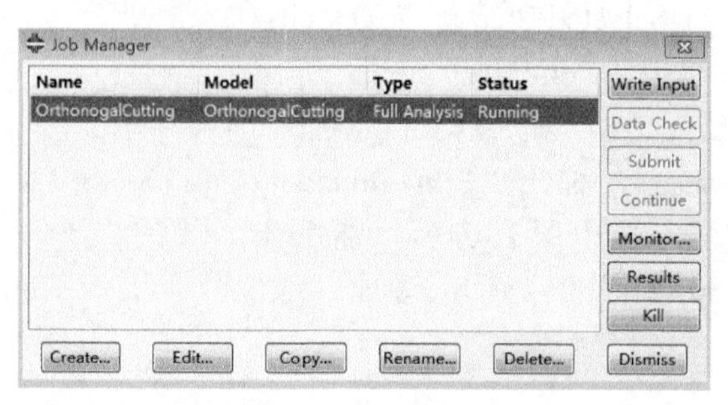

图 3.52 作业运行

3.3.9 Module：Visualization（后处理）

通过单击“Job Manager”对话框中的 Results（分析结果）自动进入 Visualization 模块，或者在窗口左上角的 Module 列表中选择 Visualization（后处理）模块，视图区中显示出模型未变形时的轮廓图。在这个模块中，可以对结果数据进行如下处理。

1. 显示未变形图

单击左侧工具区中的（Plot Undeformed Shape），或在主菜单中选择 Plot→Undeformed Shape，显示出未变形时的网格模型，如图 3.53 所示。

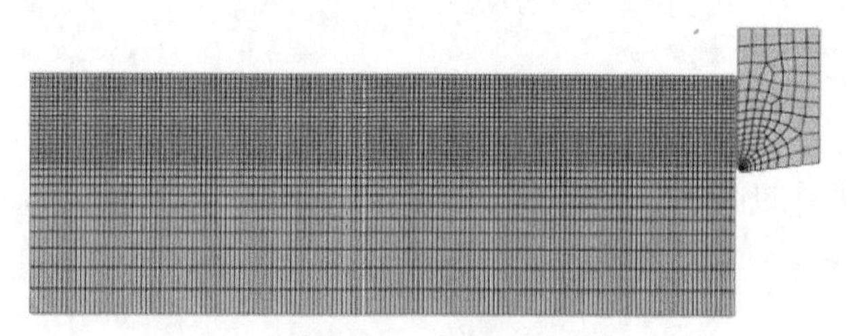

图 3.53 未变形图

2. 显示变形图

单击左侧工具区中的（Plot Deformed Shape），或在主菜单中选择 Plot→Deformed Shape，显示出变形时的网格模型。单击窗口环境栏右侧的（Frame Selector），弹出“Frame Selector”对话框，在 Step-1 下输入 100，按 Enter 键，得到图 3.54。通过按住鼠标左键可以移动“Frame Selector”对话框。

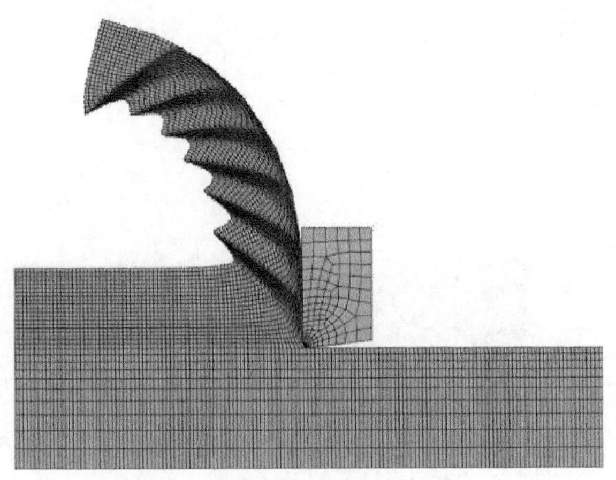

图 3.54　变形图

3. 显示温度云图

在主菜单中选择 Result→Field Output，弹出“Field Output”对话框，在 Out Variable 下选取 TEMP，然后单击“OK”按钮。再单击左侧工具区中的（Plot Contours on Deformed Shape），或在主菜单中选择 Plot→Contours→on Deformed Shape，显示出某一时刻变形的温度云图，如图 3.55 所示。

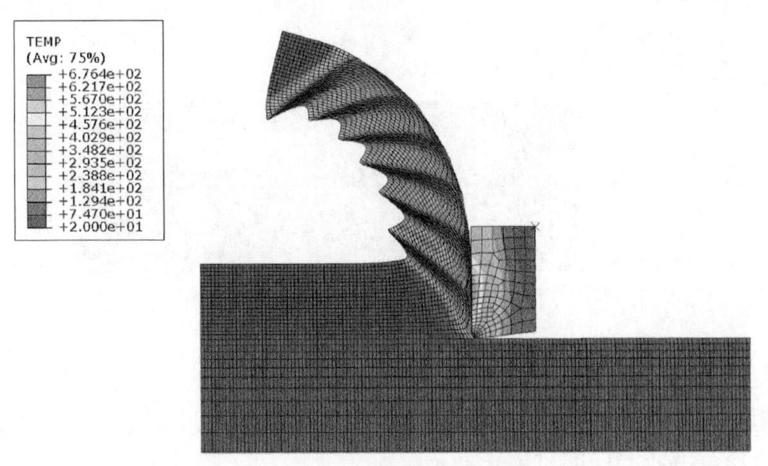

图 3.55　变形显示的温度云图（单位：℃）

单击左侧工具区中的（Plot Contours on Undeformed Shape），或在主菜单中选择 Plot→Contours→on Undeformed Shape，显示出某一时刻未变形的温度云图，如图 3.56 所示。

图 3.56　未变形显示的温度云图（单位：℃）

单击左侧工具区中的（Plot Contours on both Shape），或在主菜单中选择 Plot→Contours→on Both Shape，同时显示出某一时刻未变形和变形的温度云图，如图 3.57 所示。

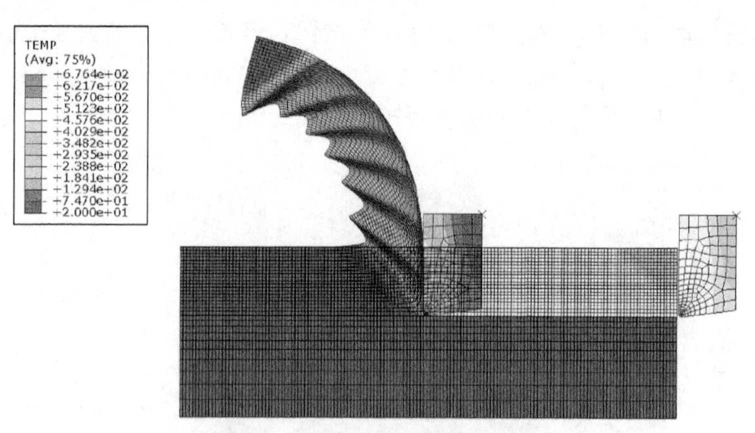

图 3.57　温度云图（单位：℃）

4. 显示动画

单击左侧工具区中的（Animate：Time History），可以动态循环播放切削过程，再次单击此图标即可停止动画。

5. 显示节点的 Mises 应力值

单击窗口顶部工具栏中的（Query Information），或在主菜单中选择 Tools→Query（查询），在弹出的“Query”对话框中选择 Probe values（查询值），在弹出的“Probe values”对话框中，将 Probe（查询对象）设为 Nodes，选中 S 中的 Mises

模块，然后将鼠标移至任意节点处，该节点的 Mises 应力就会在“Probe values”对话框中显示出来。

6. 查询节点的位移值

在“Probe values”对话框中单击 Field Output，弹出“Field Output”对话框，当前默认的输出变量是 Name：S，Invariant：Mises。将输出变量改为 Name：U，Component：U2，单击“OK”按钮。此时云图变成将 U2 的结果显示出来。将鼠标移至任意节点处，此处的 U2 就会在“Probe values”对话框中显示出来，单击“Cancel”按钮可以关闭此对话框。

7. 绘制切削力变化曲线

在主菜单中选择 Result→History Output，弹出“History Output”对话框，选中“Reaction force：RF1 PI：rootAssembly Node 1 in NSET REF”，单击“Plot”按钮，视图窗口绘制出切削力变化曲线，可以看到力是负的，单击 Save As，弹出“Save XY Data As”对话框，选中 abs（XY），单击“OK”按钮，自动退出“Save XY Data As”对话框。

在“History Output”对话框下，选中“Reaction force：RF2 PI：rootAssembly Node 2 in NSET REF”，单击 Plot，视图窗口将绘制出切削力变化曲线，可以看到力是正的，单击 Save As…，弹出“Save XY Data As”对话框，单击“OK”按钮，自动退出“Save XY Data As”对话框。

在模型树下，可以看到⊞▦ XYData (2)，单击左侧的“+”，看到两条数据，按住 Ctrl 键，选中两条数据线右击 Plot，视图窗口将绘制出两个方向上随时间变化的切削力曲线，对视图区进行调整后，得到如图 3.58 所示的处理后切削力变化曲线。

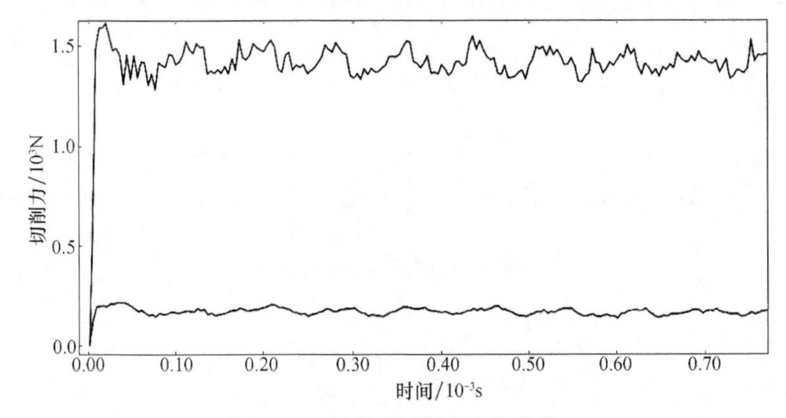

图 3.58　处理后切削力变化曲线

同时，Abaqus 也提供了计算切削合力的功能。首先将两个方向力的数值进行保存，如图 3.59 所示，打开数值计算功能模块，然后单击，将两个方向力数值的平方和进行开方得到切削合力，如图 3.60 所示；输出切削合力的时间历程如图 3.61 所示。

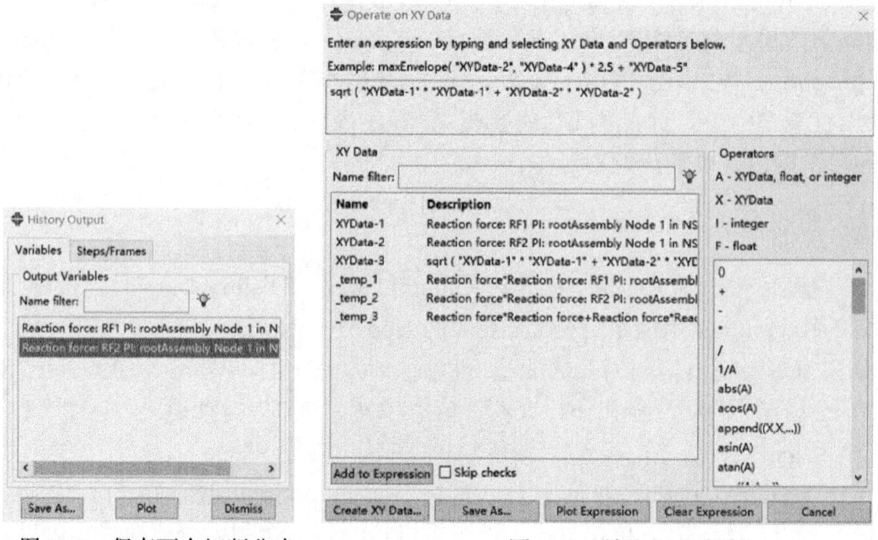

图 3.59　保存两个切削分力　　　　　　图 3.60　输出切削合力

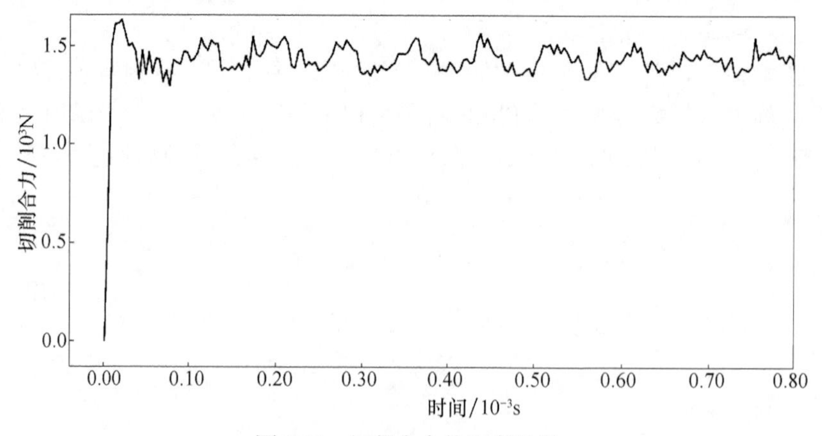

图 3.61　切削合力的仿真结果

3.4　本 章 小 结

Abaqus 的各功能模块包含了该软件的所有功能，当进行有限元分析时，可依次按照各功能模块进行模型的建立和分析计算。Abaqus 可以分为三部分，即前处理、模型的提交与运算、后处理。前处理是进行分析计算前的模型建立，模型的提交与运算是对已经建立好的模型进行模拟仿真计算，后处理主要是输出彩色云图、等值线图、动画、变形图和 XY 曲线等。本章还结合各个功能模块的作用及具体操作步骤给出了 Abaqus 在金属切削过程中的二维仿真实例，使读者能够更好地理解并应用各个模块。

参 考 文 献

[1] 马晓峰. 有限元分析从入门到精通[M]. 北京: 清华大学出版社, 2014.

[2] Abaqus. Abaqus Documentation 6.14[Z]. Providence: Abaqus, 2015.

[3] 曹金凤, 石亦平. Abaqus 有限元分析常见问题解答[M]. 北京: 机械工业出版社, 2009.

[4] 刘展. Abaqus6.6 基础教程与实例详解[M]. 北京: 中国水利水电出版社, 2008.

[5] 费康, 张建伟. Abaqus 在岩土工程中的应用[M]. 北京: 中国水利水电出版社, 2009.

[6] 王玉镯, 傅传国. Abaqus 结构工程分析及实例详解[M]. 北京: 中国建筑工业出版社, 2010.

[7] 石亦平, 周玉蓉. Abaqus 有限元分析实例详解[M]. 北京: 机械工业出版社, 2006.

[8] 庄茁, 由小川, 廖剑辉, 等. 基于 Abaqus 的有限元分析和应用[M]. 北京: 清华大学出版社, 2009.

[9] 岳彩旭. 硬态切削过程的有限元仿真与实验研究[D]. 哈尔滨: 哈尔滨理工大学硕士学位论文, 2010.

第4章　金属切削加工仿真常用的本构模型

金属切削加工过程中，工件材料在高应变、高应变率和高温的状态下发生瞬时急剧弹塑性变形。因此，考虑各因素对材料属性的影响，并构建能真实反映处在“三高”状态的材料的本构模型是保证切削过程仿真结果精确性的前提。本章以弹塑性力学为基础，针对切削过程的材料属性，从微观上分析金属内部变形的物理本质，宏观上分析材料屈服、硬化准则等特性；选择典型的Johnson-Cook本构模型为分析对象，介绍模型构成原理和参数获取准则，并对本构模型的参数敏感特性进行仿真研究。

4.1　切削过程金属变形分析

工件在受到外载荷的作用下产生弹性变形到塑性变形（滑移、孪生、晶界滑动、扩散性蠕变）到断裂（切屑与工件分离）的过程是金属切削过程的本质，属于热-弹塑性非线性问题的分支[1]。金属切削过程存在三大变形区，可以发现这个只有几平方微米或更狭小的局部封闭的变形区是处于高速（1～100m/min）、高温（200～1200℃）、高压（100～10000MPa）的环境之中，且大多是在两向或三向应力状态下进行的，要比单向应力状态的应力大得多，可以用等效应力、等效应变来表示。在给定边界条件下金属切削过程内变形区材料的弹塑性变形包括6个应力分量、6个应变分量和3个位移分量，为求解这些变量需要建立3个应力平衡微分（运动）方程、6个应变与位移的关系方程（几何方程）以及6个材料本构方程。其中材料的本构方程是用来描述应力、应变、温度与时间之间的关系，主要是应力和应变之间的关系[2]。

4.1.1　切削金属材料变形的物理性质

在进行金属材料变形本质分析之前，应首先研究材料在变形阶段的力学性质和变形规律[3]。图4.1为金属材料单向拉伸试验得到的典型载荷-伸长量曲线。在拉伸的初始阶段，载荷和伸长量成正比。当其偏离线性规律时，认为初始屈服发生，*OA*阶段为弹性阶段。如果材料变形超过*A*点到达*B*点，则会剩余有不能恢复的永久变形量*OC*，这部分变形称为塑性变形。*CB*段的斜率非常接近于*OA*段的斜率，即与杨氏模量*E*成比例。最大载荷位于*D*点，在该点或者接近于该点时刻开始发生局部颈缩，材料不再均匀地变形，在 D 点之后的某个时刻，材料最终发生断裂。

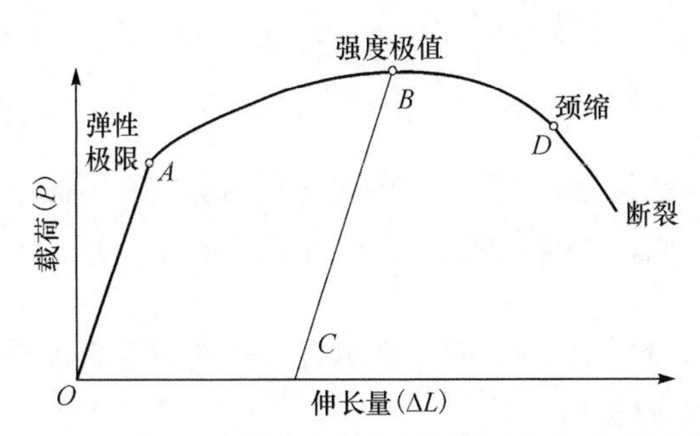

图 4.1　弹塑性材料在拉伸试验中的典型载荷-伸长量曲线

1. 弹性阶段

金属晶格在受力时发生歪扭或拉长，当外力未超过原子之间的结合力时，去掉外力之后晶格便会由变形的状态恢复到原始状态，也就是说，未超过金属本身弹性极限的变形称为金属的弹性变形。在变形初期，施加的载荷使位错密度增殖、晶粒产生滑移、滑移面和其附近的晶格扭曲、金属内部产生残余应力等，都使材料继续塑性变形变得困难，此时材料发生加工硬化，应力随着应变的增加而线性增大[4]，该斜率称为弹性模量（刚度）即杨氏模量。此时应变硬化与应变率硬化占主导地位，流动应力（屈服应力）随变形量（应变率）的增加而增大的趋势明显。

2. 塑性阶段

材料的塑性性能可以用它的屈服点和屈服后硬化特性来描述。从弹性到塑性的转变发生在材料应力-应变曲线上的某个确定点，即通常所说的弹性极限或屈服点（图 4.1）。屈服点的应力称为屈服应力。大部分金属的屈服应力为材料弹性模量的 0.05%～0.1%。金属在到达屈服点之前的变形只产生弹性应变，在卸载后可以完全恢复。然而，应力一旦超过屈服点就会开始产生永久（塑性）变形。与这种永久变形相关的应变称为塑性应变。在屈服后的区间里，弹性和塑性应变共同组成了金属的变形。金属的刚度在材料屈服后会显著下降。已屈服的延性金属在卸载后将恢复它的初始刚度。通常，塑性变形会提高材料重新加载时的屈服应力。金属塑性的另一个重要特点就是非弹性变形与材料几乎不可压缩的特性相关，这一效应给用于模拟弹塑性的单元类型的选用带来很大的限制。

3. 损伤演化方式：位移或能量

（1）位移。

$$D = \frac{\overline{u}^{\mathrm{pl}}}{\overline{u}_{\mathrm{f}}^{\mathrm{pl}}} = \frac{\overline{u}^{\mathrm{pl}}}{L\overline{\varepsilon}_{\mathrm{f}}^{\mathrm{pl}}} \tag{4.1}$$

式中，$\overline{u}^{\mathrm{pl}}$为等效塑性位移；$\overline{u}_{\mathrm{f}}^{\mathrm{pl}}$为失效时刻的等效塑性位移；$\overline{\varepsilon}_{\mathrm{f}}^{\mathrm{pl}}$为失效时刻的等效塑性应变；$L$为单元的特征长度，单元特征长度一般为$abc$（体积）的三次方根。

当D达到1时，单元失效，即一个单元的塑性应变乘以单元特征长度，大于所规定的数值时单元就失效了。

（2）能量。

断裂能是指在材料断裂时单位面积上的能量（单位为$\mathrm{J/m^2}$或$\mathrm{mJ/mm^2}$）：

$$G_{\mathrm{f}} = \frac{1-\mu^2}{E} K_{\mathrm{IC}}^2 \tag{4.2}$$

式中，K_{IC}为材料的断裂韧度，$\mathrm{MPa \cdot m^{1/2}}$；$\mu$为泊松比；$E$为弹性模量。

4.1.2　切削过程中材料的塑性变形

材料塑性变形可分为静态塑性变形、准静态塑性变形与动态塑性变形，用应变率分别做了以下定义[5]：应变率低于$10^{-5}\mathrm{s^{-1}}$时为静态塑性变形；10^{-5}～$10^{0.5}\mathrm{s^{-1}}$为准静态塑性变形；高于$10^{2}\mathrm{s^{-1}}$时为动态塑性变形。与静态、准静态塑性变形相同，在动态塑性变形中滑移和孪生是主要变形机制，但当应变量或应变率达到一定值时，往往会出现剪切带。动态塑性变形与静态和准静态塑性变形有很大不同，其特点为变形的应变率很高、变形过程中材料吸收的能量很大、变形时间极短、变形机理复杂等。切削过程中材料的应变率可达到$10^{6}\mathrm{s^{-1}}$，属于动态塑性变形。切削过程中温度和应变率对材料塑性变形的影响如下[6]。

1. 变形温度对真实应力应变的影响

随着变形温度的升高，流动应力（真实应力）下降，其原因是：随着温度的升高，发生恢复和再结晶，即软化作用，可消除和部分消除应变硬化现象；随着温度的升高，原子的热运动加剧，动能增大，原子间结合力减弱，临界切应力降低；随着温度的升高，材料的显微组织发生变化，可能由多相组织变为单相组织。

2. 变形速度对真实应力-应变曲线的影响

若速度增加，位错运动加快，则需要更大的切应力，并使得流动应力提高；

速度增加还会使得硬化得不到恢复，最终使得流动应力提高。但如果速度很大，则温度效应显著，反而会导致流动应力降低。

在冷变形时，温度效应显著，强化被软化所抵消，最终表现为变形速度的影响不明显，动态时的真实应力-应变曲线比静态时略高一点。在高温变形时温度效应小，变形速度的强化作用显著，动态热变形时的真实应力-应变曲线比静态时高出很多。温度变形时的动态真实应力-应变曲线比静态时曲线增高的程度小于热变形时的情况。综上所述，高温时速度影响大，低温时速度影响小。

4.2　弹塑性材料本构模型

材料的本构方程也称流动应力方程。该方程描述材料变形的基本信息，它表明了在加工变形条件下变形热力参数之间的数量关系，即流动应力与应变、应变率和温度之间的依赖关系。构建能够真实反映被加工材料应力-应变关系、应变率量值强度与温度之间的对应关系特性的材料模型，是准确模拟切削过程的基础与关键，是保障加工过程动态物理仿真结果正确性与可靠性的基础和前提。一般来说，金属材料发生塑性变形时的本构方程与应力、应变、应变率、温度和变形等有关，其公式表达形式为

$$\sigma = f(\varepsilon, \dot{\varepsilon}, T, \xi) \tag{4.3}$$

式中，ε 为材料应变；$\dot{\varepsilon}$ 为材料应变率；T 为温度；ξ 为变形量。

在不同变形条件下，材料产生塑性变形的应力强度是不同的，应力-应变关系也因材料产生塑性变形条件的不同而有所差异。建立既能反映不同材料特性，又能满足这些材料的变形热力参数变化范围统一的本构方程是不可能的。对金属塑性变形过程进行力学分析，必须根据实际变形条件进行研究。例如，在考虑大塑性变形情况下，使用仅包含塑性应变或应变率，忽略弹性变形的本构方程能够达到合理的精度，另外当弹性变形大小与塑性变形处在同一量级时，如预测残余应力问题，本构方程就应既包括弹性变形，又包括塑性变形。

由于各种材料的加工参数范围比较宽，很难用固定的本构关系去描述所有的材料性能。因此，根据材料的流动应力关系曲线特征，合理选用经验方程作为材料模型是一种有效的途径。目前，已有多种本构模型来描述金属材料的动态响应，主要分为两类：一是经验型本构关系模型，如 Johnson-Cook 本构方程；另一类是基于物理学的本构关系模型，如 Zerilli-Armstrong 本构方程。

4.2.1　幂函数形式的本构方程

幂函数形式本构方程的公式为

$$\sigma = C\varepsilon^n \dot{\varepsilon}^m \tag{4.4}$$

式中，$\dot{\varepsilon}$为应变率；C为强度系数；n为应变硬化系数；m为应变率硬化系数。C、n、m均是温度的函数。幂函数静力本构方程（温度不高、加载速率不长、加载时间不长，可忽略加载速率和时间因素的影响）适用于描述钢、钛合金等多种金属材料室温下的应力-应变关系，也可以描述钢、钛合金等材料在高温和大应变率下的应力-应变关系，幂函数形式的本构方程中的特征系数可通过普通拉伸或压缩试验获得，也可通过霍普金森压杆试验来获取。

4.2.2 Johnson-Cook 本构方程

Johnson-Cook 本构方程是 Johnson 与 Cook 在 1983 年提出的。该模型将影响流动应力的应变硬化效应、应变率效应与温度效应采用连乘的形式联系在一起，其具体形式为[7]

$$\sigma = (A + B\varepsilon_p^n)\left(1 + C\ln\frac{\dot{\varepsilon}}{\dot{\varepsilon}_0}\right)\left[1 - \left(\frac{T - T_0}{T_{\text{melt}} - T_0}\right)^m\right] \tag{4.5}$$

式中，A为准静态条件下的屈服强度；B为应变硬化参数；ε_p为等效塑性应变；n为硬化指数；C为应变率强化参数；$\dot{\varepsilon}$为等效塑性应变率；$\dot{\varepsilon}_0$为材料的参考应变率；T_0为常温系数，通常取 25℃；T_{melt}为材料熔点；m为热软化参数。

4.2.3 Zerilli-Armstrong 本构方程

金属塑性变形的基本机理是金属晶体内部原子层间发生的相对滑移，当滑移平面上沿着滑移方向的剪应力达到某临界值时便发生滑移。塑性变形的微观机理是位错在晶体内运动将引起晶体内原子层沿滑动面滑动。试验表明，温度和应变率对面心立方金属材料（FCC）和体心立方金属材料（BCC）的影响是不同的，BCC 比 FCC 表现出更高的温度敏感性和应变率敏感性，Zerilli 和 Armstrong 基于试验分析并研究了不同晶格结构的热激活位错运动，提出了表述 FCC 和 BCC 两类金属材料的位错型本构关系，这是第一个具有物理理论基础，在热激活位错运动的理论框架下提出而非通过试验曲线拟合的本构模型，称为 Zerilli-Armstrong 模型。对于 BCC，其表达式为[8]

$$\sigma = C_0 + C_1\exp\left(-C_3T + C_4T\ln\frac{\dot{\varepsilon}}{\dot{\varepsilon}_0}\right) + C_5\varepsilon_p^n \tag{4.6}$$

对于 FCC，其表达式为

$$\sigma = C_0 + C_2\varepsilon_p^{1/2}\exp\left(-C_3T + C_4T\ln\frac{\dot{\varepsilon}}{\dot{\varepsilon}_0}\right) \tag{4.7}$$

式中，C_0为一个与材料原始位错密度、原始晶粒度及溶质原子有关的常数；C_1、C_2、C_3、C_4、C_5、n为影响热激活位错过程的材料特性常数；T为热力学温度。

4.2.4　Bodner-Parton 本构方程

Bodner-Parton 模型是由 Bodner 和 Parton 基于位错动力学思想提出的。这种本构关系将总应变分为弹性和塑性两个部分，弹性部分用胡克定律来描述，塑性部分则是从位错动力学出发，其形式为[9]

$$\sigma = \frac{[K_1 - (K_1 - K_0)\exp(-mW_{\mathrm{p}})]^2}{\left[-2\ln\left(\frac{\dot{\varepsilon}}{D_0}\right)\right]^{\frac{1}{a/T+b}}} \tag{4.8}$$

4.2.5　常用本构模型的应用和对比

本构模型是有限元建模的首要步骤，由于有限元仿真的目的是实现对真实加工情况的预测，从而降低加工成本、减少加工时间、提高加工效率，所以本构模型的建立在机械加工中起着不可或缺的作用[10]。

在这些常用模型中，Bodner-Parton 本构模型将总应变张量分为弹性和塑性两部分，弹性部分采用胡克定律来描述，塑性部分则是从位错动力学出发，建立塑性应变率张量与应力偏张量第二不变量J_2之间的关系，该模型引入D_0、n、Z_0、Z_1、Z_i、A、q和m等材料参数，应用起来比较困难。Follansbee-Kocks[11]本构模型以机械临界应力作为内部变量，同样也引入较多的材料参数，形式比较复杂。

相比之下，Johnson-Cook 本构模型和 Zerilli-Armstrong 模型的形式都比较简单，都引入材料的应变硬化、应变率硬化和热软化参数。Zerilli-Armstrong 模型常用于体心立方及面心立方金属，并且对于不同的晶体结构有着不同的表达形式。Johnson-Cook 本构模型是一个以经验为主的本构模型，主要应用于大应变、高应变率、高温变形的材料，也可应用于各种晶体结构[12]。Johnson-Cook 本构模型在温度从室温到材料熔点温度范围内都是有效的。三项乘积分别反映了应变硬化、应变率硬化和温度软化对材料流动应力的影响，特别适合用来模拟高应变率下的金属材料。因此，综合各种因素的比较，这里选择 Johnson-Cook 本构方程来详细介绍。

4.3　Johnson-Cook 本构方程参数及其求解过程

在实际切削过程中工件材料常常处在高温、大变形和大应变率的情况下发生弹塑型应变，因此综合考虑各因素（应变、应变率、热软化）对工件材料硬化应力的影响，应用 Jonson-Cook 等向强化模型方程[13]进行描述，如式（4.5）所示。

在 Johnson-Cook 本构方程的理论基础上，从各项针对性的力学试验来获取拟合本构参数。如图 4.2 所示，针对弹性参数、塑性参数、损伤参数可以通过以下力学试验来获取。

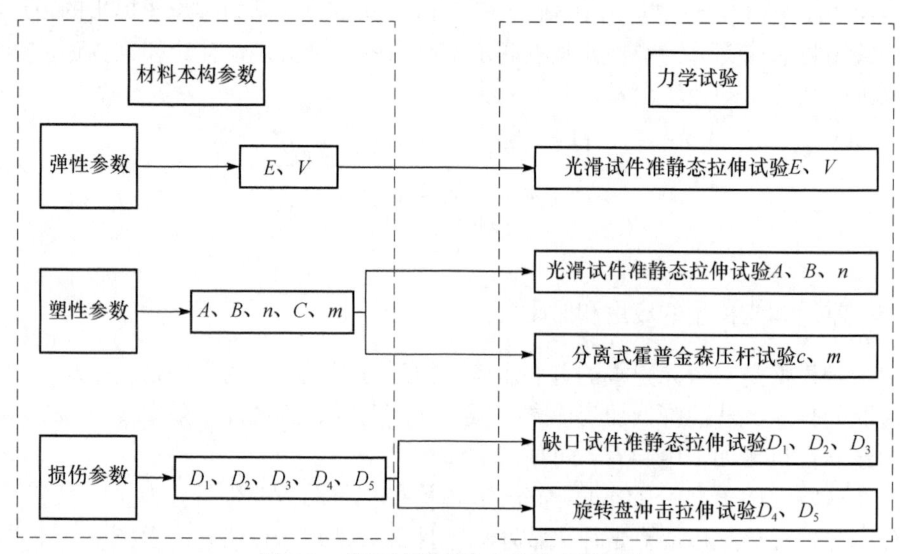

图 4.2　获取材料本构参数的力学试验

1. 弹性参数的获取

MTS 是测量材料准静态（应变率 $0.1\sim10\text{s}^{-1}$）性能的材料试验机，试验机通过液压装置对上端压头进行移动，压头中的压力传感器测量试件与压头之间的作用力，压头的位移传感器测量试件的相对位移，引伸仪测量试件某一方向的横向位移。为验证位移测量的可靠性，在试件上贴上测量横向应变与纵向应变的应变片，以对比试验结果；再增加可精确控制试验温度条件的温度控制箱，这样利用 MTS 就可以测量材料在准静态、不同温度下的纵向应力、横向应变、纵向应变，试验加载一直到试件剪切破坏或达到引伸仪计量极限值[14]。在弹性范围内大多数材料服从胡克定律，即变形与受力成正比。纵向应力与纵向应变的比例常数就是材料的弹性模量 E。横向应变与纵向应变的比值称为泊松比 μ，也称为横向变性系数，它是反映材料横向应变的弹性常数。为了尽可能减小测量误差，试验宜从初载荷 $P_0(P_0 \neq 0)$ 开始，采用增量法，分级加载，分别测量在各相同载荷增量 ΔP 作用下的横向应变增量 $\varepsilon_{横}$ 和纵向应变增量 $\varepsilon_{纵}$，求出平均值，按式（4.9）计算泊松比 μ：

$$\mu = \left| \frac{\Delta \bar{\varepsilon}_{横}}{\Delta \bar{\varepsilon}_{纵}} \right| \tag{4.9}$$

2. 塑性参数的获取过程

第一步，由

$$\bar{\sigma} = A + B\bar{\varepsilon}_p^n \tag{4.10}$$

拟合后得到 A、B、n，如图 4.3 所示。其中，A 为材料室温、准静态下的初始屈服强度，由试验确定。

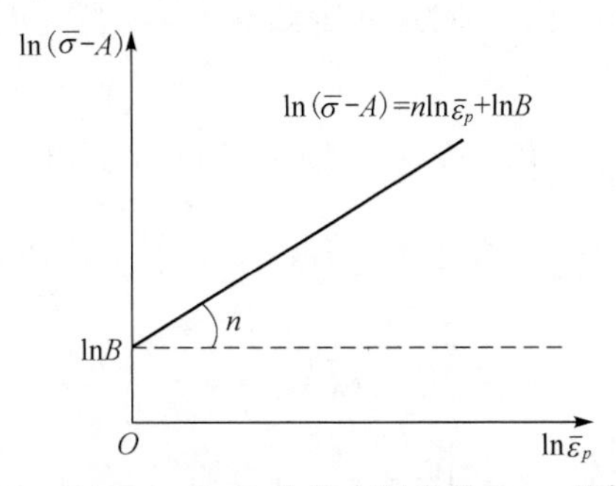

图 4.3　Johnson-Cook 本构方程参数 B、n 的拟合

室温、准静态下的 Johnson-Cook 本构方程（4.10）可改写为

$$\bar{\sigma} - A = B\bar{\varepsilon}_p^n \tag{4.11}$$

$$\ln(\bar{\sigma} - A) = \ln(B\bar{\varepsilon}_p^n)$$

$$\ln(\bar{\sigma} - A) = \ln(\bar{\varepsilon}_p^n) + \ln B$$

$$\ln(\bar{\sigma} - A) = n\ln(\bar{\varepsilon}_p) + \ln B \tag{4.12}$$

第二步，由

$$\bar{\sigma} = (A + B\bar{\varepsilon}_p^n)(1 + C\ln\dot{\varepsilon}^*) \tag{4.13}$$

拟合后得到 C。

由于 Johnson-Cook 本构方程中 C 仅与材料的应变率相关，则只需在某一固定温度（一般是室温）改变撞击杆速度进行多组材料的霍普金森压杆试验，即可得到不同应变率条件下的应力-应变曲线，从而确定 C，具体过程如下：

$$\frac{\bar{\sigma}}{A + B\bar{\varepsilon}_p^n} = 1 + C\ln\dot{\varepsilon}^*$$

$$\frac{\bar{\sigma}}{A+B\bar{\varepsilon}_p^n}-1=C\ln\dot{\varepsilon}^*$$

$$\dot{\varepsilon}^*=\dot{\varepsilon}/\dot{\varepsilon}_0$$

式中，A、B、n 已由室温、准静态试验确定。显然，塑性应变率 $\dot{\varepsilon}^*$ 和 $\bar{\sigma}$ 为线性关系，由试验数据拟合出直线，则此直线的斜率即为 C。

第三步，

$$\bar{\sigma}=(A+B\bar{\varepsilon}_p^n)(1-T^{*m}) \tag{4.14}$$

Johnson-Cook 本构方程中参数 m 可以首先固定一个应变率，然后取不同温度下的应力-应变曲线确定，对于某一固定的等效应变值 $\bar{\varepsilon}_0^p$，可得到不同温度下的等效强度和温度的关系：

$$\sigma(\varepsilon_p,\dot{\varepsilon},T)=(A+B\varepsilon_p^n)(1+C\ln\dot{\varepsilon}/\dot{\varepsilon}_0)(1-T^{*m})$$

$$\sigma=(A+B\bar{\varepsilon}_0^{pn})(1-T^{*m})$$

$$\frac{\sigma}{A+B\bar{\varepsilon}_0^{pn}}=1-T^{*m}$$

$$1-\frac{\sigma}{A+B\bar{\varepsilon}_0^{pn}}=T^{*m}$$

$$\ln\left[\frac{(A+B\bar{\varepsilon}_0^{pn})-\sigma}{A+B\bar{\varepsilon}_0^{pn}}\right]=m\ln T^* \tag{4.15}$$

式（4.15）是以 $\ln\left[\frac{(A+B\bar{\varepsilon}_0^{pn})-\sigma}{A+B\bar{\varepsilon}_0^{pn}}\right]$ 和 $\ln T^*$ 互为变量的线性函数，因参数 A、B、n 已知，由试验数据根据式（4.15）拟合的直线斜率即为 m[14]。

3. 损伤参数的获取过程

$$\sigma_{\mathrm{eq}}=\sqrt{\frac{1}{2}[(\sigma_1-\sigma_2)^2+(\sigma_2-\sigma_3)^2+(\sigma_3-\sigma_1)^2]} \tag{4.16}$$

1985 年，Johnson 等以 Rice 等[15]提出的空洞增长方程为基础，综合考虑应力三轴度，应变率和温度对材料失效的影响建立了类似于 Johnson-Cook 本构模型的失效模型[16]：

$$\varepsilon_{\mathrm{f}}=[D_1+D_2\exp(D_3\sigma^*)](1+D_4\ln\bar{\varepsilon}_0^*)(1+D_5T^*) \tag{4.17}$$

式中，D_1、D_2、D_3、D_4、D_5为参数；$\sigma^* = p/\sigma_{eq} = -\eta$，$\eta$为应力三轴度，$p$为静水压力，$p=-(\sigma_1+\sigma_2+\sigma_3)$，$\sigma_{eq}$为等效应力；$\overline{\varepsilon}_0^* = \dot{\varepsilon}/\dot{\varepsilon}_0$；$T^*=(T-T_0)/(T_{melt}-T_0)$。应力状态由应力三轴度$\eta$表征，应力三轴度是一个反映材料内某点三轴应力程度的无量纲参数，定义为静水压力与 Mises 应力的比值。

1）拟合参数 D_1、D_2和 D_3

根据 Bridgman[17]的分析，试件缺口中心处的初始应力三轴度可由如下经验公式计算：

$$\eta_0 = \frac{1}{3} + \ln\left(1 + \frac{d_0}{4R_0}\right) \tag{4.18}$$

式中，d_0为缺口截面直径，R_0为缺口半径。

根据式（4.18）设计四种尺寸的缺口试件，试件形状与具体尺寸如图 4.4 所示。该试验在 MTS-809 材料试验机上运行，拉伸速度为 3mm/min。

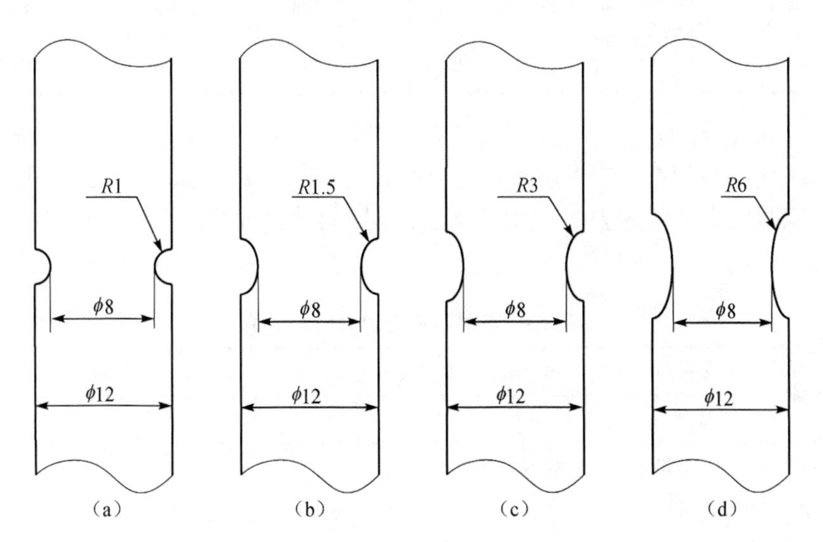

图 4.4　缺口试件尺寸图（单位：mm）

对缺口试件试验后的断口直径进行测量，结果如表 4.1 所示，按下面公式计算可得各应力状态下的失效应变：

$$\varepsilon_f = D_1 + D_2\exp(D_3\sigma^*) \tag{4.19}$$

由式（4.19）拟合后得到：D_1=0.1192，D_2=1.50，D_3=3.7653。

表 4.1　缺口试件准静态拉伸试验结果

试件号	A	B	C	D
应力三轴度 η	1.43	1.18	0.84	0.62
断口直径/mm	7.61	7.37	7.27	7.05
失效应变	0.01	0.164	0.191	0.253

2）拟合参数 D_4

通过旋转盘冲击拉伸试验可以获取 D_4、D_5。

在室温下，相同应力状态的材料失效应变率与应变率的对数呈线性关系，其斜率与截距的比值即为 D_4。参与拟合 D_4 的试验数据见表 4.2。通过线性拟合可得：D_4=−0.0335。

表 4.2　旋转盘冲击拉伸试验数据

应变率/s^{-1}	500	500	500	1000	1000
温度/℃	20	200	20	200	400

3）拟合参数 D_5

在相同应力状态和应变率下，材料的失效应变与无量纲温度呈线性关系，其斜率与截距的比例即为 D_5，使用表 4.3 中选取的试验数据拟合，得到 D_5=2.1724。

表 4.3　参与拟合参数的试验数据

试验数据	应变率/s^{-1}	0.0001	0.001	0.01	500	1000（动态拉伸）		
	温度/℃	20	20	20	20	20	200	400
参与拟合 D_1、D_2、D_3 的数据		√	√	√	√	×	×	×
参与拟合 D_4 的数据		√	√	√	×	√	×	×
参与拟合 D_5 的数据		×	×	×	×	√	√	√

注：标注 √ 的试验结果参与拟合，标注 × 的试验结果不参与拟合。

4.4　淬硬钢准静态压缩试验

4.4.1　Cr12MoV 模具钢的材料属性

Cr12MoV 模具钢具有较高的淬透性、硬度和抗拉强度，且耐磨性好、抗回火能力好，被广泛应用于轴承、汽车、模具等工业领域。其主要合金元素为 Cr，化学成分如表 4.4 所示，热力学参数见表 4.5。

表 4.4　Cr12MoV 模具钢的化学成分

牌号	%	Cr	C	Co	Mo	Si	Mn	P	S
Cr12MoV	min	11.00	1.45		0.40				
	max	12.50	1.70	1.00	0.60	0.40	0.40	0.30	0.30

表 4.5　Cr12MoV 模具钢的热力学参数

材料	密度 ρ/(kg/m³)	弹性模量 E/MPa	泊松比 μ	热膨胀系数 /($10^{-6}K^{-1}$)	热导率 /(W/(m·℃))	比热容 /(J/(kg·℃))
Cr12MoV 模具钢	7750	210000	0.3	11.2	21	460

4.4.2　试验设备选择和试验试样的制备

为了得到 Cr12MoV 模具钢的准静态力学性能，经对比选择在 CSS 电子万能试验机上进行，试验设备如图 4.5 所示。试验在室温（20℃）下进行，根据国家标准 GB/T 7314—2005《金属材料室温压缩试验方法》，采用直径 10mm、高 5mm 的圆柱形试样。试验试样除了几何尺寸的要求，还要有较好的平行度和垂直度，均保持在 0.01mm 左右，表面粗糙度 R_a=1.6μm。试样采用电火花线切割与平面磨相结合的方式进行加工。由于 Cr12MoV 模具钢的硬度较大，为保护试验设备，在试验时需在试样的上下面各放置一个垫块。为方便计算，准静态压缩试验的应变率取 $0.001s^{-1}$，根据式（4.20）可以得到压缩速率为 0.3mm/min。

图 4.5　CSS 电子万能试验机

$$\dot{\varepsilon}=\frac{d\varepsilon}{dt}=\frac{dh/h}{dt}=\frac{dh}{dt}\times\frac{1}{h}=\frac{v}{h} \tag{4.20}$$

式中，$\dot{\varepsilon}$ 为应变率；ε 为应变；v 为压缩速率；h 为试样高度。

为减小试验误差，该准静态试验重复进行 3 次。

CSS 电子万能试验机采用单向压缩方式，试验机自动生成压缩载荷 P 与位移 ΔL 的曲线及其数据，将载荷 P 和位移 ΔL 数据代入式（4.21），计算可以得到工程应力、工程应变：

$$\begin{cases} \sigma = \dfrac{P}{A_0} \\ \varepsilon = \dfrac{\Delta L}{L_0} \end{cases} \tag{4.21}$$

式中，σ 为工程应力；ε 为工程应变；L_0 为试样的初试长度。

在此基础上根据式（4.22），可计算出真实应力 σ_t 及真实应变 ε_t：

$$\begin{cases} \sigma_t = \sigma \times (1-\varepsilon) \\ \varepsilon_t = -\ln(1-\varepsilon) \end{cases} \tag{4.22}$$

4.4.3　准静态压缩试验结果分析

材料的真实应力-应变之间的关系能直接反映出材料流动应力与变形条件之间的关系，同时也是材料内部组织性能变化的宏观表现。Cr12MoV 模具钢准静态压缩试验真实应力-应变曲线如图 4.6 所示。从图中可以看出，材料的真实应力随应变的增加而增加，在准静态载荷压缩状态下材料没有明显的屈服阶段，也没有产生动态再结晶，但有明显的加工硬化产生，这是由于金属材料在形成塑性变形时，金属晶格发生弹性畸变，这就阻碍了金属内部的滑移。畸变越严重则塑性变形的产生越困难、变形抗力越大。随着变形程度增加，晶格的畸变也随之增大，滑移带产生较严重的弯曲，这使得金属变形抗力变得更大，出现加工硬化。对同一金属或合金而言，进行室温冷变形时产生的加工硬化现象较严重，这是由于冷变形时的加工温度要低于材料的再结晶温度。即使是在较高温度的条件下，只要恢复过程和动态再结晶过程来不及发生，则随着变形的增大必然会产生加工硬化，增大变形抗力。

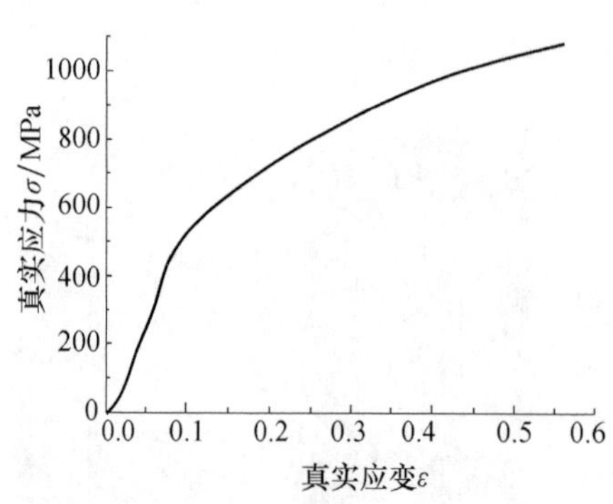

图 4.6　准静态压缩试验真实应力-应变曲线

4.5　Cr12MoV 模具钢的动态力学性能试验

动态力学性能试验是在霍普金森压杆装置上进行的，应用该装置测得材料在不同温度、不同应变率下应力-应变曲线，进而结合准静态试验求得材料的 Johnson-Cook 本构方程。

4.5.1　霍普金森压杆试验原理

材料应力-应变关系的准确描述是进行切削工艺可靠性仿真的主要问题。因此，为了得到有效且准确的材料应力-应变曲线，研制高效、精确的试验装置是非常重要的。霍普金森压杆试验（SHPB）典型装置由气炮、子弹、测速系统、输入杆、试件、透射杆以及数据处理系统等组成，其结构简图如图 4.7 所示。气炮中的压缩空气迫使子弹射出并撞击输入杆的一端，产生一个弹性波并在杆中传播。当传播到试件时，其压缩变形。由于输入杆和试件的波阻抗不同，一部分弹性波被反射又回到输入杆并被输入杆上的应变片记录，另一部分弹性波通过试件进入透射杆并被透射杆的应变片记录[18]。

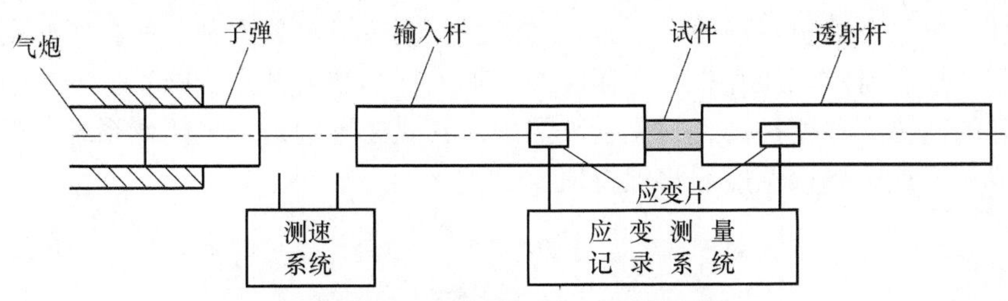

图 4.7　霍普金森压杆试验装置

根据测得的入射波、反射波和透射波，应用应力波理论就可以由式（4.23）～式（4.25）确定应变 ε 、应变率 $\dot{\varepsilon}$ 和应力 σ 的值。

$$\varepsilon = -\frac{2C_0}{L_0}\int_0^t \varepsilon_{\mathrm{i}} \mathrm{d}\tau \tag{4.23}$$

$$\dot{\varepsilon} = \frac{2C_0}{L_0}\varepsilon_{\mathrm{r}} \tag{4.24}$$

$$\sigma = \frac{EA}{A_{\mathrm{s}}}\varepsilon_{\mathrm{e}} \tag{4.25}$$

式中，E 为杨氏模量；A 为横截面积；C_0 为弹性波速；L_0 为试样的初始长度；A_{s} 为试样的横截面积；ε_{i} 为入射应变波；ε_{r} 为反射应变波；ε_{e} 为透射应变波。

4.5.2　霍普金森压杆试验

1. 试样选择

汽车覆盖件模具材料多为 Cr12MoV 模具钢，淬火后硬度可达 45～60HRC，属于典型的高强度和高硬度材料，并且因其具有复杂的形状，在拐角处，大曲率冲

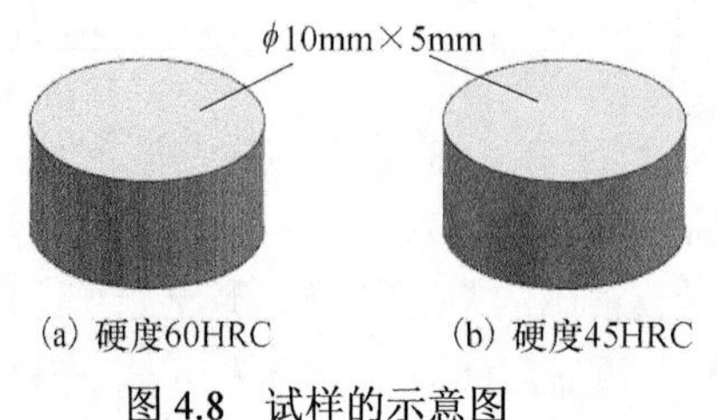

图 4.8　试样的示意图

压过程中常造成模具损伤，所以在形状复杂处采用镶块式淬硬钢模件拼接，拼接模具的模件间存在较大硬度差，因此选用长度为 5mm、直径为 10mm、硬度分别为 45HRC 和 60HRC 的淬硬钢为试样，以获得相应的本构参数，为铣削仿真奠定基础，如图 4.8 所示。

2. 硬件条件

试验使用的是分离式霍普金森压杆，试验装置如图 4.9 所示，包括输入杆、透射杆、空气压缩机、尾座、子弹、加热炉、制冷机、总控制台和温度控制台。总控制台控制着空气压缩机，尾座缓冲，输入杆和透射杆是否同步，子弹的发射和子弹的回位。温度控制台控制着加热炉，其温控过程是一个闭环系统，温度设定完成后，加热到该温度后将保持恒定。

图 4.9　霍普金森压杆试验装置

3. 软件条件

霍普金森压杆试验测试软件 ARCHIMEDES ALT1000，系统瞬态最高采样速率 1MHz，每通道有独立的 A/D 模数转换器，外挂应变调理器完成 1/4 桥、半桥、全桥状态的应力应变测试和分析，对被测信号实时采集、实时显示、实时存储和实时分析，具备自动测试控制和数据波形分析处理功能。

4. 试验方案

综合考虑 Cr12MoV 模具钢的力学性能、切削加工时的温度以及霍普金森压杆试验装置的配置，设计试验温度为 20～500℃，应变率为 250～800s^{-1}，具体试验方案如表 4.6 所示。

表 4.6　霍普金森压杆试验方案

温度/℃	20	300	500
应变率/s^{-1}	350	350	350
	450	450	450
	550	550	550
	650	650	650

4.5.3　霍普金森压杆试验结果

图 4.10（a）是硬度为 45HRC 的 Cr12MoV 模具钢在常温、不同应变率下的真实应力-应变曲线，由该图可以看出，在弹性段，Cr12MoV 模具钢的流动应力与屈服应力先是随着应变率的提高而增大，但当应变率达到 $800s^{-1}$ 时流动应力与屈服应力随着应变率的提高而出现下降现象，说明在该硬度下材料产生了显著的应变率敏感效应。在进入塑性阶段后，随着应变的增大，应力改变不大且趋于稳定。图 4.10（b）是硬度为 60HRC 的 Cr12MoV 模具钢在常温下不同应变率下的真实应力-应变曲线。由该图可以看出，在弹性段，Cr12MoV 模具钢的流动应力

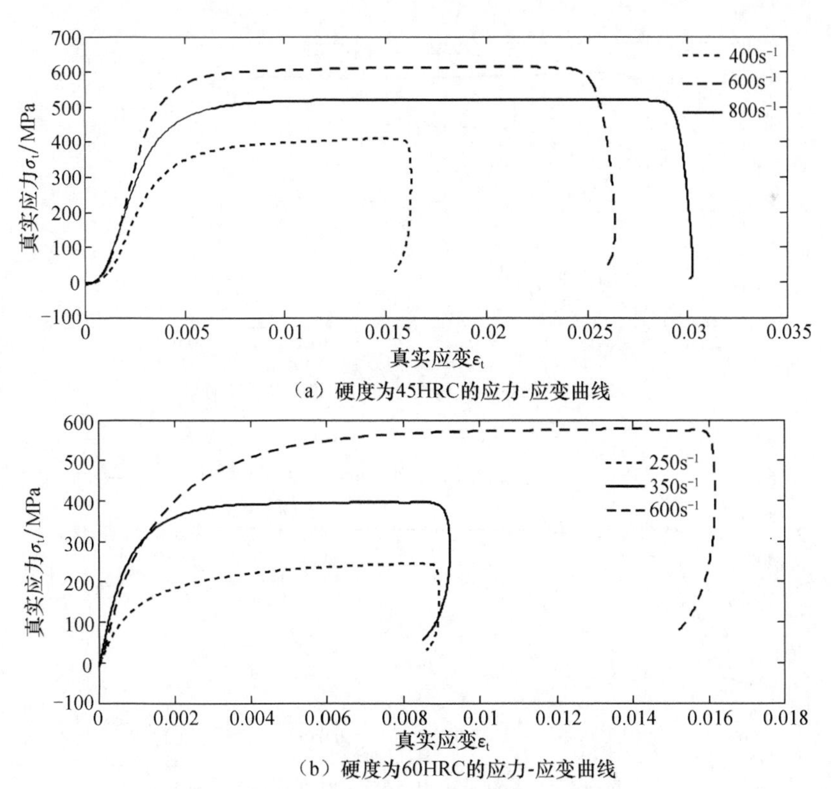

（a）硬度为45HRC的应力-应变曲线

（b）硬度为60HRC的应力-应变曲线

图 4.10　Cr12MoV 模具钢在常温、不同应变率下的真实应力-应变曲线

与屈服应力随着应变率的提高而增大，体现出在该硬度下材料具有明显的应变率敏感效应。在进入塑性阶段后，随着应变的增大，应力改变不大。比较图 4.10（a）和（b）可知，在相同温度不同应变率条件下，材料的应变硬化率基本相同。两种硬度的模具钢材料的最大应变随着应变率的增加而逐渐增大。

图 4.11（a）和（b）是硬度为 45HRC 和 60HRC 的 Cr12MoV 模具钢在同一应变率 $600s^{-1}$、不同温度下的真实应力-应变曲线。可以看出，随着温度增加，Cr12MoV 模具钢的流动应力和屈服应力明显降低，表现出材料的热软化效应，这是由于在高速冲击载荷作用下，金属密度增大，并在材料内部形成缺陷，进而使材料表现出应变率强化效应和应变强化效应，但这两种效应并不是无限增长的，当其达到饱和状态时，高温会促使材料的再结晶，将内部缺陷自行减小，从而使流动应力随应变率的提高而减小。随着温度继续升高，材料的塑性提高，变形量不断增加，应变硬化有所降低。比较图 4.11（a）和（b）可知，在相同应变率、不同温度条件下，材料的应变硬化率基本相同。两种硬度的模具钢材料的最大应变随着温度的增加而逐渐增大。

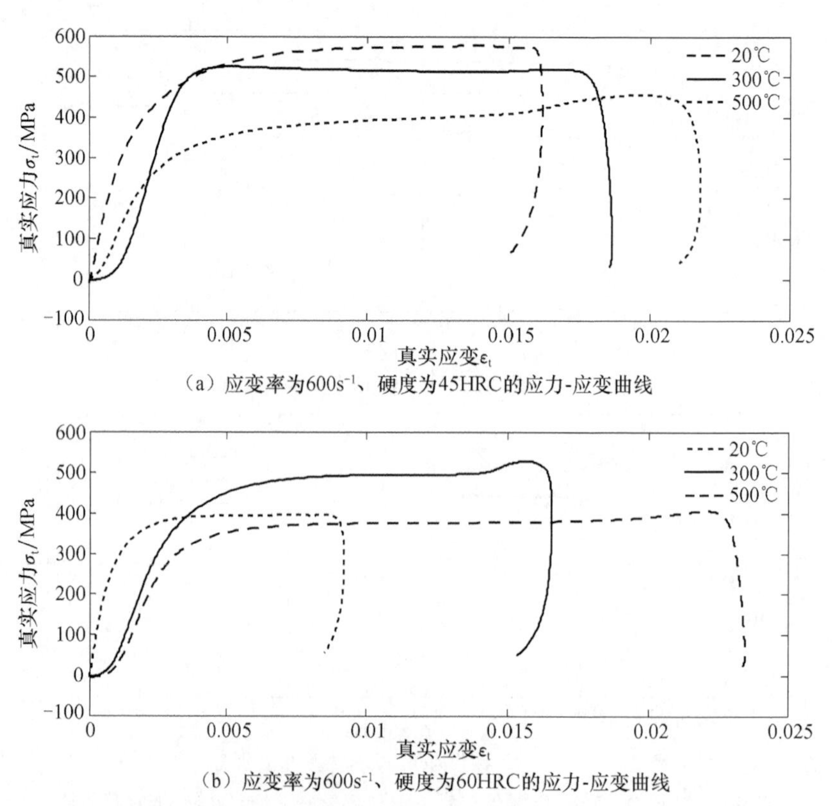

（a）应变率为$600s^{-1}$、硬度为45HRC的应力-应变曲线

（b）应变率为$600s^{-1}$、硬度为60HRC的应力-应变曲线

图 4.11　Cr12MoV 模具钢在相同应变率、不同温度下的真实应力-应变曲线

4.6　Johnson-Cook 本构模型系数敏感性仿真分析

目前国内外学者一般通过霍普金森压杆试验来获得 Johnson-Cook 本构模型系数，但是霍普金森压杆试验的方法成本较高，且受试验条件的限制也较大。因此，本书对 Cr12MoV 模具钢的霍普金森压杆试验进行仿真，利用有限元仿真手段分析模型受其常数项影响的敏感性，并解释模型常数对本构模型的影响机制，同时对霍普金森压杆试验的系统动态特性和材料属性进行揭示。

在有限元软件 Abaqus 中建立本试验的仿真模型，模型建立主要参照实际的霍普金森压杆试验装置，通过边界条件以及载荷的定义将模型加以简化，直接在输入杆左端施加一个应力脉冲。其次调整输入杆、透射杆和试件的尺寸，减小模型规模，进而节约计算成本。根据霍普金森压杆试验装置施加边界条件和载荷有如下要求：输入杆、试件、透射杆在轴向无约束；压杆与试件之间光滑无摩擦。模型网格划分后模型如图 4.12 所示。网格划分考虑到计算速度和精度，单元类型和数量以及节点数量见表 4.7。

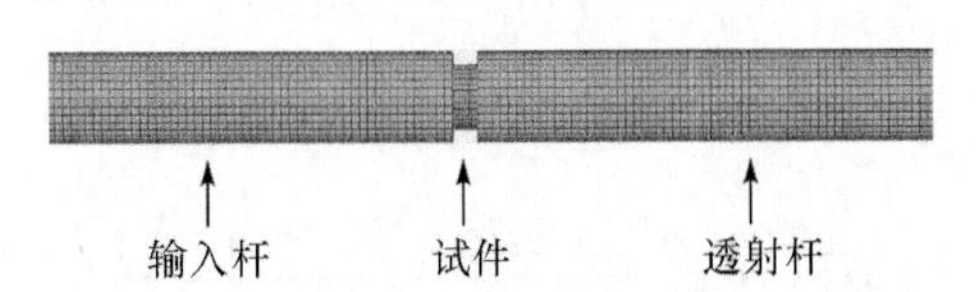

图 4.12　霍普金森压杆试验的有限元建模

表 4.7　仿真模型的单元设置

序号	模型	单元类型	单元个数	节点个数
1	输入杆	C3D8	45760	50799
2	试件	C3D8	1536	1881
3	透射杆	C3D8	45760	50799

本模型在步骤结束时计算塑性应变和内变量的增量，同时强化屈服条件。模型内部的积分算法为

$$\varepsilon_{n+1}=\varepsilon_n+\Delta\varepsilon \tag{4.26}$$

$$\varepsilon_{n+1}^p=\varepsilon_n^p+\Delta\lambda_{n+1}r_{n+1} \tag{4.27}$$

$$\sigma_{n+1}=C:(\varepsilon_{n+1}-\varepsilon_{n+1}^p) \tag{4.28}$$

在时刻 n 给出一组 $(\varepsilon_n,\varepsilon_n^p,q_n)$ 和应变增量 $\Delta\varepsilon$，式(4.26)是一组关于求解 $(\varepsilon_{n+1},\varepsilon_{n+1}^p,q_{n+1})$ 的非线性代数方程。将式（4.26）和式（4.27）代入式（4.28）得

$$\sigma_{n+1} = C:(\varepsilon_n + \Delta\varepsilon - \varepsilon_n^p - \Delta\varepsilon_{n+1}^p) = C:(\varepsilon_n - \varepsilon_n^p) + C:\Delta\varepsilon - C:\Delta\varepsilon_{n+1}^p \tag{4.29}$$

在弹性预测阶段，塑性应变和内变量保持固定；而在塑性修正阶段，总体应变保持不变。在迭代开始时，程序对应力和应变设初始值：

$$\varepsilon^{p(0)} = \varepsilon_n^p，\ \bar{\varepsilon}^{(0)} = \varepsilon_n^p，\ \Delta\lambda^{(0)} = 0，\ \sigma^{(0)} = C:(\varepsilon_{n+1} - \varepsilon^{p(0)}) \tag{4.30}$$

应力在第 k 次迭代时，为

$$\sigma^{(k)} = \sigma^{(0)} - \Delta\lambda^{(k)} C : r^{(k)} \tag{4.31}$$

定义屈服面的单位法向矢量为

$$\hat{n} = r^{(0)} \big/ \left|r^{(0)}\right| = \sigma_{\text{dev}}^0 \big/ \left|\sigma_{\text{dev}}^0\right|，\ r^{(0)} = \sqrt{3/2}\,\hat{n} \tag{4.32}$$

且在整个算法的塑性修正状态过程中始终保持不变，因此塑性应变的更新是 $\Delta\lambda$ 的线性函数。

在 k 次迭代时将检查屈服条件：

$$f^{(k)} = \bar{\sigma}^{(k)} - \sigma_Y(\bar{\varepsilon}^{(k)}) = (\bar{\sigma}^{(0)} - 3\mu\Delta\lambda^{(k)}) - \sigma_Y(\bar{\varepsilon}^{(k)}) \tag{4.33}$$

若收敛，则迭代完毕，增量步结束。否则，将计算塑性参数的增量：

$$\delta\lambda^{(k)} = \frac{(\sigma^{(0)} - 3\mu\Delta\lambda^{(k)}) - \sigma_Y(\bar{\varepsilon}^{(k)})}{3\mu + H^{(k)}} \tag{4.34}$$

并对塑性应变和内变量进一步更新：

$$\hat{n} = \sigma_{\text{dev}}^0 \big/ \left|\sigma_{\text{dev}}^0\right|，\ \Delta\varepsilon^{p(k)} = -\delta\lambda^{(k)} \sqrt{\frac{3}{2}}\,\hat{n}，\ \Delta\bar{\varepsilon}^{(k)} = \delta\lambda^{(k)} \tag{4.35}$$

$$\sigma^{(k+1)} = C:(\varepsilon_{n+1} - \varepsilon^{p(k+1)}) = \sigma^{(k)} + \Delta\sigma^{(k)} = \sigma^{(k)} - 2\mu\delta\lambda^{(k)} \sqrt{\frac{3}{2}}\,\hat{n} \tag{4.36}$$

然后将更新变量返回屈服条件进行检查，整个过程将重复直至收敛。

有限元仿真结果可以真实再现工件在试验过程中所受应力的历程，如图 4.13 所示。即试件在 0.2ms 开始受力，受力时间大概持续 0.2ms，之后急剧下降到零兆帕处。从整体系统的研究可以发现，试件在开始变形和变形结束时，应力变化的瞬时响应性明显，可以有效表征霍普金森压杆试验系统的动态特性。试件的霍普金森压杆试验的应力-应变仿真结果如图 4.14 所示。曲线在上升阶段呈现明显的线性特征，斜率即为材料的杨氏模量 120GPa。当试件应变达到 0.22 时材料开始失效，此时曲线下降的线性明显。

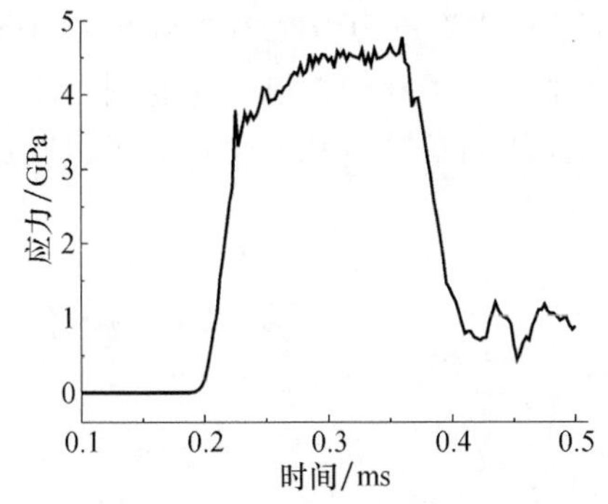

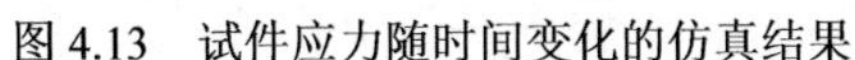
图 4.13　试件应力随时间变化的仿真结果

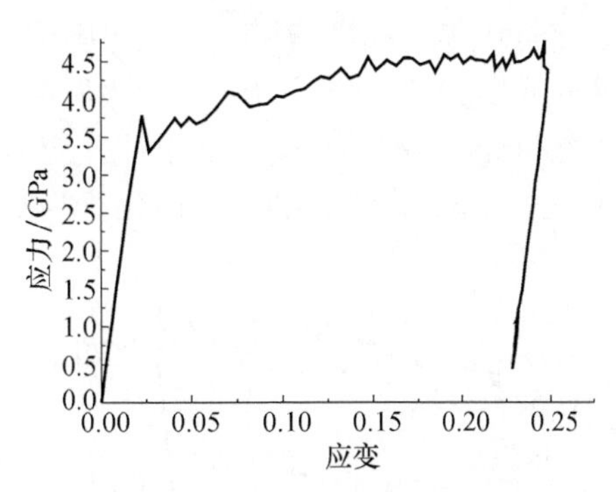

图 4.14　应力-应变的仿真结果

为了分析本构模型对常数项变化的敏感性，本节通过定比例改变 A、B、C、n、m，研究本构关系的变化。仿真结果表明，A、B、C 增大，则试件承受应力增大，反之则变小，图 4.15 为参数 A 对试件应力的影响结果。研究结果还表明，应力随着参数 n 的变化而变化，但是影响规律不明显。在试件应变的分析中，A、B、C 都会影响应变的变化，但是应变不受参数 m 变化的影响。

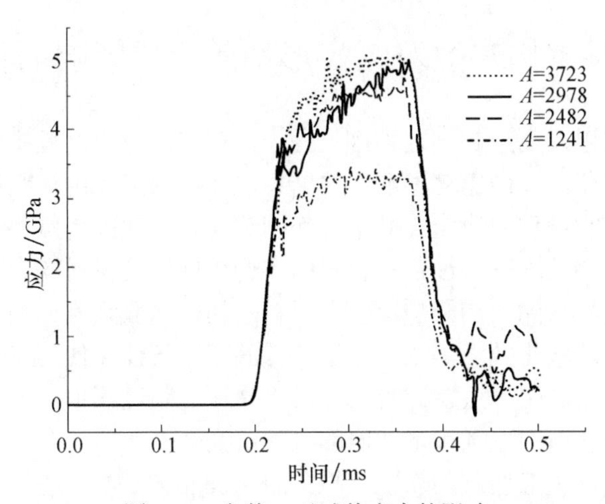

图 4.15　参数 A 对试件应力的影响

参数 A、B、C 的变化对应力-应变关系的影响都呈现明显的增大或者减小趋势。同样，参数 m 的变化对应力-应变关系没有影响。但是 n 值越小，屈服应力越大，破坏阶段越早到来。图 4.16 为参数 n 对应力-应变曲线的影响结果，从图中可以发现，当 n 变化时，应力-应变关系也随之变化，且在应力升高或者降低的区间内，每条曲线的变化趋势呈现线性关系良好。图 4.17 为不同温度条件下 Cr12MoV 模具钢的仿真结果，结果显示 Cr12MoV 模具钢表现出较强的温度相关性。

随温度的升高，材料的流动应力呈现明显下降趋势。当温度由20℃升高到700℃时，试件的屈服强度下降了50%，上述属性也间接地解释了在切削高硬度材料时出现的“红月牙效应”。不同温度下试件应力-应变曲线的塑性段基本平行，这表明温度对Cr12MoV模具钢的加工硬化行为影响不大。

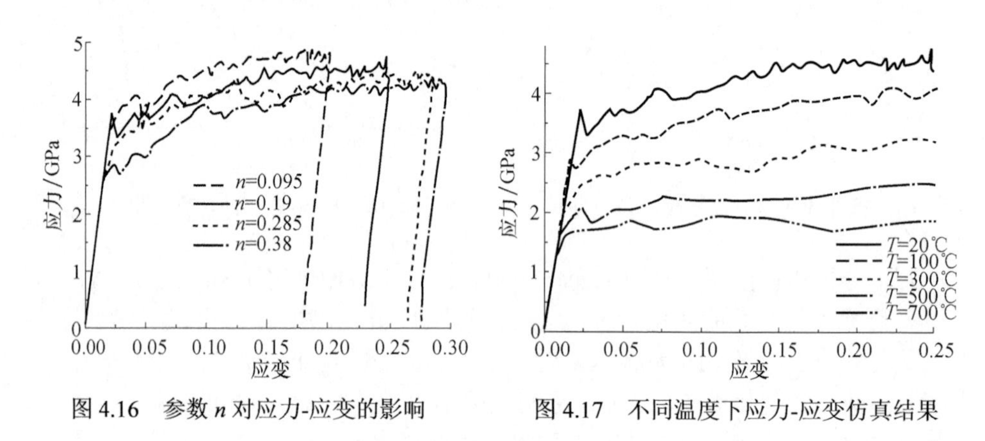

图 4.16　参数 n 对应力-应变的影响　　　图 4.17　不同温度下应力-应变仿真结果

4.7　材料本构参数对锯齿形切屑形成影响的仿真分析

在金属切削以及高速超高速切削过程中，切屑的形成过程实际是工件上待加工材料对外界载荷激励做出动态响应的结果，而切屑形貌由切削载荷和工件材料本身的固有属性共同作用决定。其中，切削载荷包括切削用量、刀具几何结构和切削条件等；材料的固有属性包括材料的本构属性以及材料的力学、热学、物理和化学属性等。材料的本构模型反映了材料的初始屈服强度、加工硬化作用、应变率硬化作用和热软化效应等，决定了零件的工作条件和使用寿命，影响着工件的加工性能和企业的生产效益。目前，关于高速切削过程中，工件材料本构失稳形成绝热剪切带从而产生锯齿形切屑的机理研究较少。

本节将总结锯齿形切屑的表征，拟采用 Abaqus6.14-1，建立正交切削仿真模型，并以高速切削 Cr12MoV 模具钢为研究对象，采用控制变量法，重点分析高速切削过程中材料本构参数值对切削力、温度和切屑形态的影响规律，进而分析材料的硬度值、热敏感性和应变率敏感性等对高速切削过程中切屑变形与切削力等的影响。

4.7.1　锯齿形切屑的表征

相对于普通切削过程，采用大的切削速度（一般为普通切削速度的 5～10 倍）是高速切削和超高速切削的最主要特征，而切屑形貌由带状切屑向锯齿形切屑转变是高速切削和超高速切削的最主要表现。高速切削加工过程产生的锯齿形切屑其表征如图 4.18 所示。

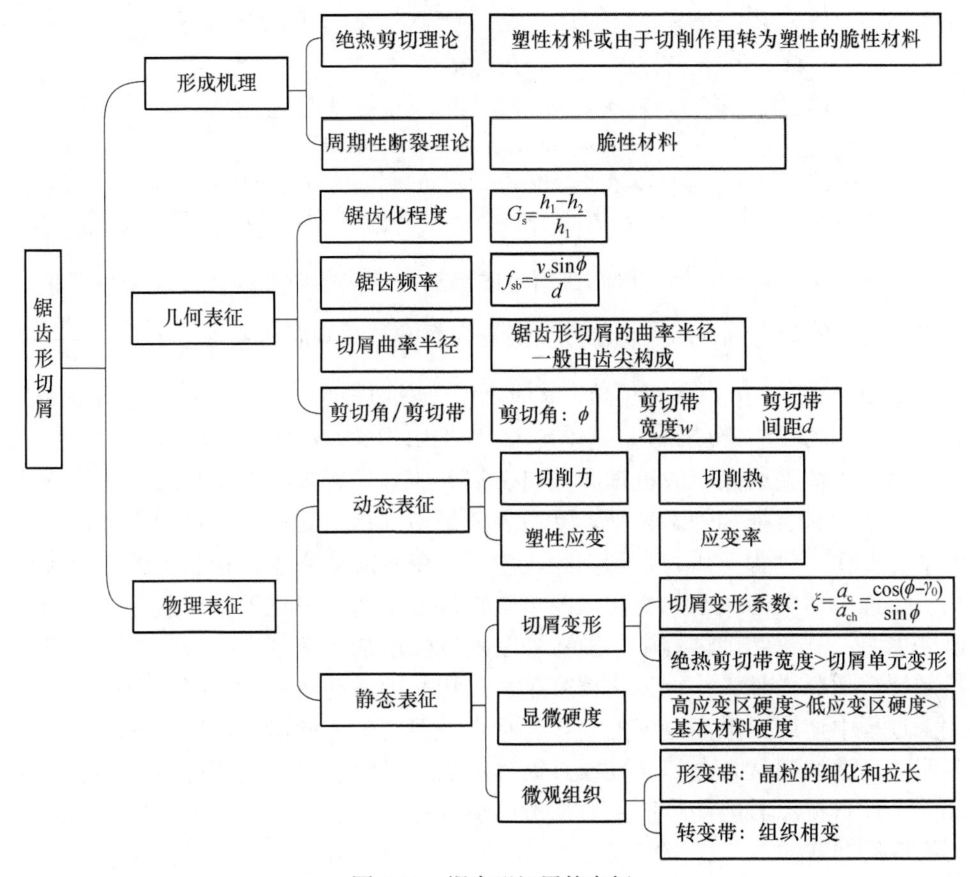

图 4.18　锯齿形切屑的表征

锯齿形切屑的表征包括形成机理、几何表征和物理表征三个方面。锯齿形切屑的形成机理包括绝热剪切理论和周期性断裂理论。有学者认为：在高速切削过程中，塑性材料或因切削作用转为塑性的脆性材料由于绝热剪切失稳产生锯齿形切屑，而脆性材料由于周期性断裂产生锯齿形切屑。

几何表征从几何形状出发对锯齿形切屑进行定量分析，包括锯齿化程度、锯齿频率、切屑曲率半径和剪切角/剪切带四个方面。不同学者分别从厚度、面积和曲率半径三个方面对切屑锯齿化程度进行了定义：$G_s=\frac{h_1-h_2}{h_1}$，其各物理量含义见图 4.19。

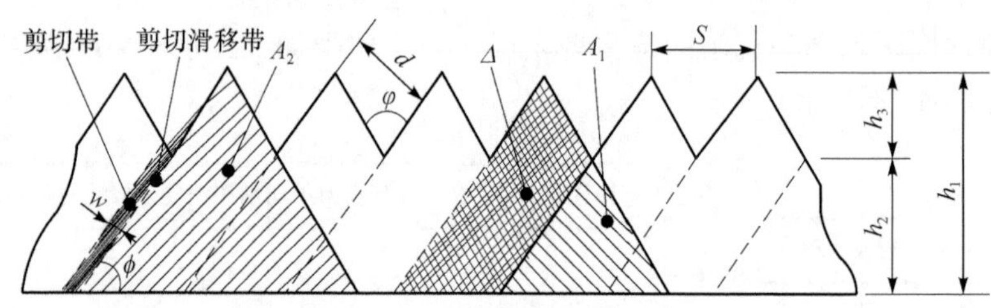

图 4.19　锯齿形切屑展开示意图

A_1-切屑连续部分面积；A_2-单个锯齿形切屑的面积；Δ-切屑锯齿部分面积；S-齿宽；h_1-切屑厚度；h_2-切屑连续部分厚度；h_3=h_1−h_2-齿厚；ϕ-剪切角；φ-齿间角；w-剪切带宽度；d-绝热剪切带间距

研究表明：随着切削速度和进给量的增加，切屑的锯齿化程度越来越严重。锯齿形切屑的锯齿频率随着切削速度的提高而增加，其表达式为：$f_{sb}=\dfrac{v_c\sin\phi}{d}$，$v_c$表示切削速度，$\phi$表示剪切角，$d$表示绝热剪切带间距。锯齿形切屑由小到大存在三个圆，其半径分别为r、r_1、r_2，一般把由齿尖构成的内圆作为曲率半径r。

物量表征采用除形成机理和几何表征外的其他物理量对锯齿形切屑进行分析，包括动态表征和静态表征。动态表征是指锯齿形切屑形成过程中各物理量的动态变化，包含切屑力、切削热、塑性应变和应变率等。切削力的变化包括加工过程中切削力大小的变化以及单个锯齿形切屑形成过程中切削力的波动。研究表明：高速切削过程中，随着切削速度的增加，切削力略有减小；工件材料越硬，切削力越大；锯齿化程度越大，切削力波动越大。切削热的变化包括加工过程中切屑上最高温度的变化和垂直于剪切带方向温度梯度的变化，研究表明：高速切削钛合金和淬硬模具钢等难加工材料时，刀具和切屑的温度非常高；工件材料沿着剪切带产生剪切滑移形成锯齿形切屑，垂直于剪切带方向温度梯度值非常大。

锯齿形切屑内部的塑性应变分布不均，主要由变形较大的剪切带应变和其他部分变形较小的切屑单元应变两部分构成。高速切削加工过程由于速度非常大，切屑变形区应变率达10^5以上，发生在剪切滑移带或切屑断裂区域。

静态表征是指锯齿形切屑形成后各物理量的前后变化，包括切屑变形、材料显微硬度和微观金相组织等变化。分析材料的前后变形程度用切屑变形系数表示，其表达式为$\xi=\dfrac{a_c}{a_{ch}}=\dfrac{\cos(\phi-\gamma_0)}{\sin\phi}$，其中$a_{ch}$为切屑厚度，$a_c$为切削深度，$\phi$为剪切角，$\gamma_0$为刀具前角。

锯齿形切屑内部各部分变形不均，绝热剪切带变形较大，切屑单元变形较小。研究发现，锯齿形切屑各部分硬度不均，且有高应变区硬度>低应变区硬度>基本材料硬度，这主要是因为高速切削过程对工件加工表面和切屑产生显著的二次淬火效应。通过观察锯齿形切屑微观组织变化，发现绝热剪切带存在形变带和转变带，形变带区域材料晶粒细化被拉长，而转变带区域材料发生相变，这主要是因为高速切削过程出现绝热剪切效应，在绝热剪切带内材料出现绝热剪切滑移，同时伴随着应变硬化、应变率强化和热软化现象，使材料的微观组织和晶粒结构发生变化。

4.7.2　材料本构参数的仿真分析

采用控制变量法，研究材料本构参数 A 对高速切削锯齿形切屑的影响，具体参数值见表 4.8。保持切削参数和刀具几何结构不变，其中切削速度 153m/min，切削深度 1mm，进给量 1.2mm/r，刀具前角 5°，后角 7°，钝圆半径 0.02mm，刃倾角 0。

表 4.8　材料本构参数取值

本构参数	A					
数值/MPa	800	1000	1200	1500	1766	2000

在工件材料的本构模型中，参数 A 表示材料的初始屈服强度。在其他参数不变的前提下，改变本构参数中参数 A 的值，分别取 800MPa、1000MPa、1200MPa、1500MPa、1766MPa、2000MPa，得到切屑形貌和 Mises 应力云图，如图 4.20 所示。切削力随参数 A 的变化曲线见图 4.21。本构参数 A 对温度和 Mises 应力的影响见图 4.22。分析可知：

（1）由图 4.20 可知，参数 A 的大小影响切屑形貌。当参数 A 由 800MPa 增大到 2000MPa 时，切屑形貌由带状转为锯齿状，且切屑曲率半径减小，更易发生卷曲。

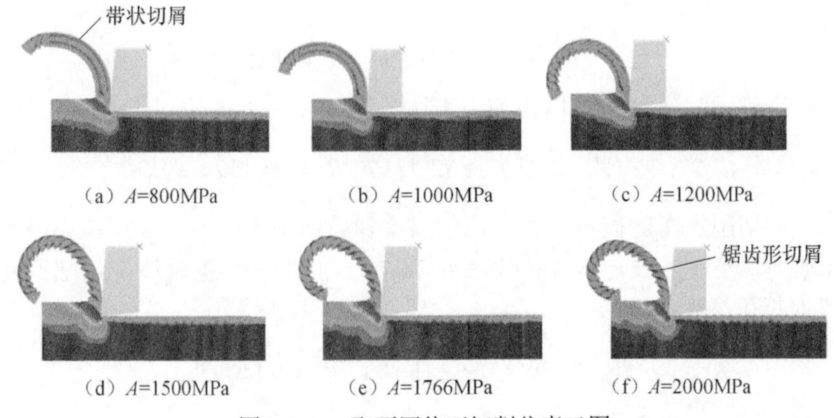

图 4.20　A 取不同值下切削仿真云图

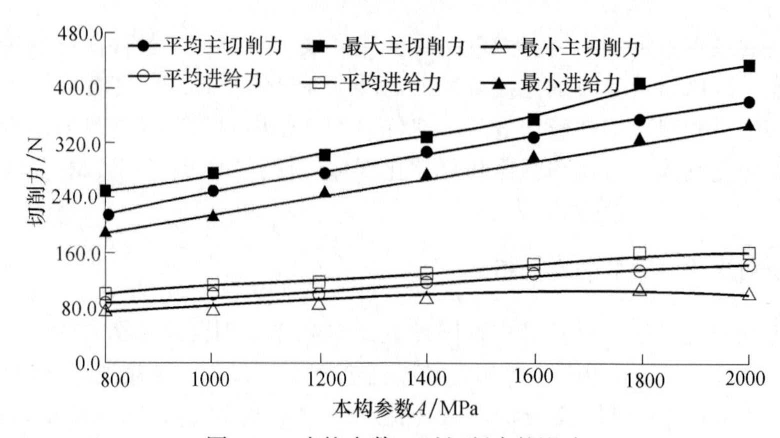

图 4.21　本构参数 A 对切削力的影响

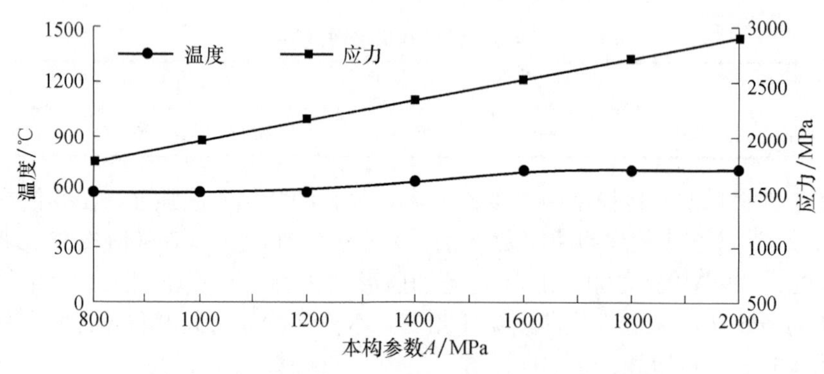

图 4.22　本构参数 A 对切削温度和 Mises 应力的影响

（2）通过获取刀具参考点的作用反力，得到不同本构参数 A 下的相关切削力，见图 4.21。本构参数 A 对主切削力的影响大于进给力，得到平均主切削力与参数 A 线性相关，表达式为

$$F_c^A = 0.1345A + 124.86\text{，}\quad R^2 = 99.93\% \tag{4.37}$$

平均进给力与参数 A 线性相关，表达式为

$$F_f^A = 0.034A + 72.571\text{，}\quad R^2 = 96.1\% \tag{4.38}$$

（3）在切削加工过程中，最大切削温度和剪切带的最大 Mises 应力随参数 A 增大而增大，见图 4.22。本构参数 A 对 Mises 应力影响切削温度，切削温度与参数 A 线性相关，表达式为

$$T^A = 0.1636A + 471.78\text{，}\quad R^2 = 99.6\% \tag{4.39}$$

最大 Mises 应力与参数 A 线性相关，表达式为

$$\sigma^A = 1.1822A + 541.88\text{，}\quad R^2 = 99.94\% \tag{4.40}$$

由以上分析可知：工件材料的硬度值越大，其初始屈服强度越大，材料本构参数 A 也越大；切削加工时产生的切削力越大，切削温度越高；同时切屑形貌越容易出现锯齿形，切屑曲率半径越小，从而导致切屑出现卷曲。

4.8　本章小结

本章对切削过程中工件在切削状态下的材料属性进行了特性分析，对比了各类常用本构模型的优缺点及应用范围；选择 Johnson-Cook 本构模型及其损伤模型进行了针对性研究，并介绍了该本构参数的求解过程。同时，以淬硬钢为研究对象进行了准静态试验和动态力学性能试验，得到该材料相应的真实应力-应变曲线。由于动态力学性能试验成本高，受试验条件等限制，选用有限元手段分析了 Johnson-Cook 本构模型受其常数项影响的敏感性，并解释了模型常数对本构模型的影响规律。研究结果为预测工件材料的本构模型提供了参考和指导。

参考文献

[1] 唐志涛, 刘战强, 艾兴, 等. 金属切削加工热弹塑性大变形有限元理论及关键技术研究[J]. 中国机械工程, 2007, 18(6): 746-751.

[2] 刘战强, 吴继华, 史振宇, 等. 金属切削变形本构方程的研究[J]. 工具技术, 2008, 42(3): 3-9.

[3] 尚福林. 塑性力学基础[M]. 西安: 西安交通大学出版社, 2015.

[4] 刘丽娟. 钛合金修正本构模型在高速铣削中的应用研究[D]. 太原: 太原理工大学硕士学位论文, 2013.

[5] 闫富华, 张喜燕. 动态塑性变形组织演变的研究进展[J]. 材料导报, 2011, 25(1): 116-122.

[6] 赵志业. 金属塑性变形与轧制理论[M]. 2 版. 北京: 冶金工业出版社, 1993.

[7] Johnson G R, Cook W H. Fracture character theistic of three metals subjected to various strains strain rates, temperatures and pressures[J]. Engineering Fracture Mechanics, 1985, 21(3): 31-48.

[8] Zerilli F J, Armstrong R W. Dislocation-mechanics-based constitutive relations for material dynamics calculations[J]. Journal of Applied Physics, 1987, 61(5): 1816-1825.

[9] 宋迎东, 高德平. 评述 B-P 统一弹-粘塑性本构模型[J]. 南京航空航天大学学报, 1997, 29(5): 593-599.

[10] 岳彩旭. 硬态切削过程的有限元仿真与试验研究[D]. 哈尔滨: 哈尔滨理工大学硕士学位论文, 2010.

[11] Fllansbee P S, Kocks U F. A constitutive description of the deformation of copper based on the use of the mechanical threshold stress as an internal state variable[J]. Acta Metal, 1988, 36(1): 81-93.

[12] 杨扬, 曾毅, 汪冰峰. 基于 Johnson-Cook 模型的 TC16 钛合金动态本构关系[J]. 中国有色金属学报, 2008, 18(3): 505-510.

[13] Johnson G R, Cook W H. A constitutive model and data for metals subjected to large strains, high strain rates and high[C]. Proceedings of the 7th International Symposium on Ballistics, New York, 1983, 12(2): 541-547.

[14] 李建光, 施琪, 曹结东. Johnson-Cook 本构方程的参数标定[J]. 兰州理工大学学报, 2012, 38(2): 164-167.

[15] Rice J R, Tracey D M. On the ductile enlargement of voids in triaxial stress fields[J]. Journal of the Mechanics and Physics of Solids, 1969, 17(5): 210-217.

[16] 季玉辉. 基于 Johnson-Cook 模型的硬物损伤数值模拟研究[D]. 南京: 南京航空航天大学硕士学位论文, 2009.

[17] Bridgman P W. Studies in Large Plastic Flow and Fracture[M]. Boston: Harvard University Press, 1952.

[18] 岳彩旭. 模具钢硬态切削过程刀具磨损及表面淬火效应研究[D]. 哈尔滨: 哈尔滨理工大学博士学位论文, 2012.

第5章 Abaqus网格及接触摩擦处理技术

网格处理技术及接触摩擦设置是有限元仿真模型建立的关键，直接关系仿真模型建立的精度、效率以及仿真能否成功。网格划分越细，计算精度就越高，但计算量也会越大。因此，良好的网格划分应兼顾模型的精度和效率。本章主要介绍 Abaqus 网格划分及接触设置的整个流程，并对所涉及的主要内容进行详述。

5.1 网格划分技术

使用 Abaqus/CAE 的 Mesh 模块可以完成以下功能：通过布置种子来控制网格密度；设置单元形状、单元类型、网格划分技术和算法；划分网格；检查网格质量；通过改变种子位置、分割实体、虚拟拓扑、编辑网格等方法来控制单元大小，改善网格质量；将已划分网格的装配件或实体保存为网格部件。

5.1.1 网格种子

通过设置种子，可以控制节点的位置和密度。设置种子有以下两种方式。

1. 设置全局种子

即设定整个部件或实体上的单元尺寸，方法为：对于非独立实体，在 Mesh 模块的主菜单中选择 Seed→Part；对于独立实体，则选择 Seed→Instance。弹出“Global Seeds”对话框，如图 5.1 所示，在 Approximate global size 后面可输入全局的单元尺寸。

2. 设置局部种子

局部种子的具体参数设置情况如图 5.2 所示。

三种方式：①设定单元数目（By number），此分布为均匀分布，如图 5.3 所示；②设定单元大小（By size），此分布为均匀分布；③当设定非均匀分布的单元时，可选中 Use single-bias picking 设置，效果如图 5.4 所示。

设置边上的种子时，在输入单元数目或大小之前，可以单击窗口右下角“Constraints”按钮，弹出 Edge seed constrains，有三种选择，如图 5.5 所示。

（1）种子无约束：划分网格时，边上的节点数目可以超出或少于种子的数目，无约束的种子用圆圈表示。

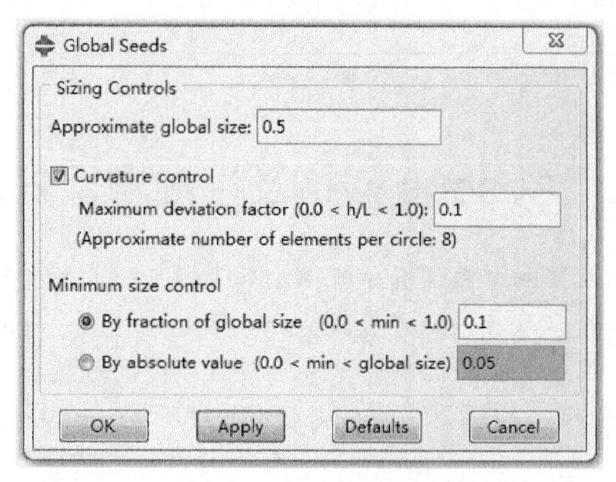

图 5.1　全局种子设置

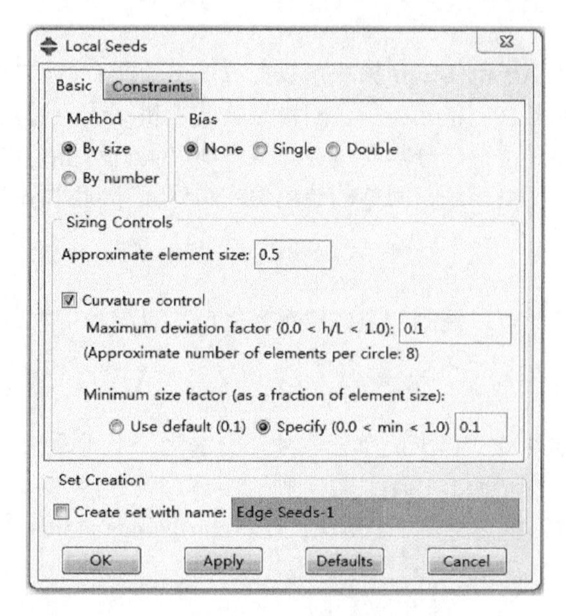

图 5.2　局部种子设置

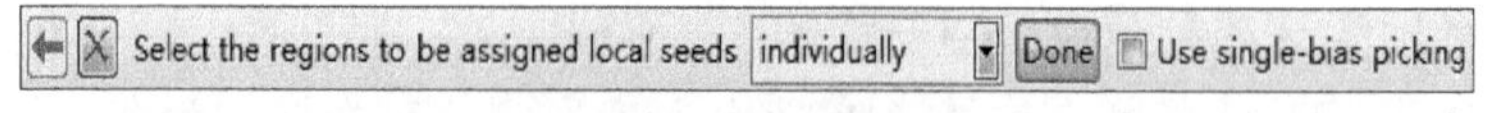

图 5.3　均匀种子设置

（2）种子受部分约束：划分网格时，边上的节点数目可以超出种子的数目，但不能少于种子的数目，受部分约束的种子用三角形表示。

（3）种子受完全约束：划分网格时，边上的节点位置与种子的位置严格吻合，受完全约束的种子用四方形表示。

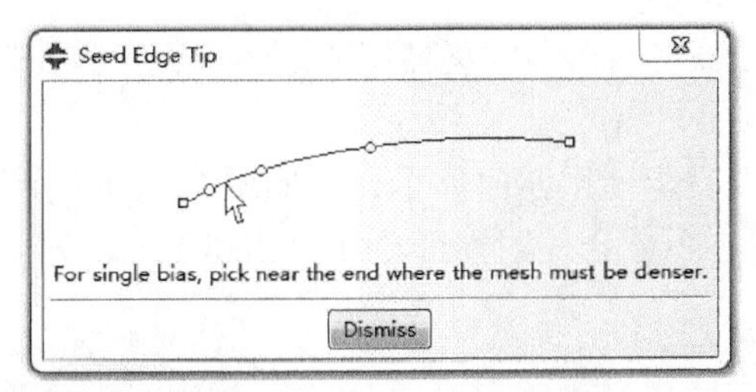

图 5.4　非均匀种子设置

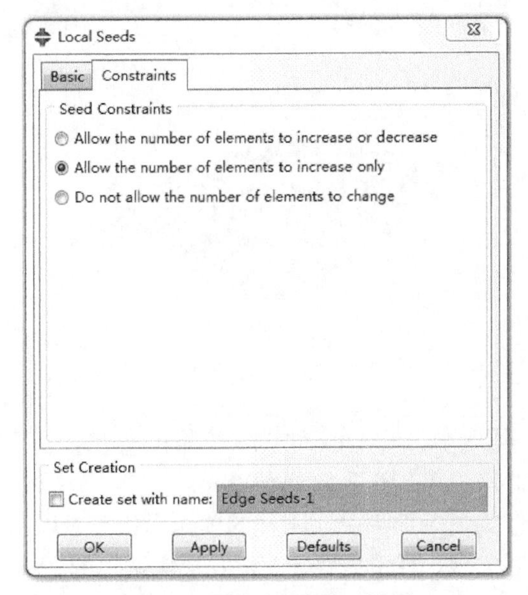

图 5.5　种子受约束情况设置

5.1.2　网格单元

1. 单元形状

对于二维仿真模型，包括以下可供选择的单元形状。

（1）Quad：四边形单元。

（2）Quad-dominated：网格中主要使用四边形单元，但在过渡区域允许出现三角形单元。选择此类型更容易实现从粗网格到细网格的过渡。

（3）Tri：网格中完全使用三角形单元[1]。

对于三维仿真模型，包括以下可供选择的单元形状，如图 5.6 所示。

（1）Hex：网格中完全使用六面体单元，如图 5.6（a）所示。

（2）Hex-dominated：网格中主要使用六面体单元，但在过渡区域允许出现楔形（三棱柱）单元。

（3）Tet：网格中完全使用四面体单元，如图 5.6（b）所示。

（4）Wedge：网格中完全使用楔形单元，如图 5.6（c）所示。

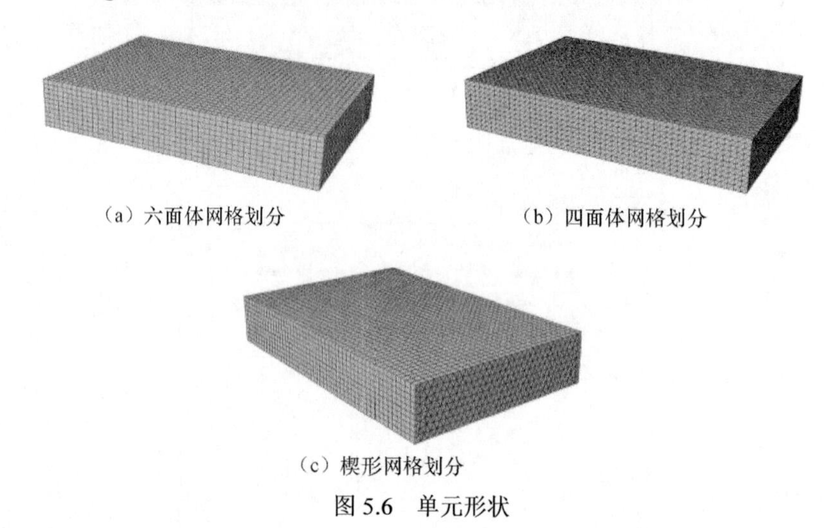

（a）六面体网格划分　　（b）四面体网格划分

（c）楔形网格划分

图 5.6　单元形状

Quad 单元（二维区域）和 Hex 单元（三维区域）可以用较小的计算代价得到较高的精度，因此应尽可能选择这两种单元。

对于几何形状较为复杂的刀具，工件的单元形状一般以四面体为多数，或者通过分割实体的方式实现，图 5.7 为车刀片及球头铣刀的网格划分情况。

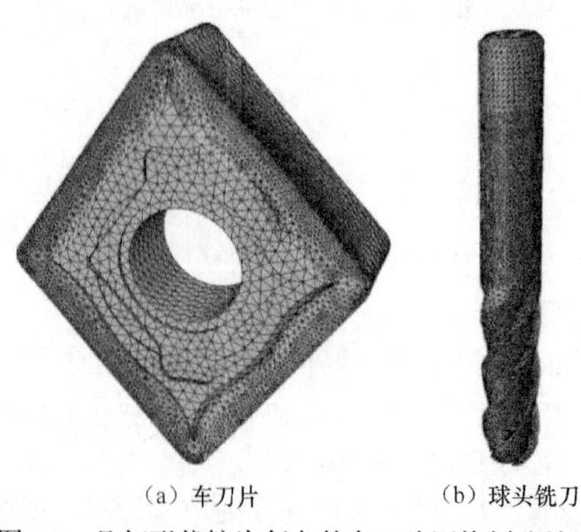

（a）车刀片　　（b）球头铣刀

图 5.7　几何形状较为复杂的车刀片网格划分效果

2. 单元种类

单元种类多达 433 种，共 8 个大类：连续体单元（实体单元）(continuum elements)、壳单元(shell elements)、薄膜单元(membrane)、梁单元(beam elements)、杆单元（truss elements）、刚体单元（rigid elements）、连接单元（springs and dashpots）、无限单元（infinite elements），每一种单元类型都有其各自的适用场合，如图 5.8 所示。

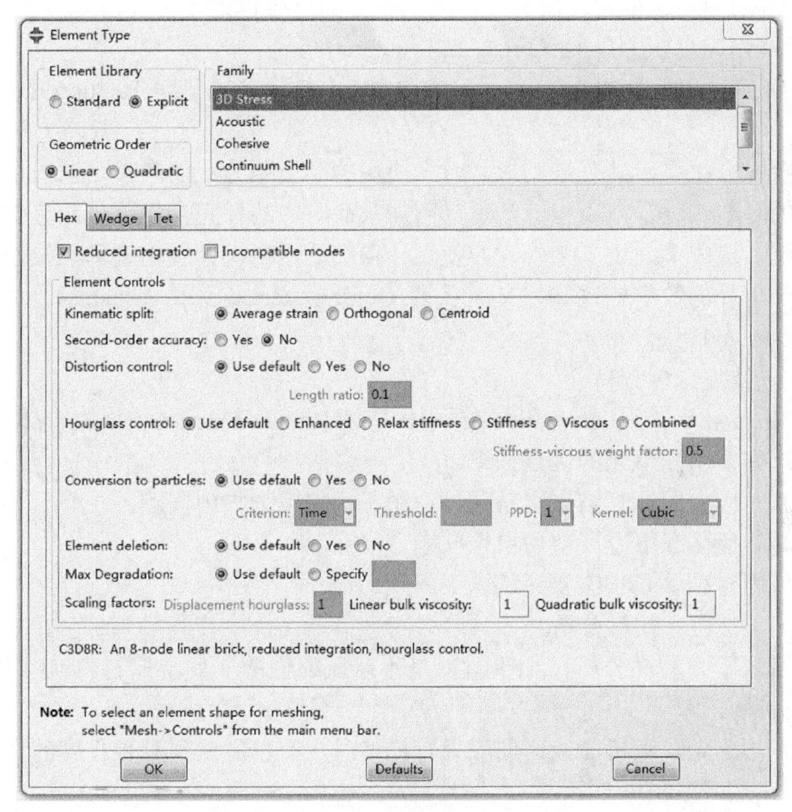

图 5.8　单元种类

本节主要介绍连续体单元（实体单元）。按照节点位移插值的阶数，可以将 Abaqus 单元分为以下三类。

（1）线性单元：又称一阶单元，仅在单元的角点处布置节点，在各方向都采用线性插值。

（2）二次单元：又称二阶单元，在每条边上有中间节点，采用二次插值。

（3）修正的二次单元：只有 Tri 单元和 Tet 单元才有这种类型，即在每条边上有中间节点，并采用修正的二次插值。

单元以积分形式可分为线性完全积分单元、二次完全积分单元、线性减缩积分单元、二次减缩积分单元和非协调模式单元。

Abaqus/Standard 的连续体单元库包括二维和三维的线性单元与二次单元，分别可以采用完全积分或减缩积分，另外还有修正的 Tri 单元和 Tet 单元，以及非协调模式单元和杂交单元[2,3]。

Abaqus/Explicit 的连续单元库包括二维和三维的线性减缩积分单元，以及修正的 Tri 单元和 Tet 单元。没有二次完全积分的连续体单元。

1）线性完全积分单元（linear full-integration）

在 Mesh→Element type→Linear 参数（默认参数）中，取消 Reduced integration 的选择。

完全积分：单元具有规则形状时，所用的高斯积分点的数目足以对单元刚度矩阵中的多项式进行精确积分。承受弯曲载荷时，线性完全积分单元会出现剪切自锁问题，造成单元过于刚硬，即使划分很细的网格，计算精度仍然很差。

关于单元的数学描述和积分，参见 Getting started with Abaqus4.1 “element formulation and integration”。

2）二次完全积分单元

在 Element type→Quadratic 参数中，取消 Reduced integration 的选择。

二次完全积分单元的优点如下。

（1）对应力的计算结果很精确，适用于模拟应力集中问题。

（2）一般情况下没有剪切自锁问题。

但使用这种单元时需要注意以下问题。

（1）不能用于接触分析。

（2）对于弹塑性分析，如果材料是不可压缩性的（如金属材料），则容易产生体积自锁。

（3）当单元发生扭曲或弯曲应力有梯度时，有可能出现某种程度的自锁[4]。

3）线性减缩积分单元

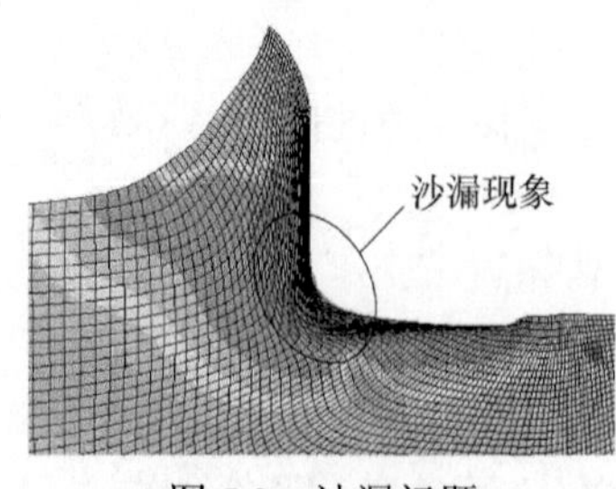

图 5.9　沙漏问题

对于 Quad 单元和 Hex 单元，Abaqus/CAE 默认的单元类型是线性减缩积分单元。

减缩积分单元比普通的完全积分单元在每个方向少用一个积分点。线性减缩积分单元在单元的中心有一个积分点，因存在“沙漏”数值问题而过于柔软，沙漏现象如图 5.9 所示。Abaqus 在线性减缩积分单元中引入了“沙漏刚度”以限制沙漏模式的扩展。模型中的单元越多，这种刚度对沙漏模式的限制越有效。可选沙漏控制参数设置为 Enhanced、Relax stiffness、Stiffness、Viscous 或 Combined。采用线性减缩积分单元模拟承受弯曲载荷的结构时，沿厚度方向上至少应划分四个单元。

线性减缩积分单元有以下优点：

（1）对位移的求解结果较精确。

（2）网格存在扭曲变形时（如 Quad 单元的角度远远大于或小于 90°），分析精度不会受到大的影响。

（3）在弯曲载荷下不容易发生剪切自锁[5]。

线性减缩积分单元的缺点如下：

（1）需要划分较细的网格来克服沙漏问题。

（2）如果希望以应力集中部位的节点应力作为分析指标，则不能选用此类单元，因为线性减缩积分单元只在单元的中心有一个积分点，相当于常应力单元，它在积分点上的应力结果是相对精确的，而经过外插值和平均后得到的节点应力则不精确。

4）二次减缩积分单元

对于 Quad 单元或 Hex 单元，可以在 Element type 中将单元类型设置为二次减缩积分单元。这种单元具有以下特性：

（1）即使不划分很细的网格也不会出现严重的沙漏问题。

（2）即使在复杂应力状态下，对自锁问题也不敏感。

但使用这种单元时应注意以下问题：

（1）不能在接触分析中使用。

（2）不适于大应变问题。

（3）存在与线性减缩积分单元相类似的问题，由于积分点少，得到的节点应力的精度往往低于二次完全积分单元[6]。

5）非协调模式单元（incompatible modes）

对于 Quad 单元或 Hex 单元，可以在 Element type 中将单元类型设置为非协调模式单元，仅在 Abaqus/Standard 中有非协调模式单元，其目的是克服在线性完全积分单元中的剪切自锁问题。这种处理方式的优点如下：

（1）克服了剪切自锁问题，在单元扭曲比较小的情况下，得到的位移和应力结果很精准。

（2）在弯曲问题中，在厚度方向上只需很少的单元就可以得到与二次单元相当的结果，而计算成本明显降低。

（3）使用了增强变形梯度的非协调模式，单元交界处不会重叠或开洞，因此很容易扩展到非线性、有限应变的位移。

需要注意的是，如果所关心部位的单元扭曲比较大，尤其是出现交错扭曲时，分析精度会降低，因为非协调模式单元对网格的扭曲较敏感[7]。

6）Tri 单元和 Tet 单元

对于使用自由网格的二维模型，在 Element type 中选择 Tri。

对于使用自由网格的二维模型，在 Element type 中选择 Tet。

使用二者时应注意以下问题：

（1）线性 Tri 单元和 Tet 单元的精度很差，所以不要在模型中所关心的部位及其附近区域使用。

（2）二次 Tri 单元和 Tet 单元的精度较高，而且能模拟任意的几何形状，但计算代价比 Quad 单元和 Hex 单元大，因此如果模型中能够用 Quad 单元和 Hex 单元，尽量不要使用 Tri 单元和 Tet 单元。

（3）二次 Tet 单元适用于 Abaqus/Standard 中的小位移无接触问题；修正的二次 Tet 单元适于 Abaqus/Explicit 中的大变形和接触问题。

（4）使用自由网格不易通过布置种子来控制实体内部的单元大小。

7）杂交单元（hybrid）

在 Abaqus/Standard 中，每一种实体单元（包括所有减缩积分和非协调模式单元）都有其相应的杂交单元，用于不可压缩材料（泊松比为 0.5）或近似不可压缩材料（泊松比大于 0.475）[8]。橡胶就是一种典型的不可压缩材料。除了平面应力问题，不能用普通单元来模拟不可压缩材料的响应，因为此时单元中的压应力是不确定的。

8）混合使用不同类型的单元

当三维实体几何形状较复杂时，无法在整个实体上使用结构化网格或扫掠网格划分技术，得到 Hex 单元网格。这时，一种常用的做法是对于实体不重要的部分使用自由网格划分技术，生成 Tet 单元网格；而对于所关心的部分采用结构化网格或扫掠网格，生成 Hex 单元网格。在生成这样的网格时，Abaqus 会给出提示信息（提示将生成非协调的网格），在不同单元类型的交界处将自动创建绑定（Tie）约束。

需要注意的是，在不同单元类型网格的交界处，即使单元角部节点是重合的，仍然有可能出现不连续的应力场，而且在交界处的应力可能大幅度地增大。如果在同一实体中混合使用线性和二次单元，也会出现类似的问题。因此，在混合使用不同类型的单元时，应确保其交界处的区域，并仔细检查分析结果是否正确[9]。

对于无法完全采用 Hex 单元网格的实体，还可以使用以下方法。

（1）对整个实体划分 Tet 单元网格，修正的二次单元 C3D10M 同样可以达到所需的精度，只是计算时间较长。

（2）改变实体中不重要部位的几何形状，然后对整个实体采用 Hex 单元网格。

不同单元类型和网格的结果比较如下：

（1）应力集中处的网格细化对于提高应力结果的精度非常重要，对于减缩积分单元尤其如此。

（2）如果所关心的是应力集中部位的应力结果，则尽量不要使用线性减缩积分单元，而应使用二次单元。如果在应力集中部位进行了网格细化，使用二次减缩积分单元与二次完全积分单元得到的应力结果相差不大。

（3）如果能保证模型所关心部位的网格没有大的扭曲，使用非协调模式单元是一种可行的方案。

（4）使用各种单元类型和三种不同网格，得到的位移结果相差不大。

各种网格的适用性如表 5.1 所示。

表 5.1　各种网格的适用性

单元种类	线性完全积分	二次完全积分	线性减缩积分	二次减缩积分	非协调模式单元	修正的二次三角形和四面体单元	杂交单元
单元编号	CPS4 C3D8	CPS8 C3D20	CPS4R C3D8R	CPS8R C3D20R	CPS4I C3D8I	CPS6M CD10M	H
精度	差	应力结果精确	位移结果较精确，节点应力精度低于完全积分	位移结果较精确，节点应力精度低于完全积分	单元扭曲小时，位移和应力结果很精确		
计算时间	少	多	少	多	一般		
细分网格	细	一般	细	一般	一般		
剪切自锁	弯曲载荷有	一般情况下没有	弯曲载荷不容易发生	不敏感	克服了剪切自锁问题		
沙漏			有，Abaqus 引进沙漏刚度、弯曲载荷、细化网格、厚度方向四个单元	不敏感	在弯曲问题上，厚度方向只需很少单元结果，和二次单元相当，但计算成本明显降低		
严重扭曲		可能出现某种程度自锁	很适用，需要细化网络来克服沙漏问题	适用，影响不大	很敏感，精度降低		
接触分析		不能使用		不能使用		适用	
应力集中		适于模拟	不能选用				
弹塑性分析		材料不可压缩，易产生体积自锁					用于模拟不可压缩材料
大应变大变形				不适用		适用	

5.1.3　网格划分技术分类及举例

常用的网格划分技术有四种，如图 5.10 所示。每一种网格划分技术的可行性都以不同的颜色显示，金属切削仿真模型中复杂的刀具网格常用自由网格方法进行划分，对于几何形状较为简单的工件模型通常以结构化或者扫掠网格法进行划分。

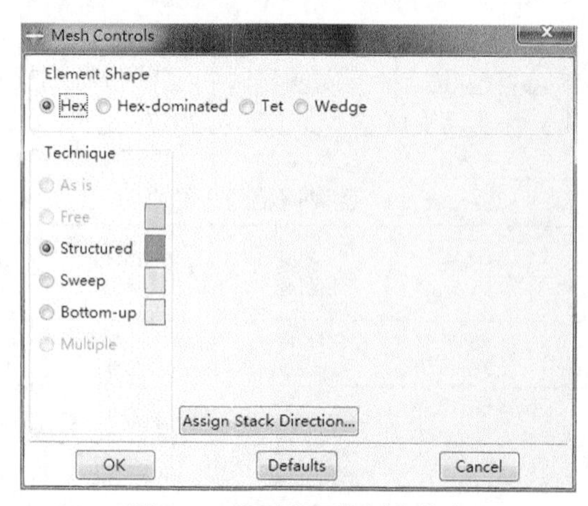

图 5.10　常用的网格划分技术

（1）结构化网格（Structured）划分技术用于几何形状较为规整的几何模型，如长方体、缺角的长方体、三棱柱等，如图 5.11 所示。三维划分的单元形状以六面体、四面体为主，二维以四边形为主。

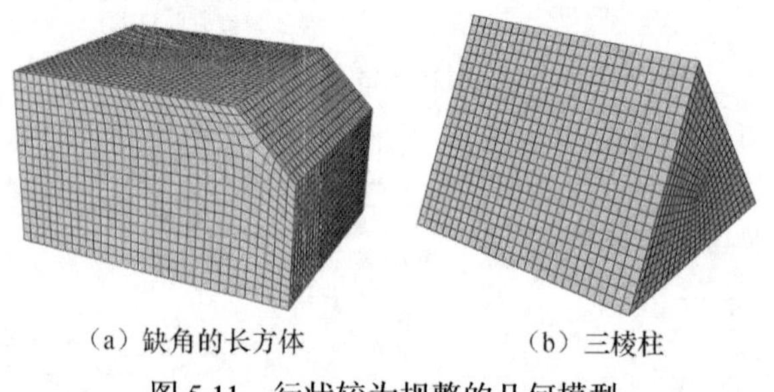

（a）缺角的长方体　　（b）三棱柱

图 5.11　行状较为规整的几何模型

（2）扫掠网格（Sweep）划分方法是由源面（边）、扫掠路径、连接面（边）、目标面（边）四个要素组成的。其中源面（边）可以由多个面（边）组成，但是相邻面（边）之间的夹角不能过大，过大会导致网格之间产生干涉，过大的概念是相对而言的，可以通过软件的高亮颜色显示来判断该种网格划分方法是否合适。

通过在源面（边）上生成网格，沿扫掠路径，生成整个几何体（形状）的网格，软件可自动生成源面（边）、目标面（边），同时也可以手动设置。三维划分的单元形状以 Hex、Hex-dominated、Wedge 为主，二维划分以 Quad、Quad-dominated 为主，图 5.12 为带有槽型的工件及圆环柱体的网格划分情况。

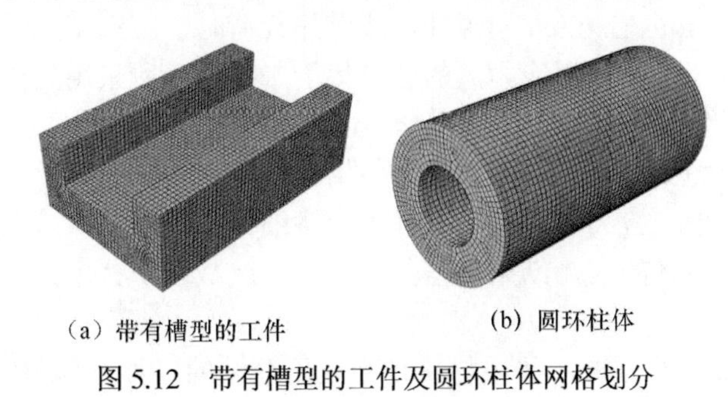

（a）带有槽型的工件　　（b）圆环柱体

图 5.12　带有槽型的工件及圆环柱体网格划分

（3）自由网格（Free）是最为灵活的网格划分技术，几乎可以用于任意的几何形状。采用自由网格的区域显示为粉红色。

自由网格划分技术可以用来划分几何形状复杂的二维单元形状，单元形状包括 Quad、Quad-dominated 和 Tri。三维大部分采用的单元形状为四面体，可以对任何复杂的几何体进行网格划分。

自由网格采用 Tri 单元（二维）和 Tet 单元（三维），一般应选择带内部节点的二次单元来保证精度。结构化网格和扫掠网格一般采用 Quad 单元（二维）和 Hex 单元（三维），分析精度相对较高，因此在划分网格时应尽可能选用这两种划分技术。

如果某区域显示为橙色，表明无法使用目前赋予它的网格划分技术来生成网格。模型的几何形状复杂时，往往不能直接采用结构化网格或扫掠网格。这时可以首先把实体分割（partition）为几个简单的区域，然后划分结构化网格或扫掠网格（分割后细化也可以）[10]。

一般来说，使用自由网格划分技术时，节点的位置会与种子的位置相吻合。使用结构化网格或扫掠网格划分技术时，如果定义了受完全约束的种子，网格划分可能不成功，这时会出现错误信息，可以单击“Yes”按钮，允许 Abaqus 去除对这些种子的约束，从而完成对网格的划分。

选择三维实体单元类型时应遵循以下原则：

（1）对于三维区域，应尽可能采用结构化网格或扫掠网格划分技术，从而得到 Hex 单元网格，减小计算代价，提高计算精度。当几何形状复杂时，也可以在不重要的区域使用少量楔形（Wedge）单元。

（2）如果使用了自由网格划分技术，Tet 单元的类型应选择二次单元。在 Abaqus/Explicit 中应选择修正的 Tet 单元 C3D10M；在 Abaqus/Standard 中可以选择 C3D10，但如果有大的塑性变形，或模型中存在接触而且使用的是默认的“硬”接触关系（“Hard” contact relationship），则也应选择修正的 Tet 单元 C3D10M。

（3）Abaqus 的所有单元可用于动态分析，选取单元的一般原则与静力分析相同。但在使用 Abaqus/Explicit 模拟冲击或爆炸载荷时，应选用线性单元，因为它们具有集中质量公式，模拟应力波的效果优于二次单元所采用的质量公式。

如果求解器使用的是 Abaqus/Standard，需注意以下问题：

（1）对于应力集中问题，尽量不要使用线性减缩积分单元，可使用二次单元来提高精度。如果在应力集中部位进行了网格细化，使用二次减缩积分单元与二次完全积分单元得到的应力结果相差不大，而二次减缩积分单元的计算时间相对较短[11]。

（2）对于弹塑性分析，如果材料是不可压缩性的（如金属材料），则不能使用二次完全积分单元，构造出现体积自锁问题，也不要使用二次 Tri 单元和 Tet 单元。推荐使用的是修正的二次 Tri 单元和 Tet 单元、非协调模式单元，以及线性减缩积分单元，如果使用二次减缩积分单元，当应变超过 20%～40% 时要划分足够密的网格。

（3）如果模型中存在接触或大的扭曲变形，则应使用线性 Quad 单元或 Hex 单元，以及修正的二次 Tri 单元或 Tet 单元，而不能使用其他的二次单元。

（4）对于以弯曲为主的问题，如果能够保证在所关心部位的单元扭曲较小，使用非协调模式单元（如 C3D8I）可以得到非常精确的结果。

（5）除了平面应力问题，如果材料是完全不可压缩的（如橡胶材料），则应使用杂交单元；在某些情况下，对于近似不可压缩材料也应使用杂交单元。

线性 Tri 单元和 Tet 单元的精度很差，二次 Tet 单元（C3D10）适于 Abaqus/Standard 中的小位移无接触问题，修正的二次 Tet 单元（C3D10M）适于 Abaqus/Explicit，以及 Abaqus/Standard 中的大变形和接触问题。

单元的五个特征（特性），即①Family；②Degree of freedom；③Number of nodes；④Formulation；⑤Integration。

5.1.4 网格划分问题处理

通过 Mesh→Verify 对所划分的网格质量进行检查，网格划分错误部分以粉色高亮显示，警告部分以黄色高亮显示，如图 5.13 所示。

以进行过预切处理的工件几何模型为例，对其进行网格划分的过程中产生的网格质量问题进行详述，并提出相应的解决措施。

例如，利用 UG 建立了做出预切的工件几何模型，与刀具接触部分进行了网格加密划分，得到如图 5.14（a）所示的网格。经网格质量的检查发现，未加密部

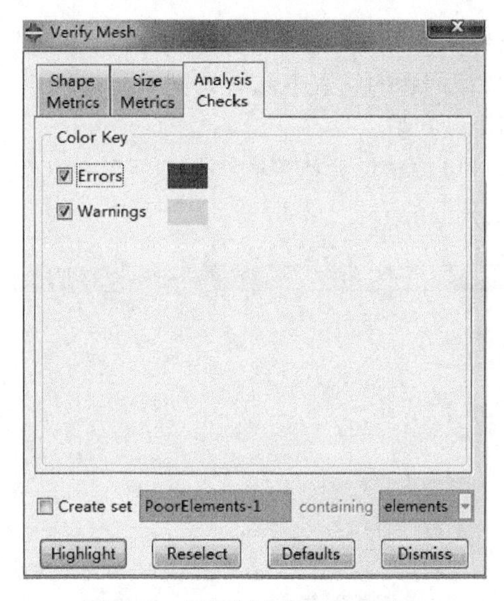

图 5.13　网格划分错误显示窗口

分网格质量出现警告信息，发现出现警告信息部分的网格虽然还是六边形，但其各个边的长度不协调。通过改变网格划分的算法，如图 5.14（b），解决了这一问题，最终划分出没有质量问题的网格，如图 5.14（c）所示。

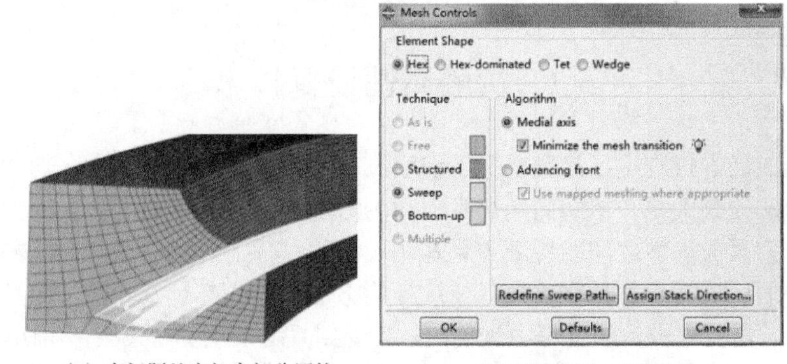

（a）有问题的未加密部分网格　　（b）调整了Hex网格算法

（c）没有质量问题的网格

图 5.14　已预切的工件网格划分

若网格被拉伸很长还没有发生断裂，甚至发生“刀具对工件视而不见”的现象，将导致运行终止。该问题的解决方法有调试单元格尺寸、调整刀尖圆弧半径、调整单元尖角、调整接触间隙。

如图 5.15 所示，可以调整单元格形式中的变形程度（Distortion control）以及单元失效值（Max Degradation）。

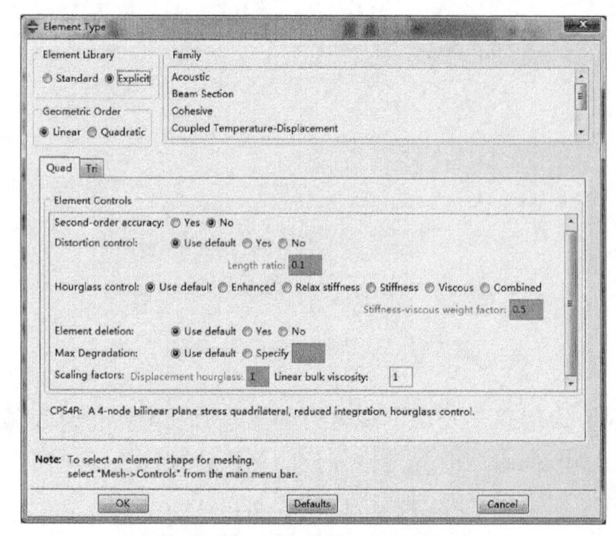

图 5.15　调整单元格形式

5.2　接触属性设置技术

在金属切削过程中，接触定义了切削过程中主面与从面在法向、切向以及传热等方面的接触关系。接触问题是生产和生活中普遍存在的问题，实际的金属切削加工中刀具与工件之间的接触关系是非线性的，接触界面的非线性主要来源于：接触界面的区域大小和相互位置以及接触状态不仅事先都是未知的，而且是随时间变化的，需要在求解的过程中来确定，其受到几何形状、约束条件、切削参数、材料属性等多方面的影响[12]。因此，在建立刀具与工件之间的接触关系时要全面考虑以上影响因素，准确地定义接触面、设置接触对、选择接触属性，接触属性中切向摩擦模型的设置对仿真结果的准确性影响比较大。

5.2.1　定义接触面

在真正建立接触关系之前，需要做一部分的准备工作：建立面、建立集，这里所建立的面、集为在金属切削加工过程中会发生接触的面、集，以便用户在建立接触对时可以准确快捷地选择相关接触部分[13]。在二维切削模拟过程中，通常建立发生接触的刀具及工件的面；在三维切削模拟过程中，通常建立刀具的整体几何表面以及工件切屑部分的节点集。图 5.16（a）为建立面的界面，图 5.16（b）为建立集的界面。其中面的类型有两种：几何和网格，集的类型有三种，即几何、节点和单元。

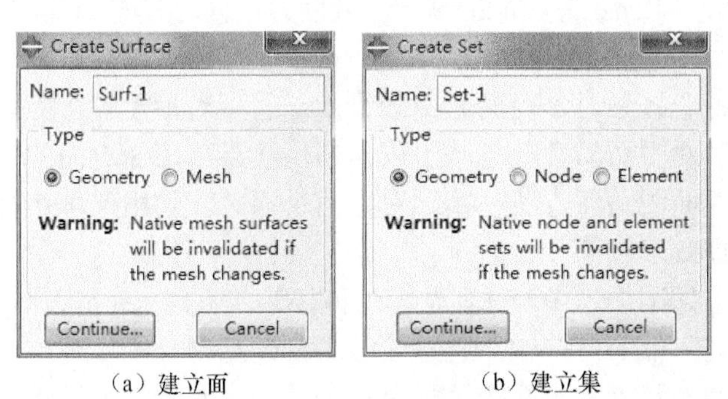

（a）建立面　　（b）建立集

图 5.16　建立面、集的界面

图 5.17 为所建立的二维正交切削模型中以几何类型建立的刀具及工件的接触面，其中可以设置一个面也可以设置多个面，这需要根据实际情况具体分析，且在刀具及工件几何形状较为简单时直接利用几何类型来设置面比用网格类型来设置面更为便捷。

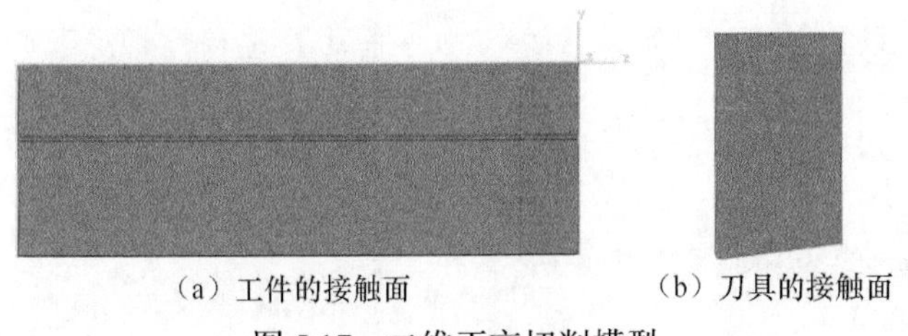

（a）工件的接触面　　（b）刀具的接触面

图 5.17　二维正交切削模型

图 5.18 为所建立的三维斜角切削中以几何类型建立刀具的所有表面。图 5.19 为以节点类型建立的工件待切削部分。从图中可以看出，在三维切削过程中，刀具与工件的接触不单纯是面与面之间的关系，图中体现的便是刀具表面与工件内部节点之间将发生相应的接触关系。

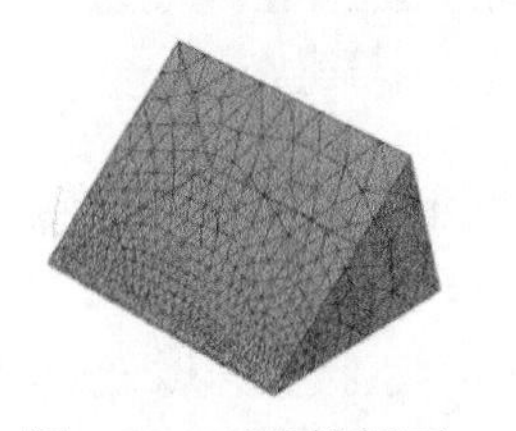

图 5.18　刀具接触面

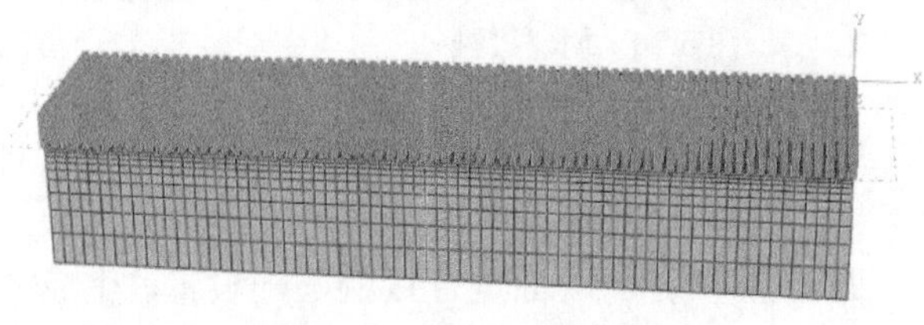

图 5.19　工件待切削接触面

5.2.2　设置接触对

在金属切削过程中，接触对定义了切削过程中将会发生接触的主面与从面以及二者间的接触方法和滑移形式等内容。其中接触对的设置方式一般有两种，可以选择通用接触（General conduct），也可以通过同时设置面面接触（Surface-to-surface contact）和自接触（Self-contact）来设置接触对。其中通用接触可以通过界面统一定义各个接触对，而面面接触只能一对一对地设置接触对，二者较为显著的区别是接触对中面的离散方法不同，通用接触采用面对面的离散方法，而接触对则采用点对面的离散方法。接触对为两个面时，使用两种接触方法均可，其中面面接触计算效率较高。

在金属稳态切削加工中，一般设置两种接触关系，一种是刀具与工件的接触，另一种是工件与工件的自接触，通过接触对的建立来分别实现这两种关系。下面分别以通用接触设置以及面面接触与自接触结合这两种接触设置来建立接触对。

1. 通用接触

第一步，在创建接触中选择通用接触类型，如图 5.20 所示；

第二步，勾选选择接触对（Selected surface pairs）并进入编辑模式，如图 5.21 所示；

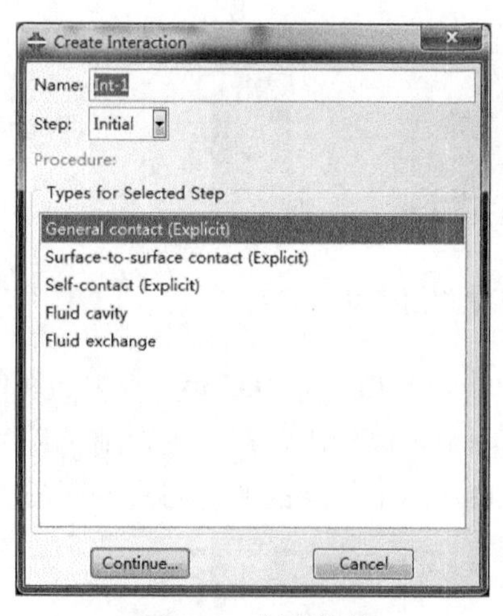

图 5.20　创建接触

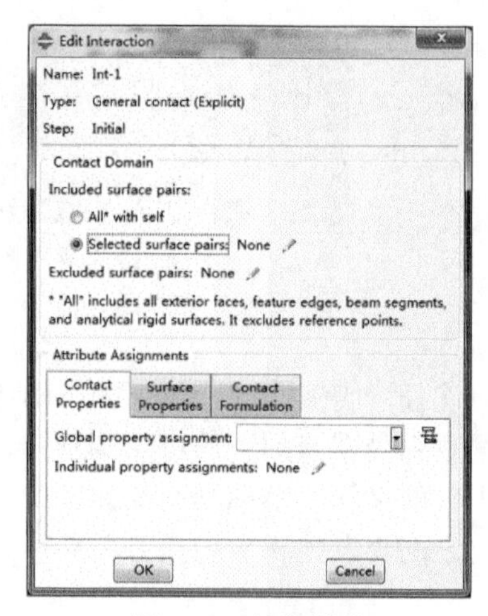

图 5.21　编辑模式

第三步，之前设置的面在这里便可以显示出来，或者可以新建面，如图 5.22 所示；

第四步，将所建立的面进行接触匹配设置，生成一个刀-工接触，以及一个工件与工件的自接触，如图 5.23 所示；

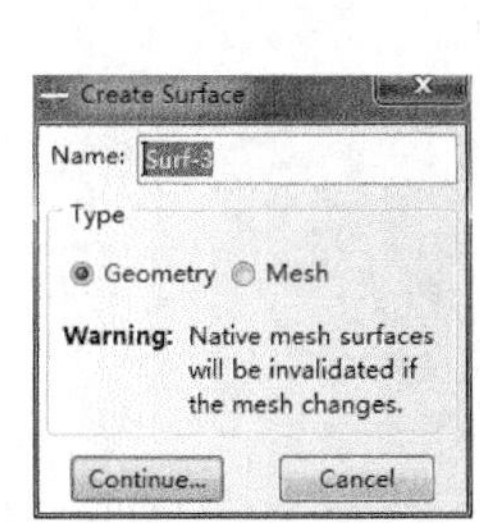

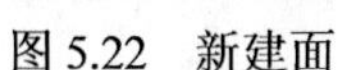
图 5.22　新建面

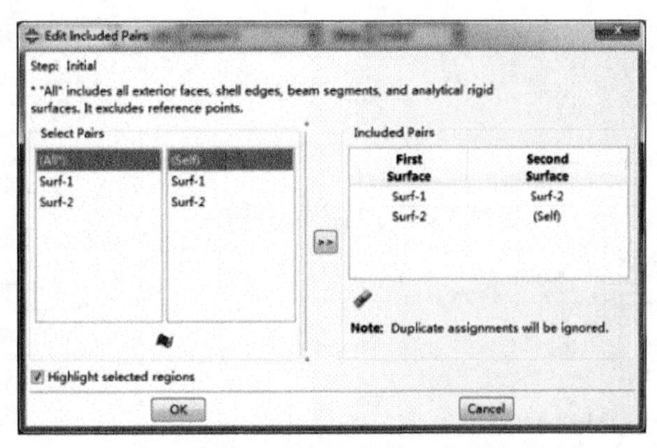

图 5.23　接触匹配设置

2. 面面接触与自接触结合

第一步，在创建接触中选择面对面接触类型，如图 5.24 所示；
第二步，建立主面和从面，如图 5.25 所示；

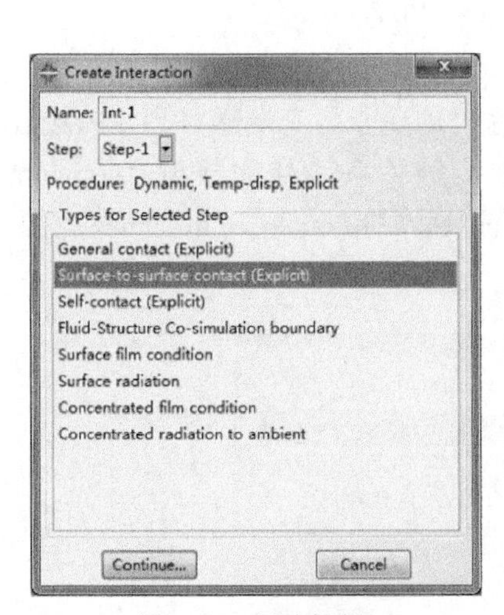

图 5.24　创建接触

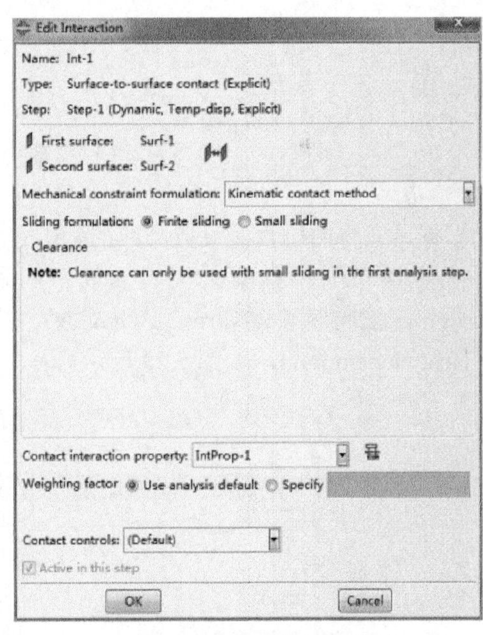

图 5.25　建立主面和从面

第三步，选择接触算法、滑移方式、接触属性，如图 5.26 所示；
第四步，在创建接触中选择自接触类型，如图 5.27 所示；
第五步，建立自接触的接触面；

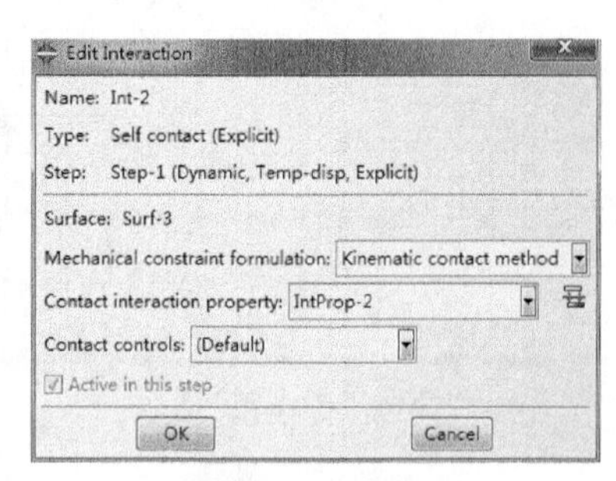

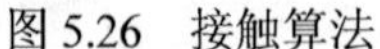
图 5.26　接触算法

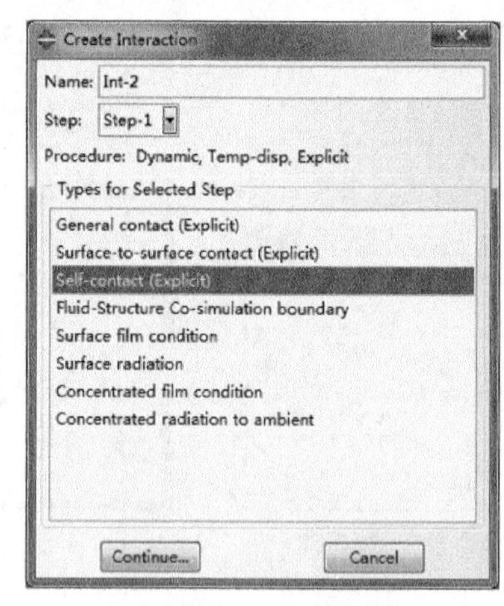

图 5.27　自接触

第六步，选择机械约束、接触属性。

接触关系有两种计算方法：运动学接触算法（kinematic contact method）或罚函数接触算法（penalty contact method），两种滑移方式：有限滑移（finite sliding）和小滑移（small sliding），其中金属切削加工中一般选择运动学接触算法和有限滑移。

5.3　接触属性

根据所建立的接触对设置相应的基础关系，即赋予各个接触对具体的接触属性，在金属切削过程中主要建立以下四种接触关系：切向接触（Tangential Behavior）、法向接触（Normal Behavior）、热传递（Thermal Conductance）、热生成（Heat Generation），如图 5.28 所示。

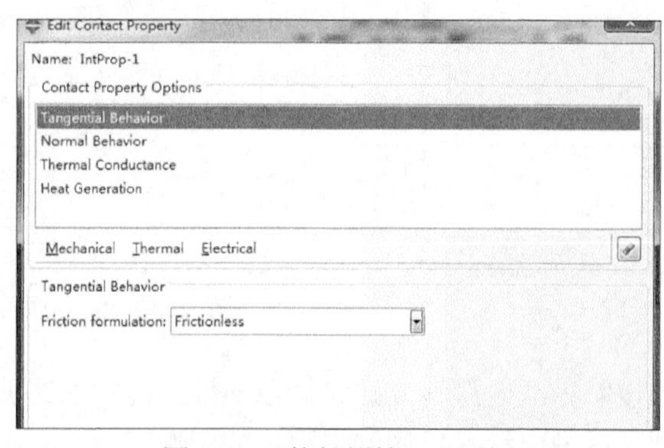

图 5.28 “接触属性”对话框

5.3.1　切向接触

切向接触的摩擦形式有多种，可以定义接触面之间无摩擦、罚值、粗糙、修正的拉格朗日算法等，在金属切削过程中，通过罚值来设置摩擦系数较为有效和便捷，如图 5.29 所示。

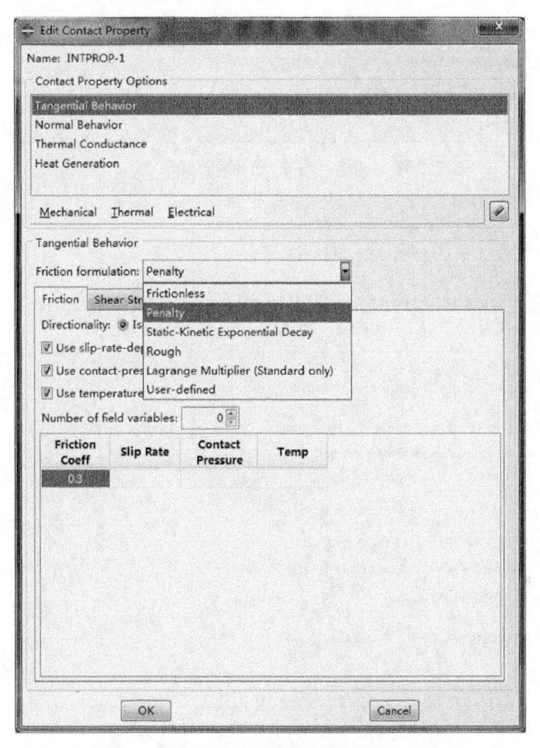

图 5.29　罚值的设置

在切向接触中设置摩擦系数(Friction Coeff)，这里可以输入随温度(热分析)、接触应力等物理量变化的摩擦系数。

软件计算是默认当摩擦力小于极限剪切力时，接触面间呈黏结状态；当摩擦力大于极限剪切力之后，接触面之间呈相对滑动状态。

库伦（Coulomb）摩擦模型：

$$\tau_{\mathrm{f}} = \mu p \tag{5.1}$$

式中，τ_{f} 为摩擦应力；μ 为摩擦系数；p 为正压力。

摩擦系数可以设置为随剪切速率、接触面压力、温度物理量变化。

摩擦系数随着刀具和工件材料及切削条件的变化而发生变化，一般通过试验法及仿真法的结合来获得准确的摩擦系数。

5.3.2　法向接触

法向接触一般默认为“硬”接触，刀具与工件之间有间隙则不会产生法向压力，若二者发生挤压则会产生法向压力，此时在软件中将法向接触关系设置为“硬”接触以避免计算中可能出现的穿透现象，如图 5.30 所示。

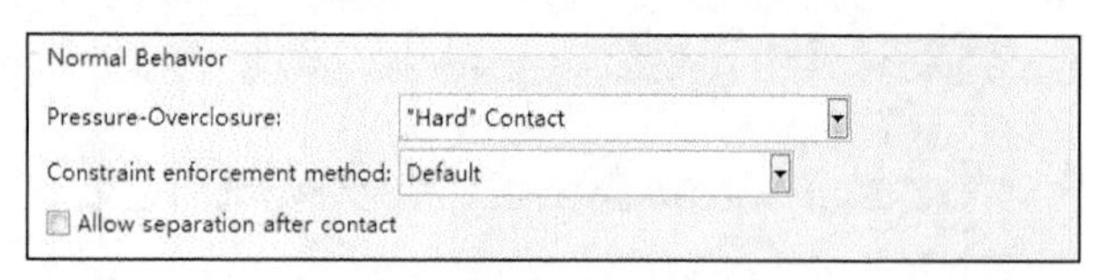

图 5.30　法向接触关系设置

5.3.3　热传递

设置导热系数（Conductance）和相应的容差（Clearance），如图 5.31 所示。

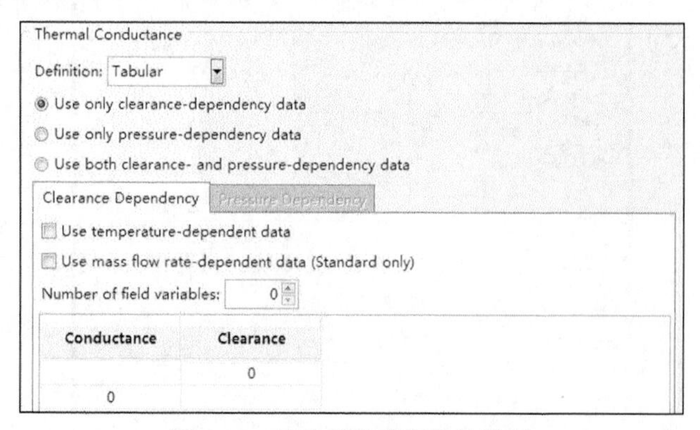

图 5.31　导热系数及容差的设置

5.3.4　热生成

设置摩擦生热的比例以及热量传递到工件上的比例，如图 5.32 所示。

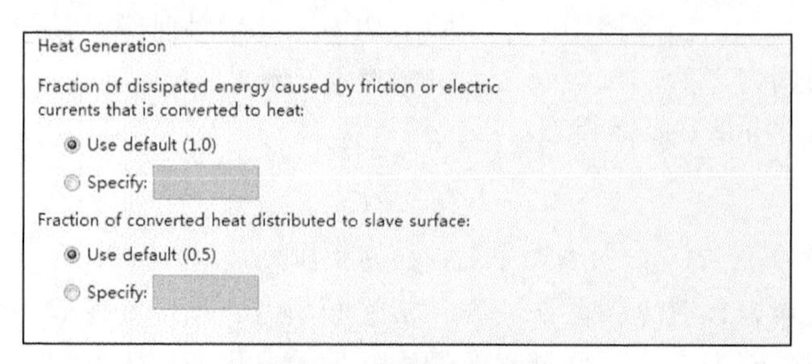

图 5.32　热量比的设置

5.4 刚 体 约 束

在金属切削过程中，由于刀具的硬度、强度远高于工件，常将刀具设置为刚体以提高仿真效率。

设置刀具为刚体之前，首先建立刀具的参考点，在 Tools 选项卡中建立刀具参考点（一般居中）并以几何类型建立刀具集，在建立刀具集时直接选中所建立的刀具参考点即可，如图 5.33 所示。

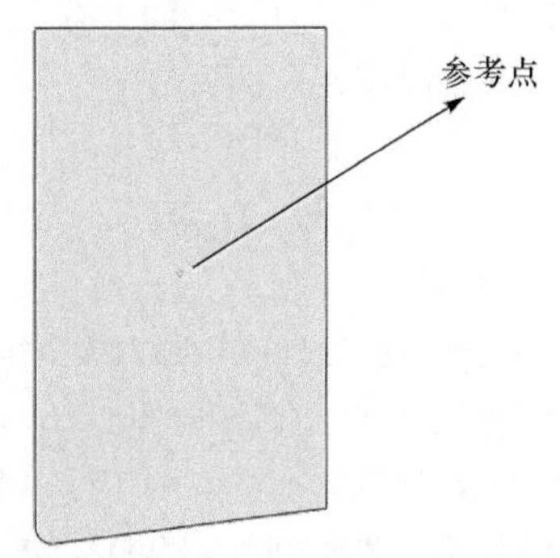

图 5.33 刀具参考点的选取

在接触关系设置的创建约束中将刀具设置为刚体，如图 5.34 所示。在编辑界面中选择所建立的集和参考点即可完成刀具的刚体设置，如图 5.35 所示。

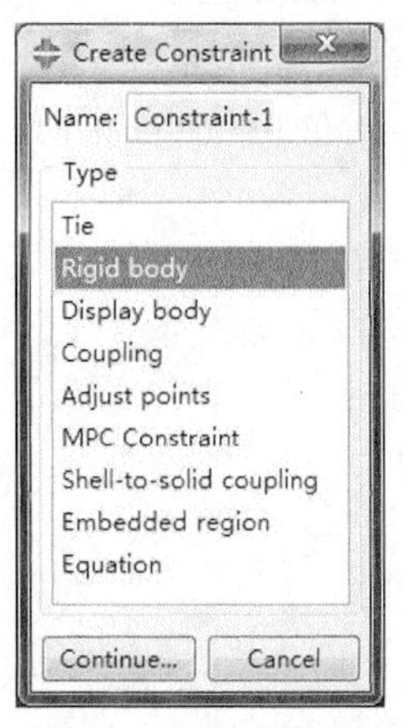

图 5.34 刀具设置为刚体

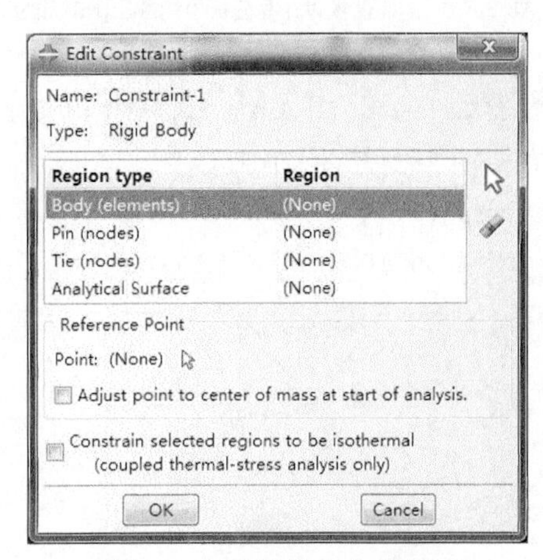

图 5.35 选择集和参考点

5.5 本 章 小 结

本章主要介绍了网格及接触摩擦处理技术，其中网格划分部分主要从四个方面进行阐述，首先是网格种子的两种设置方式，其次是网格单元的介绍，这部分分别从单元形状、单元种类进行详述，单元种类按照节点位移插值的阶数分为三类，在此基础上又进行了具体分类，并给出了相应的优缺点及其注意事项，还对网格划分常见问题及处理方法进行了阐述。对刀具与工件间接触对的设置（包括定义接触面和接触对）以及对接触属性中的法向、切向及热力学层面进行了叙述，并对刀具的刚体设置给出了详细说明。

参 考 文 献

[1] 孙戬. 多尺度下裂纹断裂过程区力学特性分析[D]. 西安: 西安科技大学硕士学位论文, 2009.
[2] 刘展. Abaqus6.6 基础教程与实例详解[M]. 北京: 中国水利水电出版社, 2008.
[3] 陈芳. 两级行星滚柱丝杠传动设计与精确度研究[D]. 南京: 南京理工大学硕士学位论文, 2009.
[4] 焦柯. 复杂建筑结构计算分析方法及工程应用[M]. 北京: 中国城市出版社, 2013.
[5] 孙超, 郭翔, 周勇, 等. 混凝土随机损伤本构关系的数值模拟研究[J]. 华中科技大学学报(城市科学版), 2008, 25(4): 276-279.
[6] 费康, 张建伟. Abaqus 在岩土工程中的应用[M]. 北京: 中国水利水电出版社, 2010.
[7] 张超. Abaqus 在 LNG 储罐设计与分析中的应用[M]. 北京: 北京理工大学出版社, 2015.
[8] 韩龙, 陈雄, 许进升, 等. 基于细观模型的复合推进剂宏观松弛行为[J]. 固体火箭技术, 2017, 40(1): 52-59.
[9] 徐金蓓. 混凝土核心筒改善抗震性能的试验研究[D]. 北京: 北京工业大学硕士学位论文, 2013.
[10] 李文亮. 高等级耐热钢焊接接头的蠕变损伤研究[D]. 天津: 天津大学硕士学位论文, 2008.
[11] 石亦平, 周玉蓉. Abaqus 有限元分析实例详解[M]. 北京: 机械工业出版社, 2006.
[12] 岳彩旭. 硬态切削过程的有限元仿真与实验研究[D]. 哈尔滨: 哈尔滨理工大学硕士学位论文, 2010.
[13] 赵腾伦. Abaqus6.6 在机械工程中的应用[M]. 北京: 中国水利水电出版社, 2007.

第6章　基于Abaqus的稳态切削过程仿真

金属成形过程的计算机模拟一直是机械制造领域比较关注的研究方向。一个成功的模拟过程在理论研究上对于分析金属切削的内部机理如切削力、材料应力、材料应变、热场分布以及切屑的形状等都有很好的帮助，在实际应用场合中对研究材料切削性能、机床的功率、刀具的优化以及寿命预测也有很好的辅助作用。本章以PCBN刀具切削加工淬硬钢GCr15为例，利用Abaqus的自适应网格功能建立稳态切削过程模型，对切屑的形成、切削力与切削温度、应力场进行分析，研究不同刀具前角及刃口半径对切削力的影响，并对仿真结果进行试验验证。

6.1　二维稳态切削过程仿真

6.1.1　仿真模型的转化

在直角正交切削过程中，刀具和工件之间的相对运动是恒定的，也就是说，如果假设工件的材料是均匀的，则在每一时刻，刀具切除材料的状态是相同的。从主运动的方向来看，在平行于基面的平面上，被切除的工件材料截面是一个矩形，根据有限元的离散思想，就可以把工件看成许多这样的矩形截面片的叠加，也就相当于把工件外表面的被切削层展开。同样的，在切削深度的方向上，只有一条切削刃参加切削，而且切削刃上的各个点都是等效的。因此，可以把三维的六面体单元简化为具有一个厚度参数的四边形平面单元来处理，从而把比较复杂的三维问题转化为比较简单的二维平面问题，如图6.1所示。在这个二维问题中，工件和刀具之间的运动是相对的，而刀具在这里被假设为刚体。由于没有变形的影响，在场量的传递和转换中，刀具计算起来要比工件简单得多。因此，在工件的下表面施加全约束，把工件的旋转运动转化为刀具沿着主运动方向的直线运动[1-3]。

6.1.2　有限元仿真模型的建立

1. 材料参数

工件材料为淬硬钢GCr15，淬硬钢GCr15是典型的耐磨和难加工材料，这类工件经淬火处理后硬度高达50～65HRC。由于其具有较高的机械强度和抗疲劳磨

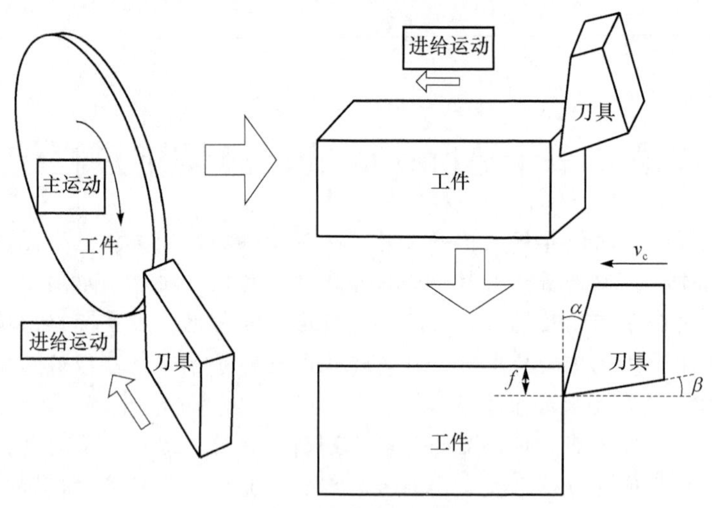

图 6.1　仿真模型的转化

损能力，所以被广泛应用于轴承、汽车、模具等工业领域。在淬硬钢的切削过程中，由于其脆性大，切削时切屑与刀刃接触短，切削力和切削热集中在刀具刃口附近，易使刀刃崩碎和磨损。因此，正确选用刀具材料是保证高效率加工淬硬钢的决定因素。根据淬硬钢的切削特点，刀具材料应具备足够的强度、韧性、高硬度和高耐磨性，所以本章刀具选用 PCBN 刀具，淬硬钢 GCr15 材料热力学参数如表 6.1～表 6.3 所示，PCBN 刀具热力学参数如表 6.4 所示。

表 6.1　GCr15 物理性能[4]

密度 ρ/(kg/m^3)	弹性模量 E/GPa	比热容/(J/(kg·K))	泊松比 μ
7800	212	100	0.3

表 6.2　GCr15 热传导率及热膨胀系数

θ/℃	20	100	200	300	400	500	600	1500
λ/(W/(m·℃))	39.6	41.6	41.8	40.3	38.2	36	33.6	33.6
α/(10^{-6}K^{-1})	11.5	12.1	12.7	13.2	13.6	14	14.4	14.4

表 6.3　Johnson-Cook 本构方程参数

A/MPa	B/MPa	C	n	m	T_{melt}/K	T_0/K
1204	1208	0.036	0.12	0.89	1457	1000

表 6.4　PCBN 热力学参数

材料	密度 ρ/(kg/m^3)	弹性模量 E/GPa	泊松比 μ	线膨胀系数 α/(10^{-6}K^{-1})	热导率 λ/(W/(m·℃))	比热容 /(J/(kg·K))
PCBN	4000	650	0.2	3.0	80	650

2. 有限元仿真模型

由于切削层厚度远小于工件宽度，在金属切削过程中可以认为工件处于平面应变状态。切削过程中，由于刀具的硬度比工件的硬度高许多，所以在建模时，将刀具看作刚体，这与实际的切削过程是相符合的[5]。刀具材料的变形按弹性计算，而工件材料的变形按弹塑性计算。所以，工件采用大应变弹塑性单元进行弹塑性分析，刀具采用弹性单元只进行弹性分析。考虑到前刀面与切屑以及后刀面与工件之间存在摩擦，且摩擦类型因刀面上各个点所受的等效剪应力而异，因此在各接触对上采用目标单元和接触单元来模拟接触并控制摩擦类型[6]。

工件和刀具的有限元网格模型如图 6.2 所示。工件的参数为：长 4mm，宽 1mm。工件材料单位厚度为 1mm。工件初始划分为 4941 个四节点等参平面应变四边形单元，即单元类型为 CEP4R。刀具的参数为：后角 6°，前角 0°，倒圆半径为 0.03mm。刀具初始分别划分为 178 个四节点等参平面应变四边形单元，单元类型和工件的相同。边界条件为：工件下底边界各个方向的位移和左侧边界向左的位移被固定，刀具以一定的速度相对于工件向左运动。同时，设定工件底端以及刀具上端的温度边界条件为 20℃。切削参数为：切削速度为 150m/min；进给量为 0.1mm/r。

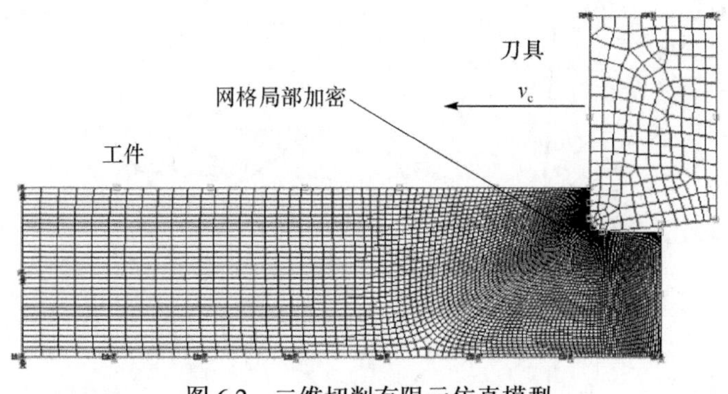

图 6.2　二维切削有限元仿真模型

6.1.3　切屑的形成过程

随着刀具自右向左运动，在切削过程中切屑与工件在刀具的作用下分离，直至形成切屑，如图 6.3 所示。在切削形成的仿真结果中，可以得到切削过程温度和应力的变化历程。由于切削速度相对较小，还没有形成绝热剪切效应，所以切屑的形状为带状切屑[7]。对仿真结果进行分析，还可以得到此切削条件下的剪切角为 32°。

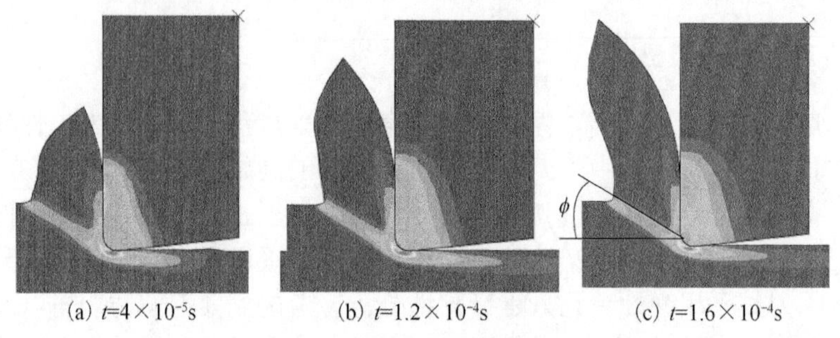

(a) $t=4\times10^{-5}$s　(b) $t=1.2\times10^{-4}$s　(c) $t=1.6\times10^{-4}$s

图 6.3　切屑的形成过程

6.1.4　应力场分析

在硬态切削中加工后的表面一般会有残余压应力，但是在刀具选择不当时，也会产生残余拉应力。残余压应力有助于提高工件表面的抗疲劳性能，它们是机械载荷和热载荷共同作用的结果[8]。σ_{xx} 与 σ_{yy} 两方向的等效应力也反映了已加工表面的残余应力。若在已加工表面选取一路径提取其表面残余应力，等效应力的变化如图 6.4 所示。仿真结果显示，在工件表层下面，不仅存在残余压应力也存在残余拉应力。应力 σ_{yy} 在工件表层以下很小的区域内的下降梯度要明显大于应力 σ_{xx}，并且两者都呈“勺形”分布，以上分析对实际加工工艺有重要的参考意义。

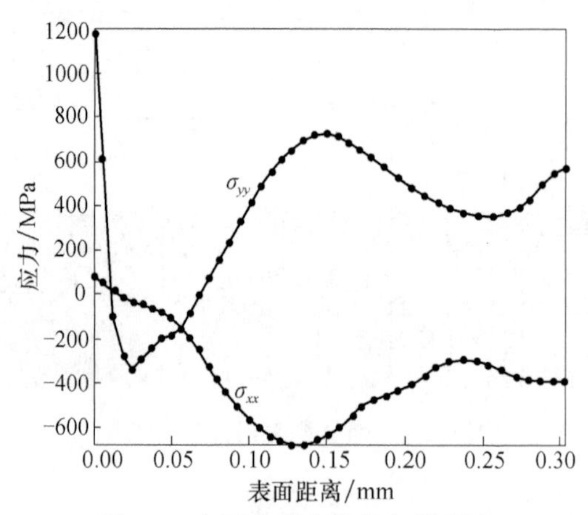

图 6.4　表面残余应力的变化曲线

6.1.5　切削温度分析

对温度场的仿真结果分析：第一变形区和第二变形区的温度在很短时间内达到稳定状态，图 6.5 为切削过程达到稳态时温度场的仿真结果。对仿真结果分析可知，切削区域的最高温度一直处在挤压强度较大的刀具的刀尖和靠近刀尖的前刀面部位。

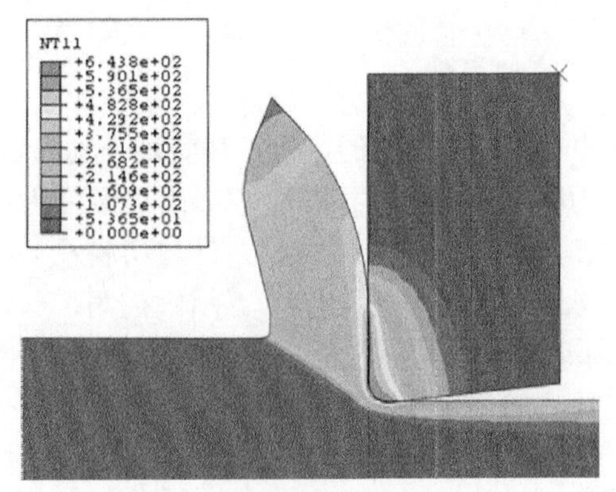

图 6.5　切削温度场（单位：℃）

若对前刀面和后刀面刃口部分的温度进行提取，其变化曲线如图 6.6 所示。对曲线分析可知，前刀面的温度下降程度相对于后刀面要慢，其原因是此部位与切屑的摩擦作用较后刀面更加剧烈，进而导致了导热条件较差，所以温度变化较差[9]。在切削过程极短的时间内生成剧烈的热量可以造成表层组织的变化，因此切削温度的仿真结果为判断工件表面是否发生了变质提供了判据。

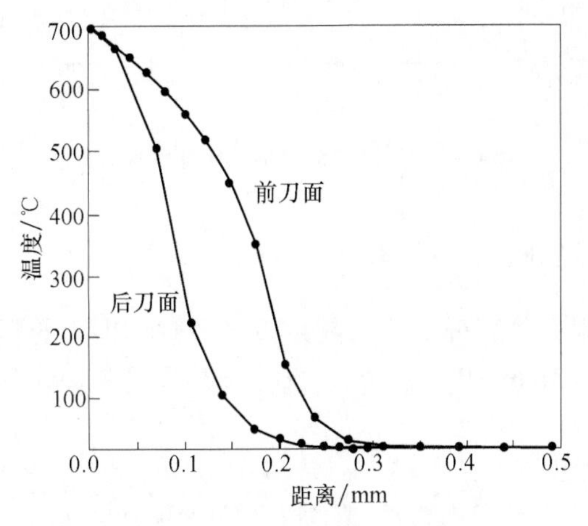

图 6.6　刀具刃口温度变化曲线

6.1.6　不同刀具参数对切削力的影响分析

在研究不同参数对切削力的影响时，设定刀具后角为 10°，工件温度为室温 20℃，刀具和工件的摩擦系数为定值 0.1，仅分析不同刀具前角、刃口半径对切削力的影响。

1. 不同前角对切削力的影响

图 6.7 分析了刀具前角对切削力的影响，其前角分别为 –6°、0° 和 6°，有限元仿真结果显示切削力随着前角增大而减小。原因可解释为切削力主要来源于被加工材料在发生弹性和塑性变形时的抗力和刀具与切屑及工件表面的摩擦作用，前角直接影响切削变形区的塑性变形程度[10]。增大前角，剪切角随着增大，金属塑性变形减小，变形系数减小，切屑沿着前刀面的摩擦力减小，因此切削力减小，上述理论分析结果与仿真的结果基本吻合。

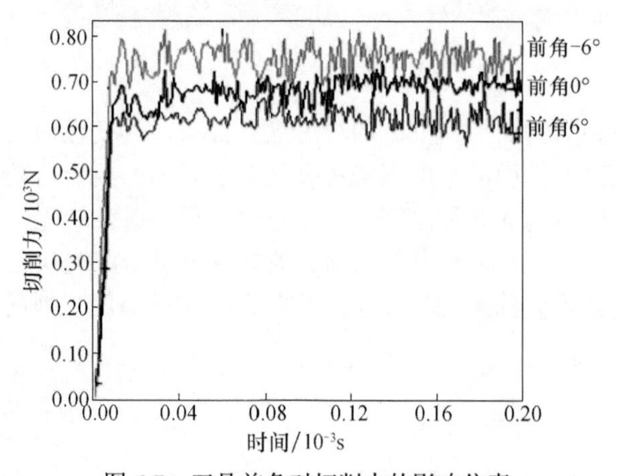

图 6.7　刀具前角对切削力的影响仿真

2. 不同刃口半径对切削力的影响

图 6.8 借助有限元仿真分析了刀具刃口半径对切削力的影响，刀具刃口半径分别为 0.02mm、0.03mm 和 0.04mm，由仿真结果可知，切削力随着刃口半径的

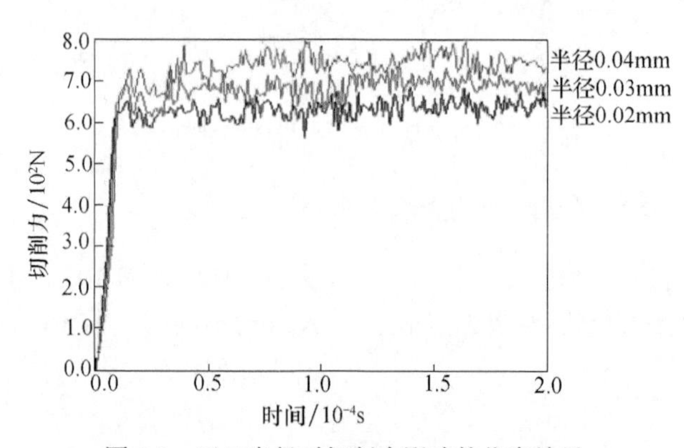

图 6.8　刃口半径对切削力影响的仿真结果

增大而增大。从理论上分析，刀尖圆弧半径增大，切削曲线部分的长度和切削宽度增大，但切削厚度减薄，各点的切削主偏角减小，所以刀尖圆弧增大相当于主偏角减小[11]。另外，切削刃变钝需要更大的力剪切材料，减小的剪切角和增加的切屑厚度导致在变形区形成更大的剪切平面，这也增大了切削力。

6.1.7　仿真结果验证

为了检验有限元模型的正确性，对仿真结果进行了试验验证。图 6.9 为试验现场布局图。切削机床的型号为 CA6140，机床配有变频调速装置，可以进行无级调速。切削力的测量采用 Kistler 9257B 压电式测力仪，通过压电传感器将力转化为电荷信号，输出的电荷信号经配套的电荷放大器放大，并转换为直流电压信号，经中泰 PCI-8335A 进行 A/D 转换，实现数据采集，再通过计算机处理，输出最终测量结果。切削温度的测量采用美国 FLIR 系统的 Thermo Vision A40-M 系列非接触红外热像仪，该仪器以红外图谱的成像方式进行实时动态成像，具有较高的温度分辨率和空间分辨率。

图 6.9　试验现场布局图

对试验结果分析可知，该试验条件下的切屑为带状切屑，与仿真结果一致。图 6.10 为切削速度 v_c=150m/min、进给量 f=0.15mm/r 和切削深度 a_p=5mm 的切削力试验结果，大小为 4000N，若换算到单位切削宽度的条件下，其结果为 800N，与仿真结果相差不大，切削力变化曲线上有毛刺现象，为切削过程中刀具振动的结果。本章又利用试验手段研究了切削条件对切削力的影响，结果显示，随着刀尖圆弧半径的增大切削力呈增大的趋势，但变化不是很明显，并且可以发现当使用尖角刀具时切削力的变化幅度很大，产生很大的振荡力。显然，由于切削刃变钝，需要更大的力剪切材料，另外减小的剪切角和增加的切屑厚度导致在变形区形成更大的剪切平面，也增大了切削力，这与仿真的结果基本吻合。图 6.11 为热像仪得到的切削区域温度分布图，试验结果显示，切削区域中的最高温度为 651℃，与仿真结果基本吻合。

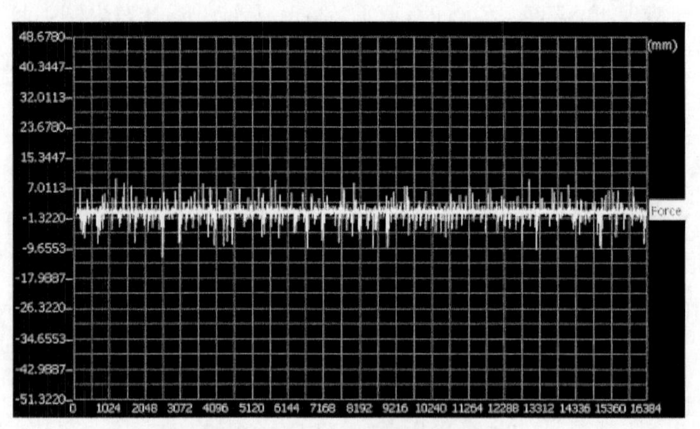

图 6.10　切削力的测量结果

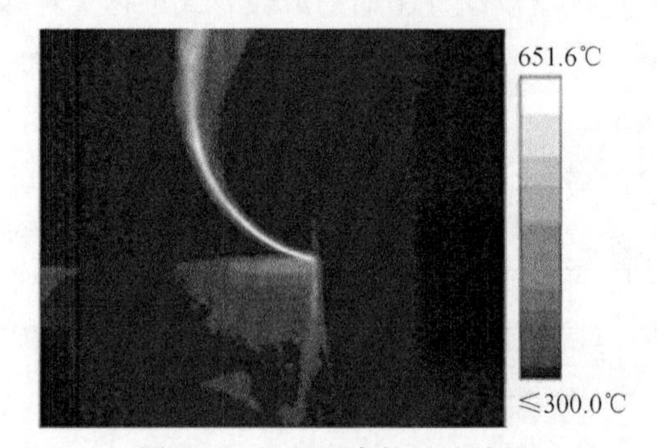

图 6.11　切削温度的试验结果

通过对切削力和切削温度仿真结果与试验结果的比较，得到仿真结果和试验结果有较好的一致性，进而验证了仿真的合理性。

6.2　三维稳态切削过程仿真

切削过程是一个复杂的工艺过程，切削质量受到刀具形状、刀具磨损、切屑流动和温度分布等影响，切削过程一直是国内外研究的难点。仿真技术已经成为工程分析中强有力的分支工具，并在很大程度上推动了切削研究工作的进展[12,13]。但目前大多数切削过程的有限元模拟研究都停留在二维模型的有限元仿真上。在实际切削过程中，绝大多数的切削是非自由切削。为了使数值模拟的结果更加符合实际，对切削过程进行三维模拟是很有必要的，在二维有限元仿真的基础上，对 PCBN 刀具硬态切削淬硬钢 GCr15 的过程进行有限元仿真，在此基础上对仿真结果进行试验验证。

6.2.1 有限元仿真模型的建立

图 6.12 为自由切削状态下的示意图，根据刀具与工件的相对位置和运动关系，建立有限元仿真模型，如图 6.13 所示。模型采用显式方法，其特点是可以在很小的时间增量里连续地优化运动模型[14]，并且模型已将上一次的走刀轮廓预先建立出来，重点考察当前走刀的切削过程。模型中工件长为 1.5mm，高度为 0.8mm，并且将工件划分成 138505 个单元，在不降低精度的情况下，为了减小计算时间，对刀具与工件的接触部分进行了局部加密。图中刀具的刀尖圆弧半径为 0.4mm、前角为 -15°、后角为 7°。切削参数为：进给量 f=0.2mm/r，切削速度 v_c=200m/min，切削深度 a_p=0.1mm。刀具以切削速度 v_c 从初始位置开始切入工件，随着刀具的切入，切屑不断形成。

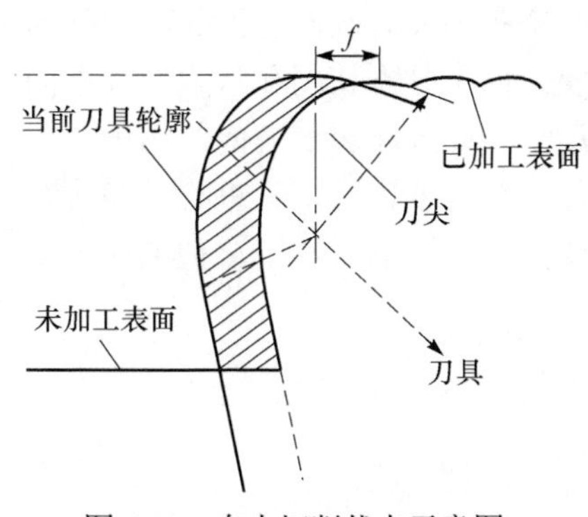

图 6.12 自由切削状态示意图

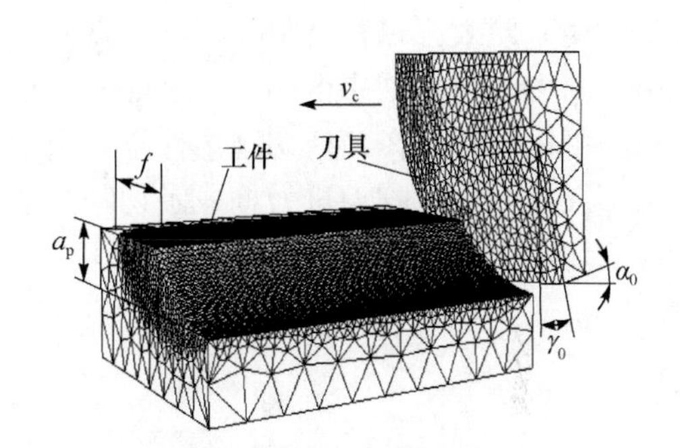

图 6.13 有限元模型示意图

6.2.2 切屑的形成过程

金属切削过程中，在刀尖处工件材料被分为两部分：一部分平行于前刀面流动；另一部分从后刀面下方流动。工件材料在刀尖周围的自然流动就形成了切屑。图 6.14 为切屑的形成过程，其对应的切削时间分别为 6×10^{-5}s、1×10^{-4}s、1.34×10^{-4}s 和 1.64×10^{-4}s。

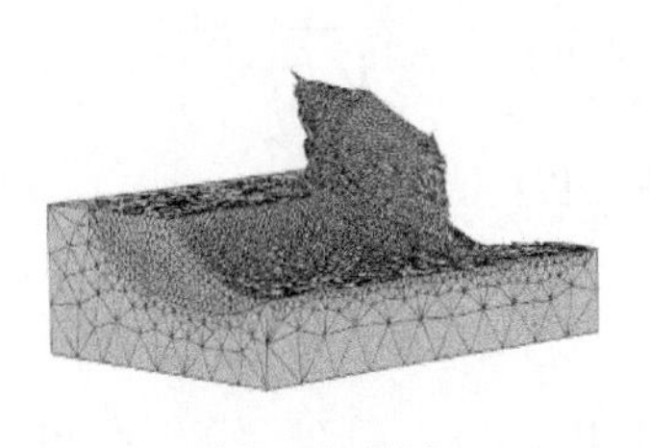

（a）t=6×10^{-5}s

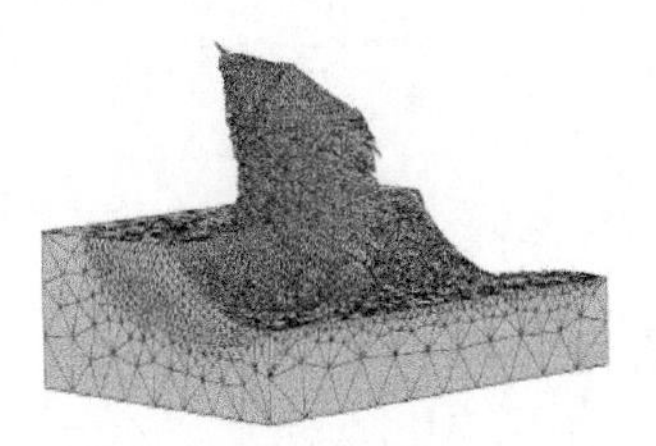

（b）t=1×10^{-4}s

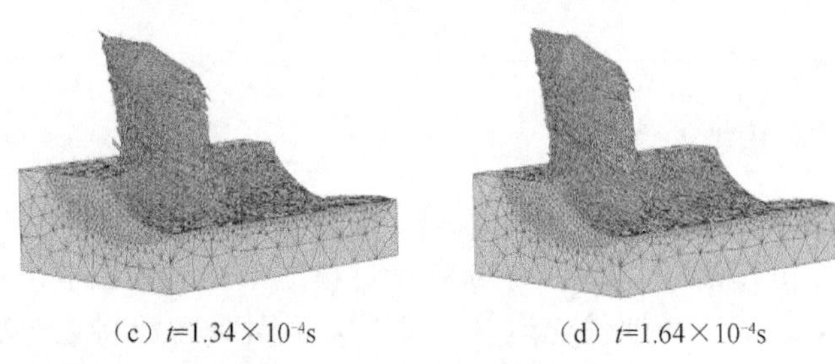
（c）t=1.34×10⁻⁴s　（d）t=1.64×10⁻⁴s

图 6.14　切屑的形成过程

6.2.3　切削力分析

图 6.15 为切削力的仿真结果曲线。对仿真值分析可以发现，在达到稳定状态之后，切削力总是不断波动，其原因可以分析如下：切削时在第一剪切区的高温导致了材料的热软化，使切削力降低。当切削力下降时，加工所产生的切削热量随之减少，从而使热软化效应作用减小，因此切削力又升高，进而导致切削力出现波动，此效应也在有限元模型中得到了反映。由于硬态切削和常规切削不同，由切削力的仿真结果得知：y 方向切削力要远大于 x 方向和 z 方向的切削力。其原因可以解释为在精密切削条件下，由于工件材料硬度很大，且进给量和背吃刀量都很小，所以吃刀抗力构成了切削力的主要部分，进而导致了这种条件下 y 方向的切削力为最大。

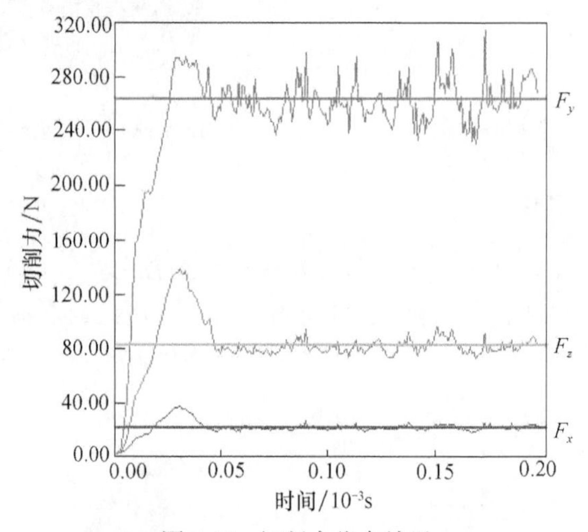

图 6.15　切削力仿真结果

6.2.4　切削温度分析

图 6.16 为切削区域中最高切削温度变化的仿真曲线。分析可知，切削温度在

开始阶段几乎是直线式增长，达到一定值之后就增长缓慢。由于切削温度很大程度取决于切削力，切削力的波动也导致了切削温度的波动，从而两者波动有一定的一致性。

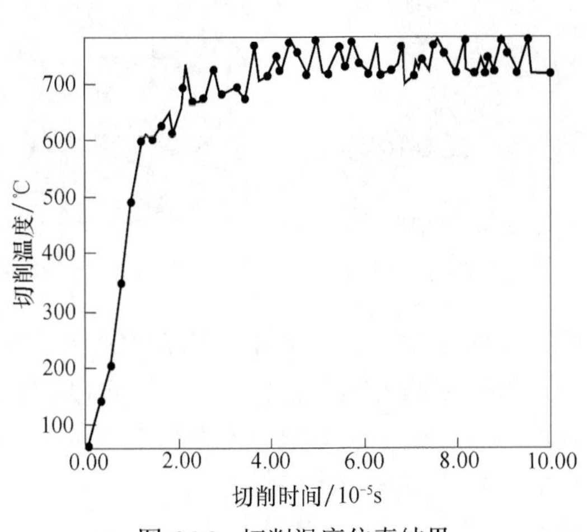

图 6.16　切削温度仿真结果

6.2.5　仿真结果验证

如图 6.17 所示，利用试验手段对切屑形状、切削力和切削温度仿真结果进行了验证。

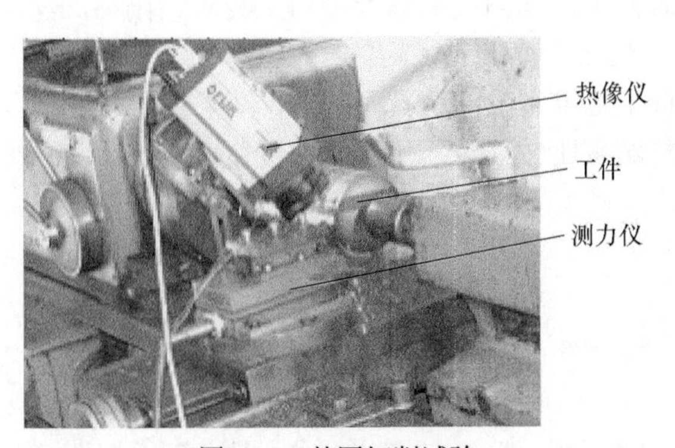

图 6.17　外圆切削试验

图 6.18 和图 6.19 分别为有限元仿真得到的切屑和试验得到的切屑，其中试验切屑是在型号为 VHX-600 的 KEYENCE 超景深显微镜处得到的扫描电镜照片。对比可以发现两者在形状上吻合较好。

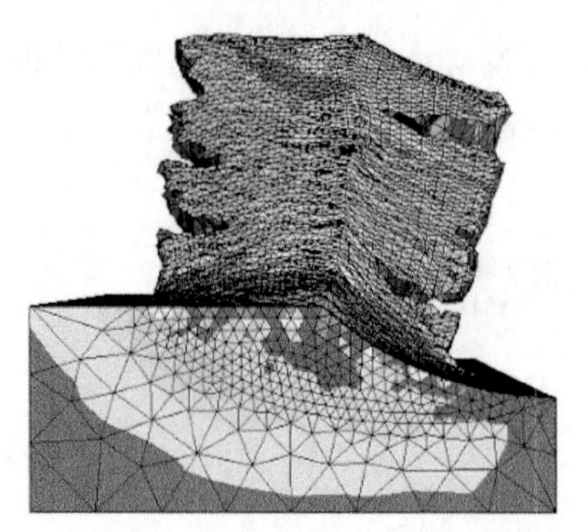

图 6.18　放大后仿真得到的切屑图

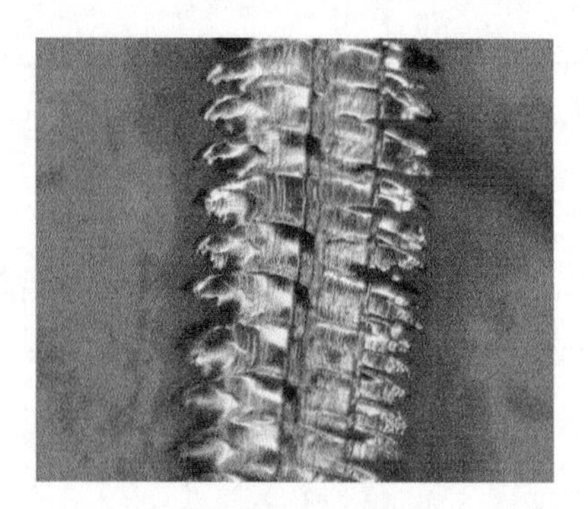

图 6.19　试验得到的切屑形状（×150）

对于切削力的验证如图 6.15 所示，其中曲线为仿真值，直线为测力仪测得的平均值。对比两条线可以发现两者吻合良好，当切削温度达到稳定之后，仿真值要略高于试验值，其原因可以归结于有限元模型建立时相应边界条件的简化，导致了切削温度的仿真值与真实值有一定的偏差。

6.3　本 章 小 结

本章采用 Abaqus 对 PCBN 刀具切削淬硬钢 GCr15 进行了有限元分析。首先建立了二维稳态切削有限元仿真模型，对切屑的形成、切削力与切削温度、应力场进行了分析，研究了不同刀具前角及刃口半径对切削力的影响，并对仿真结果进行了试验验证；在二维有限元仿真的基础上，对 PCBN 刀具硬态切削淬硬钢 GCr15 的过程进行了三维有限元仿真与验证，结果表明，Abaqus 对金属切削过程的仿真分析与试验结果比较一致，对指导实际生产加工具有重要的作用。

参 考 文 献

[1] 岳彩旭. 硬态切削过程的有限元仿真与实验研究[D]. 哈尔滨: 哈尔滨理工大学硕士学位论文, 2010.

[2] 庞新福, 杜茂华. 基于 Abaqus 的二维直角切削加工有限元分析[J]. 工具技术, 2008, 42(2): 39-42.

[3] 李玉平, 周里群, 吴义彬. 金属二维正交切削的有限元分析与刀具角度优化[J]. 精密制造与自动化, 2012, (3): 13-16.

[4] 刘向. 超声辅助硬态车削 GCr15 轴承钢物理机械性能的试验研究[D]. 焦作: 河南理工大学硕士学位论文, 2011.

[5] 吴岳昆. 金属切削原理与刀具[M]. 北京: 机械工业出版社, 1978.

[6] 张军峰. 金属切削过程的有限元数值模拟[J]. 机械工程与自动化, 2013, (2): 25-26.

[7] Yue C X, Wang S, Liu X L, et al. Adiabatic shear mechanisms for the hardcutting process[J]. Chinese Journal of

Mechanical Engineering, 2015, 28(3): 592-598.

[8] 牛阿慧. 基于 Deform-3D 的钛合金 TC4 切削残余应力分析[D]. 太原: 太原科技大学硕士学位论文, 2013.

[9] 刘鑫堃, 刘旺玉, 全燕鸣. 高速切削温度场的三维有限元模拟[J]. 现代制造工程, 2007, (3): 8-10.

[10] 周泽华. 金属切削理论[M]. 北京: 机械工业出版社, 1992.

[11] 庞佳, 陈永洁, 申阳. 基于多种有限元模型的刀尖圆弧半径对切削过程影响的仿真[J]. 机电一体化, 2012, 18(3): 52-56.

[12] 岳彩旭, 蔡春彬, 黄翠, 等. 切削加工过程有限元仿真研究的最新进展[J]. 系统仿真学报, 2016, 28(4): 815-825.

[13] Yue C X, Liu X L, Jia D K, et al. 3D finite element simulation of hard turning[J]. Advanced Materials Research, 2009, (69): 11-15.

[14] Yue C X, Huang C, Liu X L, et al. 3D FEM simulation of milling force in corner machining process[J]. Chinese Journal of Mechanical Engineering, 2017, (30): 286-293.

第 7 章　基于 Abaqus 的非稳态切削过程仿真

金属成形过程的计算机模拟一直是机械制造领域比较关注的研究问题。加工现场往往涉及切削难加工材料和高速切削的情况，而在这些情况中金属切屑成形的机理与常规加工的区别很大，往往会形成锯齿形切屑，这种形状切屑的产生使得切削力发生波动，同时产生对刀具的热冲击。国内外许多学者在锯齿形切屑成形的数值模拟方面作了大量的研究工作。本章利用 Abaqus 在不设置分离线的情况下采用网格自适应技术与单元删除技术相结合的方法，对金属切削过程中的非稳态切削进行了仿真分析。

7.1　非稳态切削仿真实现手段

7.1.1　Abaqus/Explicit 显式算法

模拟锯齿形切屑形成时采用了 Abaqus 的显式算法，仿真中把整个切削过程离散成许多时间增量，在每个时间增量进行动态分析和热分析。显式算法特别适用于求解高速切削动力学模型，它需要许多小的时间增量来获得高精度的解答[1]。如果模型持续时间非常短，则可能得到高效率的解答。在显式算法中可以很容易地模拟接触条件和其他一些极度不连续的情况，并且能够一个节点一个节点地求解而不必迭代。通过调整节点加速度来平衡在接触时的外力和内力。显式算法最显著的特点是没有隐式算法中所需的整体刚度矩阵。由于显式算法是显式地前推模型状态，所以不需要迭代和收敛准则[2]。

7.1.2　动态分析程序设置

Abaqus/Explicit 应用中心差分方法对运动方程进行显式的时间积分，由一个增量步的动力学条件计算下一个增量的动力学条件[3]。

在增量步开始时，程序求解动力学平衡方程：

$$M\ddot{u} = P - I \tag{7.1}$$

式中，M 为节点质量矩阵；$\ddot{u}$ 为节点加速度；P 为施加的外力；I 为单元内力。在当前增量步开始时（t 时刻），计算加速度为

$$\ddot{u}\big|(t) = M^{-1}(P - I) \tag{7.2}$$

通过中心差分方法对加速度在时间上进行积分，在计算速度的变化时假定加速度为常数。应用这个速度的变化值加上前一个增量步中点的速度来确定当前增量步中点的速度：

$$\dot{u}\left|\left(t+\frac{\Delta t}{2}\right)=\dot{u}\right|\left(t-\frac{\Delta t}{2}\right)+\frac{\left[\Delta t\left|(t+\Delta t)+\Delta t\right|(t)\right]\ddot{u}|(t)}{2} \tag{7.3}$$

速度对时间的积分并加上在增量步开始时的位移以确定增量步结束时的位移：

$$u|(t+\Delta t)=u|(t)+\Delta t|(t+\Delta t)\dot{u}\left|\left(t+\frac{\Delta t}{2}\right)\right. \tag{7.4}$$

在增量步开始时提供了满足动力学平衡条件的加速度。得到了加速度后，在时间上“显式”前推速度和位移也可得到。“显式”是指在增量步结束时的状态仅依赖于该增量步开始时的位移、速度和加速度，这种方法精确地积分常数的加速度。由于时间增量步必须很小，所以分析时需要成千上万个增量步。由于同时求解联立方程组，所以每一个增量步的计算成本很低。大部分的计算成本消耗在单元的计算上，以此确定作用在节点上的单元内力。单元的计算包括确定单元应变和应用材料本构关系（单元刚度）以及确定单元应力，从而进一步计算出内力。

7.1.3　稳定性限制

应用显式算法，基于在增量步开始时刻 t 的模型状态，通过时间增量 Δt 前推到当前时刻的模型状态。这个使状态能够前推并仍能够保持对问题的精确描述的时间是非常短的。如果时间增量大于这个最大的时间步长，则此时间增量已经超出了稳定性极限。超过稳定性限制的一个可能后果就是数值不稳定，可能导致解答不收敛。对于热力耦合分析，稳定限制可以描述为

$$\Delta t \leqslant \min\left(\frac{2}{W_{\max}},\frac{2}{\lambda_{\max}}\right) \tag{7.5}$$

式中，$W_{\max}$ 为系统中响应方程的最高频率；$\lambda_{\max}$ 为系统中热方程的最大特征值。

稳定性限制对可靠性和精确性有很大影响，所以必须一致和保守地确定这个值。为了提高计算的效果，Abaqus/Explicit 选择时间增量，使其尽可能地接近而不超过稳定性限制。

7.1.4　Abaqus/Explicit 中的单元失效模拟

单元删除功能是为了克服有限元本身的缺陷的一项方法。由于有限元本身就是基于连续介质力学的，而在连续介质力学中，所研究的物体需要是连续的，即

物质域在空间中连续[4]。在这样的理论假设框架下，单元本身是不会消失的。然而在实际情况下，由于损伤断裂的存在，势必会使得一些单元消失或者完全失效，所以为了能够模拟这种情况，Abaqus 提供了单元失效功能[5]。单元失效情况一般可以概括为以下三种情况。

（1）单元损伤失效，这种单元失效可以用来模拟材料由于损伤或其他原因导致刚度减小的情况。

（2）单元直接删除技术，这种技术可以用来模拟基坑、隧道开挖而导致的材料消失情况。

（3）用户子程序 Vumat 技术，这种方法本质上与第一种相类似，但是它可以根据用户自己的情况来删除单元，属于很高级的操作，难度也较大。

Abaqus/Explicit 中采用的切屑分离准则为等效应变准则。切屑分离采用 Abaqus/Explicit 的剪切失效准则、单元删除和自适应网格技术，可以有效地解决由材料大变形导致的严重单元扭曲和交错、高应变集中区域单元奇异问题[6]。

若使用这种方法进行单元删除，就必须定义材料损伤参数，其中包括何时进入损伤、损伤延续以及网格的删除。如果所要仿真的情况中包含温度依赖，则可定义不同温度状态变量下相应参数的大小。材料的最终失效是当材料的损伤值达到 1 时发生的，这是需要用户自己来定义材料的损伤演化，失效参数定义为

$$\omega = \frac{\overline{\varepsilon}_0^{\mathrm{pl}} + \sum \Delta\overline{\varepsilon}^{\mathrm{pl}}}{\overline{\varepsilon}_{\mathrm{f}}^{\mathrm{pl}}} \tag{7.6}$$

式中，$\overline{\varepsilon}_0^{\mathrm{pl}}$ 为等效塑性应变的任意初始值；$\Delta\overline{\varepsilon}^{\mathrm{pl}}$ 为等效塑性应变增量；$\overline{\varepsilon}_{\mathrm{f}}^{\mathrm{pl}}$ 为失效时的应变。假定失效时的应变 $\overline{\varepsilon}_{\mathrm{f}}^{\mathrm{pl}}$ 与静水压力和应力偏量的比值 p/s、Mises 应力 $q=\sqrt{3s^2/2}$、应力偏量 $s=\sigma+pl$ 和温度 T 有关。当达到积分点的剪切失效标准时，单元所有的应力成分将被设为 0，这时材料失效，单元从网格中删除，即切屑实现分离。

7.1.5 有限元模型的质量放大

在其固有的时间尺度上进行求解通常在计算上是不切实际的，它需要大量很小的时间增量。因此，必须在保证计算精度的前提下，合理减小计算成本。在 Abaqus 中减少计算成本的方法主要有两种：一是为了减小计算时间，通过改变原始条件，人为地增加加载速度；二是质量放大，可以在不需要人为提高加载速率的情况下缩短计算时间。质量缩放方法适用以下单元的分析：热-力耦合、重力载荷、黏滞压力载荷、绝热分析、材料的状态方程、流体单元和流体连接器单元、弹簧和阻尼器单元。

为了确定各增量步的稳态时间增量，Abaqus 首先以单元为基础单位确定最小

的稳态时间增量,然后根据模型的最高频率用全局估计的算法确定稳态时间增量,最后确定两者中较大者作为稳态时间增量。一般来说，全局估计器确定的稳态时间增量大于单元-单元估计器确定的值。当采用定比例或变比例质量缩放方法，并且对单元组指定单元稳态时间增量时，直接影响单元-单元稳态时间增量的估计值。如果模型中所有单元采用单元类型的质量缩放定义，则单元估计值将等于单元稳态时间增量给定值，除非采用罚函数方法强加接触约束。

由于使用全局估计器，实际使用的稳态时间增量值可能大于单元类型的稳态时间增量给定值。如果仅对模型的一部分执行质量缩放，没有经过质量缩放单元的稳态时间增量可能小于单元类型稳态时间增量的给定值，这些单元将控制单元类型的稳态时间增量估计值。因此，仅对部分模型进行质量缩放时，时间增量通常都不等于单元类型稳态时间增量。

7.1.6　准静态分析过程中的质量放大

为提高计算效率，准静态分析或某些动态分析中，Abaqus/Explicit 常采用质量缩放的方法。质量缩放可用于缩放整个模型、某个单元组、某个分析步中的质量。对于金属成形分析，基于网格的几何形状和初始条件，自动进行质量缩放。对于应变率无关材料的准静态分析，为节省计算时间有效的办法有两种：减少分析的时间步长及质量缩放。对于应变率无关材料，这两种方法产生的效果相同；但如果模型中含有应变率相关材料，首选质量缩放方法。准静态分析的质量缩放方法通常用于整个模型上。然而，当模型各部分的刚度和质量不同时，常选中模型的某部分进行质量缩放或对每部分分别进行缩放。对于大多数准静态问题，一定程度的质量缩放可以增加 Abaqus/Explicit 时间增量，从而减小计算时间。

对于动能必须保持很小的准静态分析，直接定义质量缩放因子很有用。用户可以对指定单元组内的所有单元定义一个固定的质量缩放因子。这些单元的质量在分析步开始时被缩放并在整个分析步中保持不变，除非通过变比例质量因子进一步修改质量。对于要求模型的动能保持很小的准静态分析，均匀缩放质量很有用。这种方法与直接指定比例因子相似。两种情况下，所有单元的质量都统一地根据单一比例因子进行缩放。对所有单元施加均匀、相同的质量缩放因子，这些单元中的最小稳态时间增量等于单元类型时间增量的给定值。

1. 动态分析过程中的质量放大

显式动态过程常用于解决瞬时动态响应计算和含复杂非线性效应的准静态模拟。由于求解动态方程时采用了显式中心差分法，平衡方程中离散的质量矩阵对计算效率和精度都起到了关键性的影响。如果恰当地运用质量缩放方法，可以在保证计算精度的情况下，显著提高计算效率。然而，最适合于准静态模拟的质量缩放技术与动态分析中必须采用的质量缩放方法存在很大差异。

动态分析中，自然时间度量非常重要，为了获得瞬态响应，必须精确地表示模型的实际质量和惯性。然而，许多复杂的动态模型包含了一些尺寸极小的单元，使显式动态分析采用很小的时间增量。通过在分析步起始时对这些控制单元的质量进行缩放，可以显著地增加稳态时间增量，而对整个模型的动态行为的影响可以忽略不计。显式动态分析中有定比例质量缩放和变比例质量缩放两种方法。

定比例质量缩放方法是对组装成全局节点质量阵的单元质量进行缩放，该方法在分析步起始时执行。缩放后的质量阵接着用于该分析步的每个增量步，除非同时采用了变比例质量缩放。如果接下来的分析步中没有重新定义质量缩放，定比例质量缩放方法将延续下去。定比例质量缩放的两种基本方法：直接定义质量缩放因子，或者用户定义最小的稳态时间增量，由显式动态分析过程来确定质量缩放因子。定比例质量缩放方法简单，在分析步起始时修改准静态模型的质量，或修改动态模型少数单元的质量，使它们不控制稳态时间增量的大小。由于只在分析步起始时执行一次质量缩放，因此该方法的计算效率很高。

在分析步中变比例质量缩放方法同期性地缩放单元质量。当采用此类型的质量缩放方法时，需定义最小的稳态时间增量：质量缩放比例因子自动计算，并按要求施加到单元上。当分析步中控制稳态时间增量的刚度变化剧烈时，变比例缩放非常有用。准静态体积成形分析和单元压缩量很大的动态分析中常会出现这样的情形。

2. 质量放大的实现

Abaqus/Explicit 选择尽可能接近且不超过稳定极限的时间增量，可以用稳定极限来估计，由下面的公式来定义：基于一个单元的计算，稳定时间的增量表达式为

$$\Delta t=\frac{L^{\mathrm{e}}}{c_{\mathrm{d}}}=\frac{L^{\mathrm{e}}}{\sqrt{E/\rho}}=\frac{L^{\mathrm{e}}\sqrt{\rho}}{\sqrt{E}} \tag{7.7}$$

式中，L^{e}为特征单元长度；c_{d}为材料的膨胀波速；E为材料的弹性模量；$\sqrt{\rho}$为材料的泊松比。

根据式（7.7），人为地将材料的密度增加因数n^2倍，则材料的波速就会降低至c_{d}/n，从而稳定地将时间增量提高n倍。当全局的稳定极限增加时，进行同样的分析所需要的增量步就会减少，所需要的计算时间相应地会减少，这就是质量放大的实现。

7.2　二维非稳态切削过程仿真

本节主要分析不同刀具刃口对硬态切削过程的影响，利用 Abaqus 在不设置分离线的情况下采用网格自适应技术与单元删除技术相结合的方法，对 PCBN 刀具切削淬硬钢 GCr15 时锯齿形切屑产生过程进行模拟，分析刃口形式对切削力、切削热以及残余应力分布的影响情况。

7.2.1　有限元仿真模型的建立

1. 材料参数

工件材料为淬硬钢 GCr15，淬硬钢 GCr15 是典型的耐磨和难加工材料，这类工件经淬火处理后硬度高达 50～65HRC。其热力学参数如表 6.1～表 6.3 所示，刀具选用 PCBN 刀具，适用于加工淬硬钢，主要热力学参数如表 6.4 所示。

2. 有限元仿真模型

这里模拟的是直角切削，根据直角切削的特点建立了二维热力耦合正交切削仿真模型，图 7.1 为有限元分析仿真模型。由于切削过程是高温高压且工件与刀具有复杂接触作用的大变形非线性场合[7]，模型采用了显式方法，其特点是可以在一个很小的时间增量里连续地优化运动模型。在不降低仿真精度的同时，为了减少切削仿真时间，模型采用局部加密。

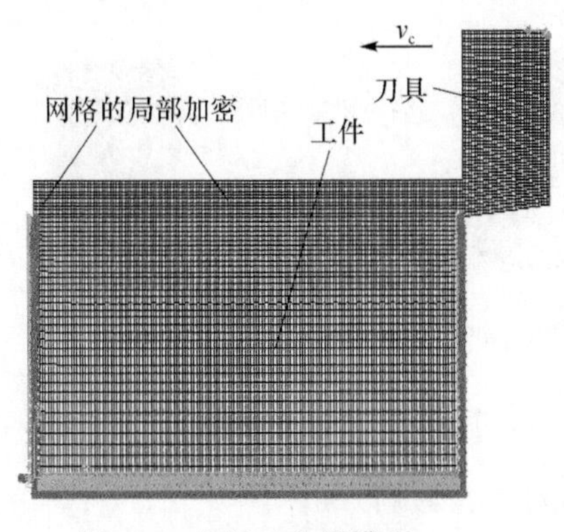

图 7.1　有限元分析模型

图 7.2 为本章采用的三种不同刃口形式的刀具模型，倒圆刀具的刃口半径为 0.1mm；倒棱刀具的倒棱宽度为 0.1mm，倒棱角度为 30°，并且三种刀具的后角都为 7°。模型中工件长为 1.5mm，高度为 0.8mm，将工件划分为 6750 个单元，

其固定的方法为：底部 XY 方向同时固定，两侧面 X 方向固定。刀切削参数为进给量 f=0.1mm/r，切削速度 v_c=200mm/min，切削深度 a_p=1mm。

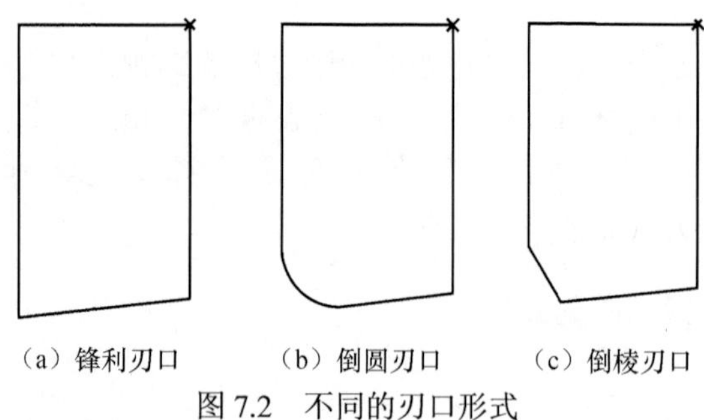

图 7.2　不同的刃口形式

7.2.2　切屑的形成过程

图 7.3 为锯齿形切屑形成的过程。从模拟结果可以看出：随着刀具的切入，首先在工件材料右端面产生裂纹实现了切屑分离，形成已加工表面。同时由于承受很高的压应力和高温作用，切削刃前方的金属会发生塑性变形。随着刀具切削行程的增大、塑性变形的加剧和能量的累积，在距切削刃一段距离的切屑某一特定位置，当达到某一临界载荷时，此时能量也累积到了最大值，导致突变性的局部剪切，进而使网格发生很大的扭曲，从而形成了一个锯齿，如图 7.3 所示。第一个锯齿形成后伴随着能量的释放又使刀具与切削层之间重新处于一个瞬时的平衡状态，随后由于塑性变形导致的应力、应变的急剧增大，再次破坏平衡，如此往复循环形成锯齿形切屑[8]。

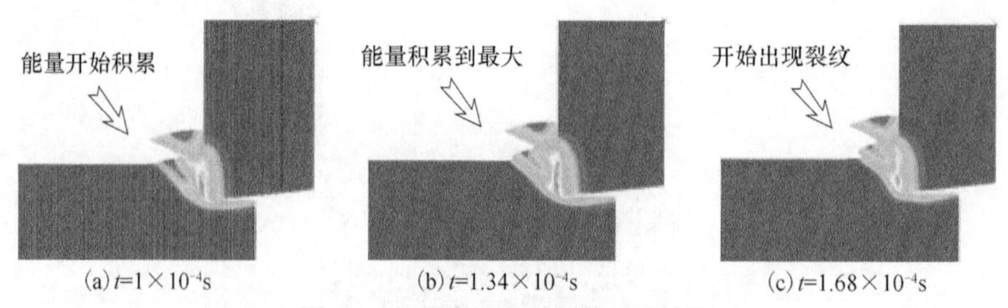

图 7.3　切屑在不同时刻的形成过程

7.2.3　不同刃口对切削力的影响分析

图 7.4 展示了三种切削条件下切削力的变化情况。对图中的单条曲线变化趋势分析，可以得出：切削力变化的明显特点就是变化趋势呈锯齿形，且变化趋势与锯齿形切屑的产生过程对应一致。曲线在开始阶段几乎是直线式增长，达到一定值之后增长缓慢。从图中可以看出，无论是锋利刀具、倒圆刀具还是倒棱刀具

变化趋势大致相同，这是由切削条件和切削过程导致的。在三条切削力的变化曲线中，倒棱刀具对应的切削力最大，倒圆刀具次之，锋利刀刃最小。这是由于硬态切削中倒棱前角起着实际前角的作用，相当于是负前角切削。圆弧切削时平均前角值为负，也大致可归为负前角切削，所以这两种切削方式使得工件在第一变形产生的塑性变形比锋利刀具切削时大，进而产生了较大的切削力。又由于倒棱刀具比倒圆刀具的平均负前角要大，在这种情况下产生的切削力最大[9]。

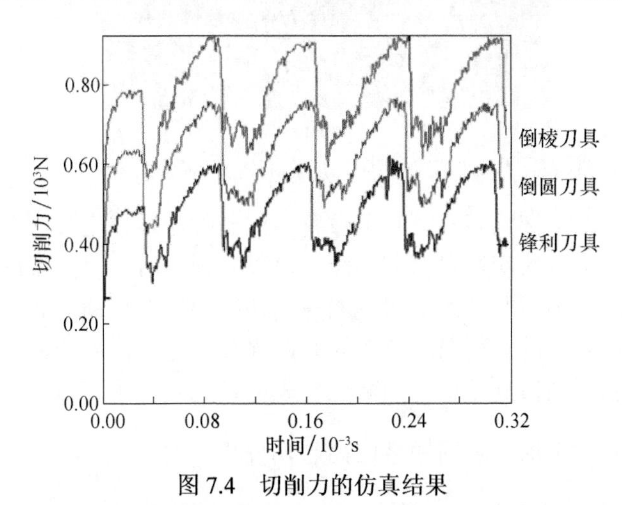

图 7.4　切削力的仿真结果

7.2.4　不同刃口对切削温度的影响分析

图 7.5 为三种情况下所对应的切削温度分布仿真云图。对三种情况下切削温度仿真结果分析可以得到：在相同的切削条件下，倒棱刀具的切削温度最高，倒圆刀具次之，锋利刀具切削时的温度最低。这是由于前两种切削方式的塑性变形都比锋利刀具切削时的大，所以此切削过程产生的热量也较多。而用倒圆刀具代替倒

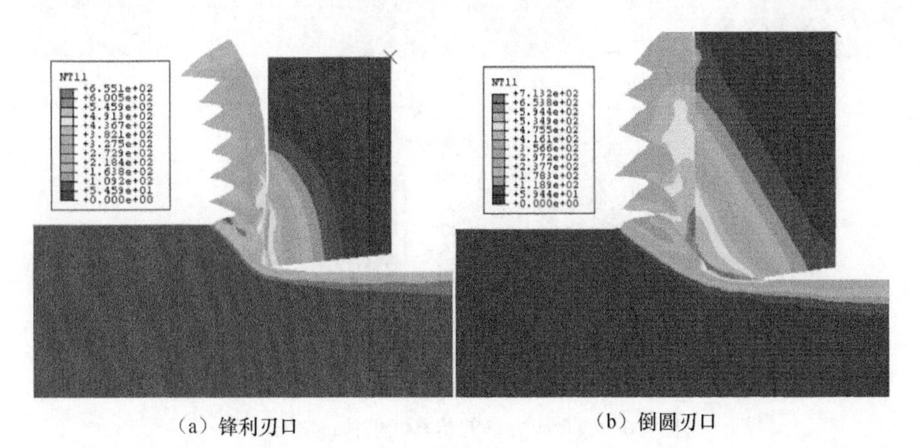

（a）锋利刃口　　（b）倒圆刃口

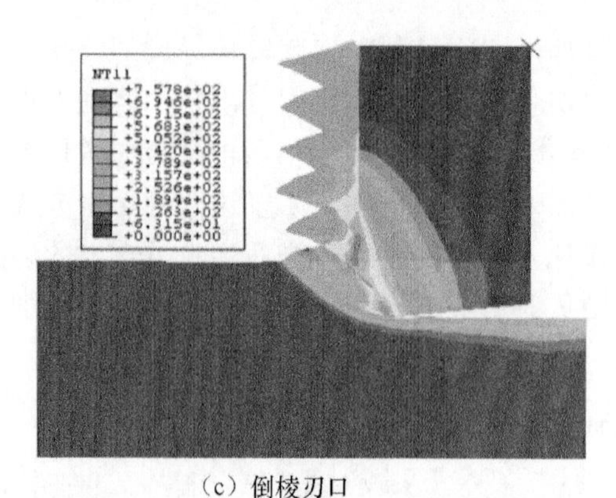

（c）倒棱刃口

图 7.5　不同刃口对切削温度影响仿真云图（单位：℃）

棱刀具切削时，由于倒圆刀具有利于改善散热条件，所以刀具的温度较倒棱刀具有所降低。对比三者的切屑温度分布图，可以发现三者的最高温度都在刀具与工件的接触面上，所不同的是倒圆刀具的最高切削温度在刃前区。倒圆刀具和倒棱刀具相比，倒棱刀具的切削温度分布较好，已加工表面温度低，对保证表面完整性有利。切削温度的仿真结果为判断工件表面是否发生了变质提供了依据。

7.2.5　不同刃口对已加工表面残余应力影响分析

图 7.6 为三种切削情况下工件残余应力的分布图。由于刀具刃口形状不同，刀

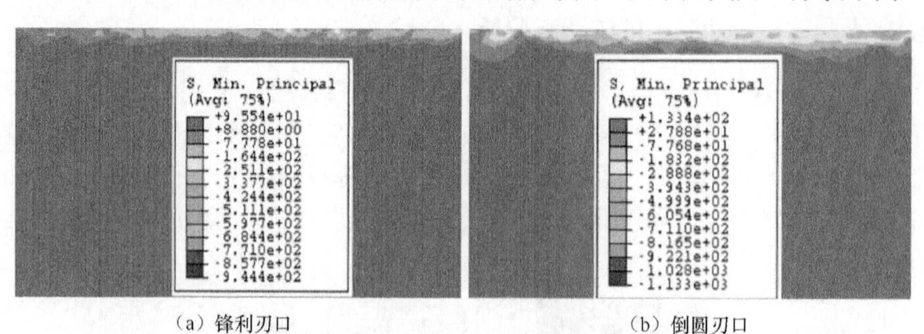

（a）锋利刃口　　（b）倒圆刃口

（c）倒棱刃口

图 7.6　残余应力场的仿真（单位：MPa）

具与切屑有不同的接触作用，从而导致残余应力分布情况的不同。对比三者可知，当刀具为倒棱刀具时，残余应力分布最大且更加趋向于压应力。

7.2.6　仿真结果验证

如图 7.7 所示，利用试验手段对仿真结果进行验证。倒棱刀具和倒圆刀具所对应的有限元模型都是经过刀片形状的修改直接由锋利刀具得来的，建模机理并没有改变。基于此，这里只对锋利刀具对应的模型仿真结果进行验证。

图 7.7　试验现场

图 7.8 为仿真得到的切屑形状，图 7.9 为试验得到的切屑照片。分析两图可知，在这种切削条件下，切屑的形状为锯齿形，且两者有很高的一致性。

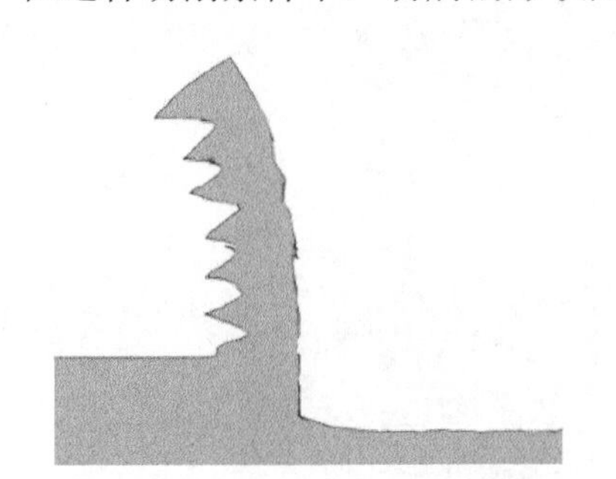

图 7.8　切屑形状的仿真结果

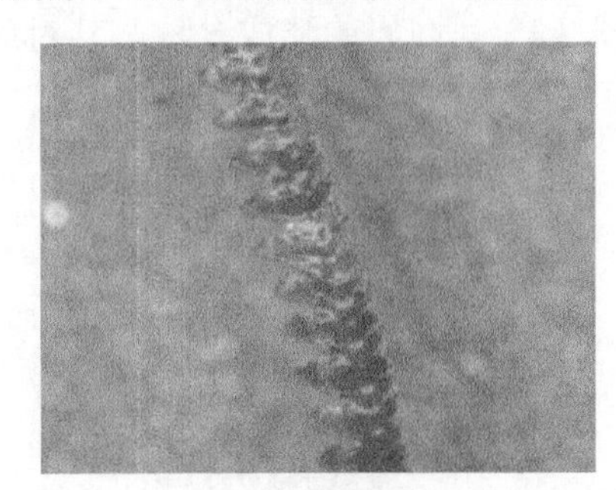

图 7.9　切屑形状的试验结果（×100）

7.3　非稳态切削过程三维有限元仿真

金属切削过程的有限元仿真技术一直是机械制造领域比较关注的研究方向。在高速切削淬硬钢、镍铁等超级合金高硬度材料时，存在一个显著特点就是切削过程中生成锯齿形切屑。这种切屑形状的产生使得切削力产生波动，同时加剧刀具磨损，降低表面加工质量，因此研究锯齿形切屑的形成过程以及其与切削参数、工件材料的关系就非常重要[10]。本节通过建立切削钛合金材料的三维有限元仿真模型，分析非稳态切削过程中的切屑形状和应力变化等情况。

7.3.1 有限元仿真模型的建立

工件材料为TC4钛合金，刀具为硬质合金。根据刀具和工件的相对位置与运动关系，建立三维有限元仿真模型，如图7.10所示。模型中工件长为1.5mm，高度为0.8mm，宽度为0.5mm。并且将工件划分成图7.11所示的不同密度的网格。使用分割线分离出切削过程的损伤层，使仿真模拟更接近实际切削过程，在不降低精度的情况下，对工件的接触部分进行了局部加密，可以显著降低计算时间。图中刀具前角为10°、后角为7°，切削参数为进给量 f=0.4mm/r，切削深度 a_p=0.5mm，切削速度 v_c=5000mm/s。设刀具为刚体，刀具以切削速度 v_c 从初始位置开始切入工件，随着刀具的切入，切屑不断形成。

图7.10　三维仿真模型

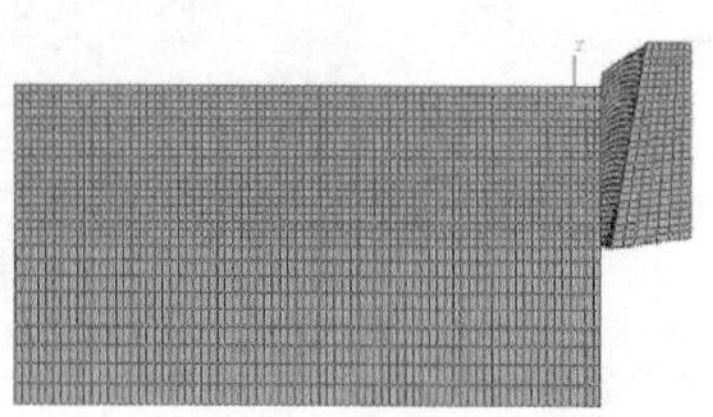

图7.11　工件网格划分

7.3.2 切屑的形成过程

图7.12为切屑的形成过程，其对应的分析步分别为20步、50步、80步、100步。

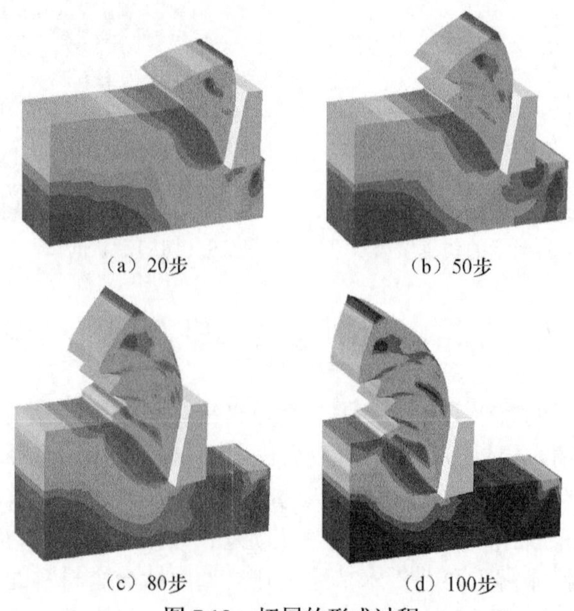

（a）20步　（b）50步　（c）80步　（d）100步

图7.12　切屑的形成过程

7.3.3　锯齿形切屑形成过程的温度场分析

为了更清晰地描述锯齿形切屑形成过程，这里选取第二个锯齿形节块形成过程的温度云图进行分析。图 7.13（a）为第一个锯齿形节块完全形成的状态，可以清楚地看到第一变形区的温度分布，同时开始形成第二个锯齿形节块。随着切削过程的进行，与前刀面接触的工件受到刀具挤压作用使得表面隆起，第一变形区温度从刀尖附近开始升高并呈尖峰状迅速向外表面扩张，随着刀具以一定速度载荷移动，第一变形区形成完毕，工件材料发生热软化作用导致突变性剪切失稳并开始形成集中剪切滑移，此时的第一变形区称为绝热剪切带。图 7.13（d）中第一变形区继续向外表面剪切滑移，随着前刀面挤压工件，第三个锯齿形节块准备形成。

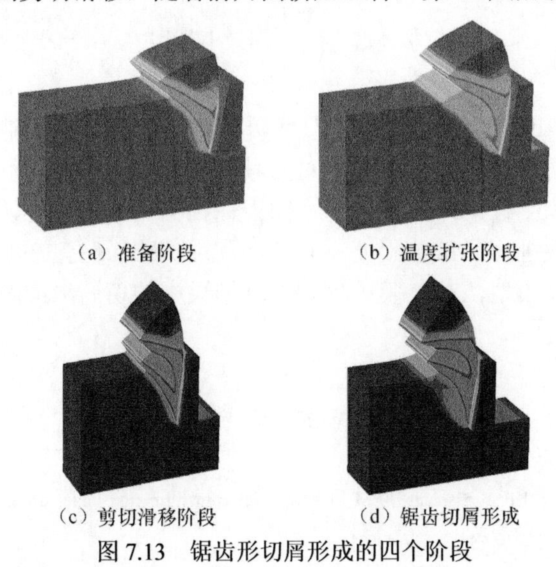

图 7.13　锯齿形切屑形成的四个阶段

7.3.4　切削力的历程输出

两个方向的切削力和合力输出如图 7.14 所示，从图中可以明显地看出切削力周期性的波动。

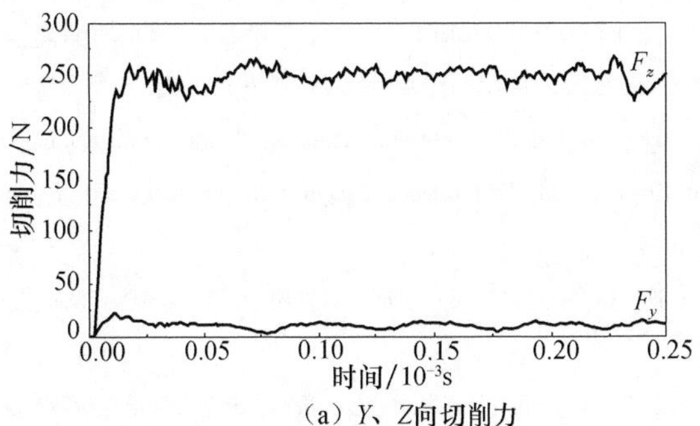

（a）Y、Z向切削力

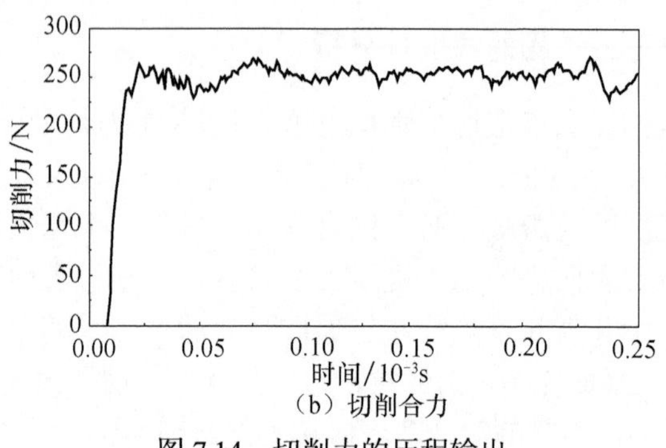

（b）切削合力

图 7.14　切削力的历程输出

7.4　本 章 小 结

本章利用 Abaqus 建立了 PCBN 刀具切削淬硬钢 GCr15 的非稳态有限元仿真模型，分析了其切屑的形成过程，并对刀具的三种刃口结构进行了设计，即锋利刃口、倒圆刃口和倒棱刃口，分析了不同刃口结构对切削力、切削温度及表面残余应力的影响，并进行了试验验证。同时，利用 Abaqus 建立了 TC4 钛合金非稳态切削有限元仿真模型，对建模过程和仿真结果中的切屑形成及应力分布特性进行了简要分析。

参 考 文 献

[1] Yue C X, Liu X L, Zhai Y S, et al. FEM of saw tooth chip formation under different cutting edge[J]. Key Engineering Materials, 2010, (431): 417-420.

[2] 庄茁. Abaqus 非线性有限元分析与实例[M]. 北京：科学出版社, 2005.

[3] 庄茁. Abaqus/Explicit 有限元软件入门指南[M]. 北京：清华大学出版社, 1999.

[4] 曾攀. 有限元分析及其应用[M]. 北京：清华大学出版社, 2004.

[5] 石亦平, 周玉蓉. Abaqus 有限元分析实例详解[M]. 北京：机械工业出版社, 2006.

[6] 川平. Ti6Al4V 钛合金动态本构模型与高速切削有限元模拟研究[D]. 兰州：兰州理工大学硕士学位论文, 2011.

[7] 盆洪民. 淬硬钢高速切削过程的有限元仿真[D]. 哈尔滨：哈尔滨理工大学硕士学位论文, 2007.

[8] Xi Y, Bermingham M, Wang G, et al. Finite element modeling of cutting force and chip formation during thermally assisted machining of Ti6Al4V alloy[J]. Journal of Manufacturing Science and Engineering—Transactions of the ASME, 2013, 135(6): 9-14.

[9] 岳彩旭, 刘献礼, 严复钢, 等. 不同刃口形式下锯齿形切屑形成过程的仿真及实验研究[J]. 机械科学与技术, 2011, 30(4): 673-678.

[10] 杨奇彪. 高速切削锯齿形切屑的形成机理及表征[D]. 济南：山东大学博士学位论文, 2012.

第 8 章　基于 Abaqus 的三维铣削过程仿真

在铣削过程中，刀具磨损、切削力和切削温度过大等问题，都会影响零件的加工质量。同样，铣刀的齿数、齿距和旋向的不同，也会对铣削过程产生影响。本章采用 Abaqus 建立 6061 铝合金铣削过程的三维有限元仿真模型，通过仿真获得切削条件对铣削力的影响曲线，模拟铣削过程中切屑的形成。通过铣削力试验获得相同铣削条件下的铣削力值，与仿真铣削力值比较，验证了有限元仿真模型的精度。

8.1　建立成形铣刀几何模型

本章主要研究 3C 产品中铝合金零件的铣削加工问题，此类产品对表面光洁度要求极高。在保证表面光洁度的前提下，还要确保刀具寿命，解决此问题的有效手段就是对铣刀的结构进行设计、分析和优化。该铣刀的结构主要包括铣刀齿数 Z、螺旋线旋向、等齿距角和不等齿距角。

为了分析铣刀齿数（Z=3 和 Z=4）、螺旋线旋向（右旋和左旋）、等齿距与不等齿距铣刀（齿间角 94°/ 86°）的不同对铣削过程中铣削力的影响，利用 UG10.0 建立四把不同结构的铣刀三维模型，如图 8.1 所示。

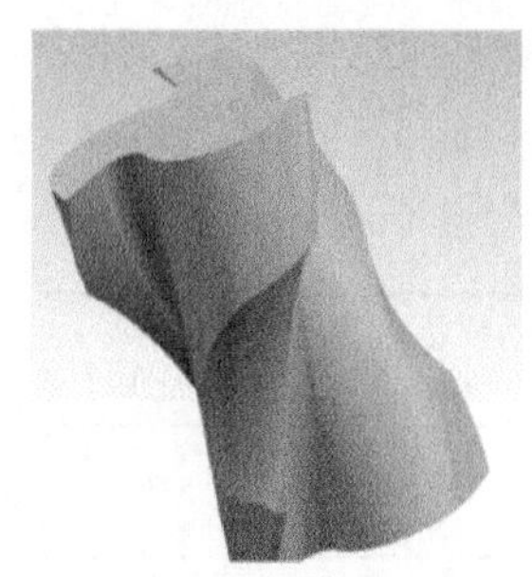

（a）Z=3-右旋-等齿距

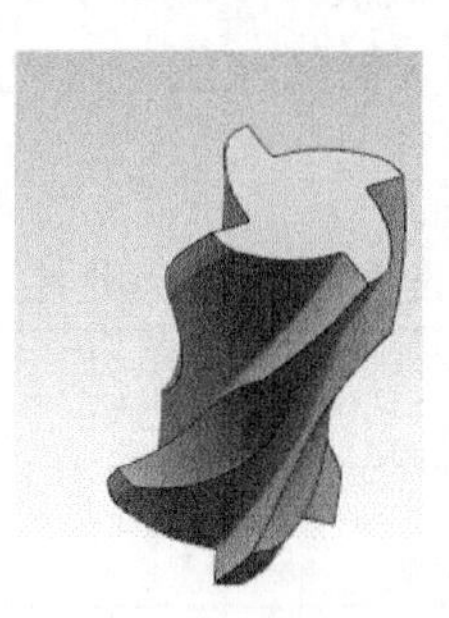

（b）Z=4-右旋-等齿距

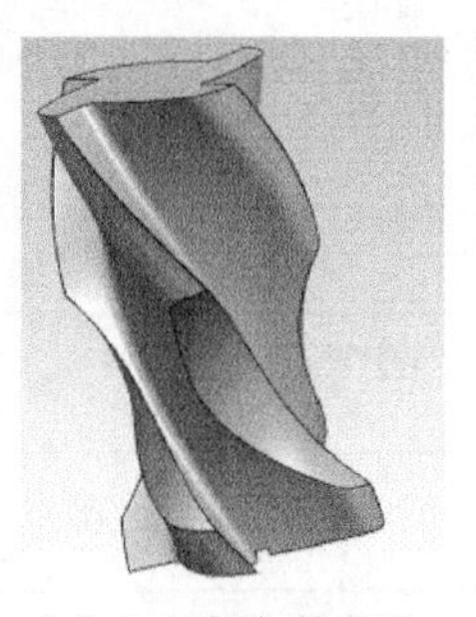

（c）Z=4-左旋-等齿距

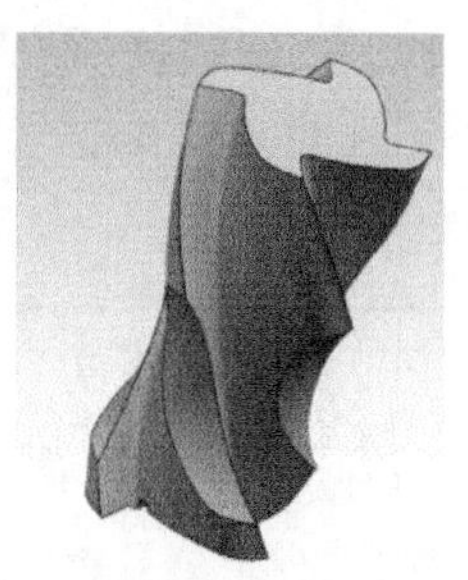

（d）Z=4-左旋-不等齿距

图 8.1　不同成形铣刀三维模型

8.2　建立有限元仿真模型

8.2.1　材料及刀具特性

仿真所用的工件材料为 6061 铝合金，6061 铝合金是经热处理预拉伸工艺生产的高品质铝合金，其强度虽不能与 2xxx 系或 7xxx 系相比，但其镁、硅合金含量多，具有优良的切削加工性能。6061 铝合金具有抗腐蚀性好、电镀性能优良、材料组织细密无缺陷、易抛光、容易上色膜等优点。工件材料 6061 铝合金的 Johnson-Cook 本构模型参数如表 8.1 所示。

表 8.1　6061 铝合金 Johnson-Cook 本构模型参数[1]

A/MPa	B/MPa	C	n	m	T_{melt}/K	T_0/K
324.1	113.8	0.002	0.42	1.34	893	293

6061 铝合金的密度、弹性模量和泊松比等物理性能如表 8.2 所示。

表 8.2　6061 铝合金物理性能[2]

密度 ρ/(kg/m^3)	弹性模量 E/GPa	泊松比 μ
2700	70	0.33

6061 铝合金的比热容、热传导率和热膨胀系数见表 8.3。

表 8.3　6061 铝合金的比热容、热传导率和膨胀系数[2]

温度 θ/℃	0	100	200	300	400	500	600	700	800
比热容/(J/(kg·K))	253.0	259.0	265.2	271.6	278.1	285.4			
热传导率 λ/(W/(m·℃))	18	19	20	20.6	21.6	22.2			
热膨胀系数 α/(10^{-6}K^{-1})				14.26	14.78	15.31	15.85	16.43	17.06

刀具材料为整体硬质合金，牌号 GU25UF，相当于 ISO 分类号 K20～K40，属于 YG 类硬质合金，在高速轻切削领域切削性能强，适用于加工铝合金，热力学性能见表 8.4。

表 8.4　整体硬质合金刀具热力学性能

材料	密度 ρ/(kg/m^3)	弹性模量 E/GPa	泊松比 μ	热膨胀系数 α/(10^{-6}K^{-1})	热传导率 λ/(W/(m·℃))	比热容 /(J/(kg·K))
硬质合金	14500	650	0.25	4.5	85	526

8.2.2　有限元仿真模型建立的过程

按照表 8.1～表 8.4 定义刀具与工件材料属性，根据刀具图纸及径向切深值准确定位刀具与工件位置，在 Abaqus 仿真中，设刀具为刚体，对刀具和工件进行约束，根据侧铣加工方式，设置刀具绕 Z 轴旋转，转速 n=8000r/min，工件沿 Y 轴负方向进给，进给速度 800mm/min，径向切深 a_e=0.15mm，热传导面设定为成形铣刀与工件被铣削表面。以下介绍有限元模型建模过程。

1. Module：Part（部件）

工件直接在 Abaqus 草图界面绘制。单击 Part 中的 Create，弹出对话框，设置合理参数，对工件进行建模。模型如图 8.2 所示。

成形铣刀三维模型由 UG 建模完成后导出 .stp 格式，通过 Abaqus/UG 接口按 SI 国际单位制导入 Abaqus 中。以齿数 Z=4、螺旋线右旋、等齿距成形铣刀为例，建立三维铣削有限元仿真模型，如图 8.3 所示。

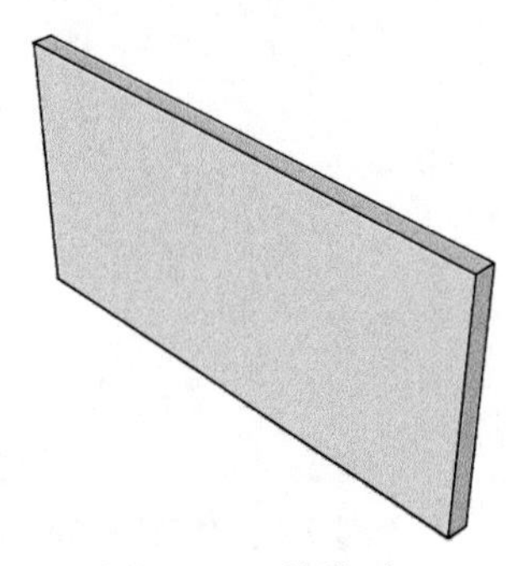

图 8.2　工件模型

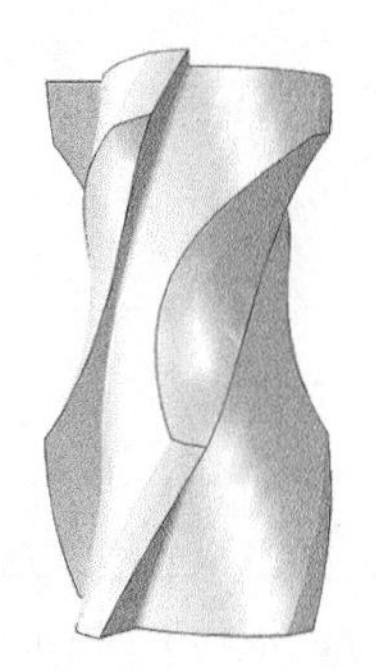

图 8.3　铣刀模型

在 Abaqus 仿真分析中，单位制的选择不固定，但必须保持统一。这里采用 SI 单位制，即 kg-m-s 单位制。UG 建模采用 mm 制，故在导入 Abaqus 时，需将模型按比例缩小为原来的 0.1%，如图 8.4 所示，这一点尤其需要注意，否则将导致刀具与工件比例失调，从而影响仿真结果的准确性。

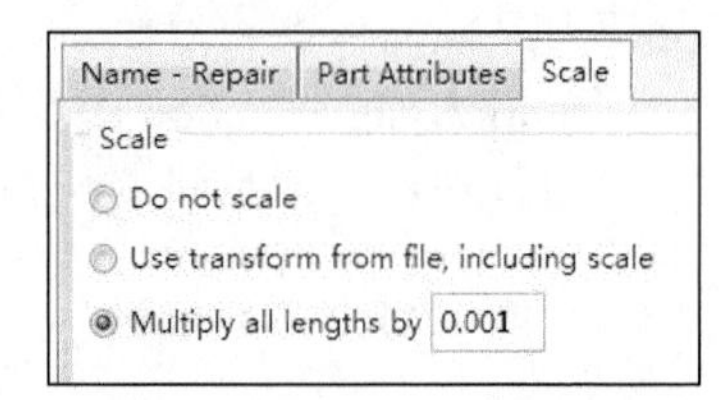

图 8.4　按比例缩小导入模型

2. Module：Property（创建材料属性）

单击 Material 中的 Create，首先创建工件材料属性，工件材料将定义 Conductivity、Ductile Damage、Damage Evolution、Density、Elastic、Expension、Inelastic Heat Fraction、Plastic、Rate Dependent、Specific Heat 等 10 个物理量，如图 8.5 所示。

再次单击 Material 中的 Create 选项，创建刀具材料属性。刀具材料为硬质合金，刀具材料属性将定义 Conductivity、Density、Elastic、Expension、Specific Heat 等 5 个物理量，如图 8.6 所示。

单击 Section 中的 Create，创建刀具和工件截面属性。单击 Section 中的 Create 后，弹出对话框，Category 选项选择 Solid，Type 选项选择 Homogenous。单击“Continue”按钮，弹出“Section”对话框，Material 选择工件材料属性，如图 8.7

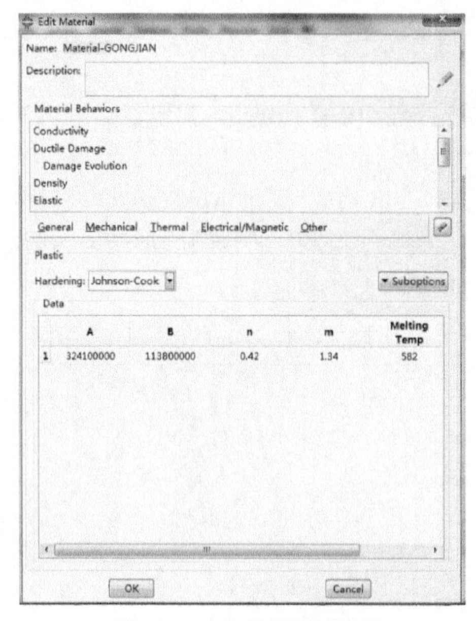

图 8.5　工件材料属性设置

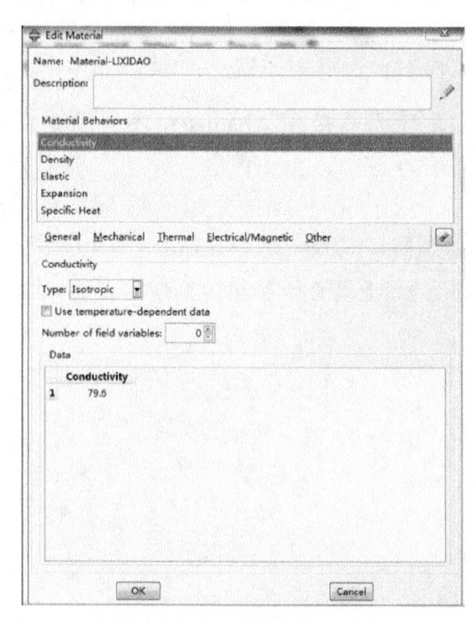

图 8.6　刀具材料属性设置

所示。单击“OK”按钮完成工件截面属性设置。重复上述步骤，Material 选择刀具材料属性，完成刀具截面属性设置。

单击 Assign Section 命令，将截面属性分别赋予刀具和材料，材料属性定义完成。

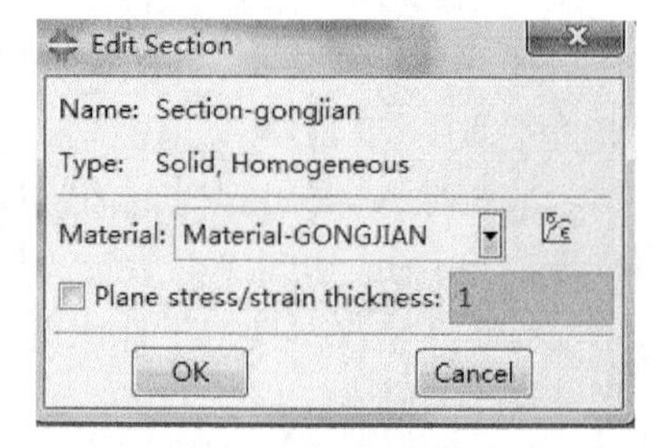

图 8.7　工件截面属性设置

3. Module：Assembly（装配）

整个分析模型是一个装配件，前面在 Part 模块中创建的各个部件需要在 Assembly 模块中装配成一个装配件，并适当调整刀具与工件的相对位置，如图 8.8 所示。

图 8.8　工件与刀具的相对位置关系

4. Module：Step（分析步）

Abaqus/CAE 会自动创建一个初始分析步（initial step），可以在其中设置初始边界条件，用户还必须创建后续分析步（analysis step），用来施加载荷。

在窗口左上角的 Module 菜单中选择 Step（分析步）模块，单击 Step 中的 Create，创建分析步，Procedure Type 选择 General、Dynamic、Temp-disp、Explicit，单击“Continue”按钮，对分析步参数进行设置，如图 8.9 所示。

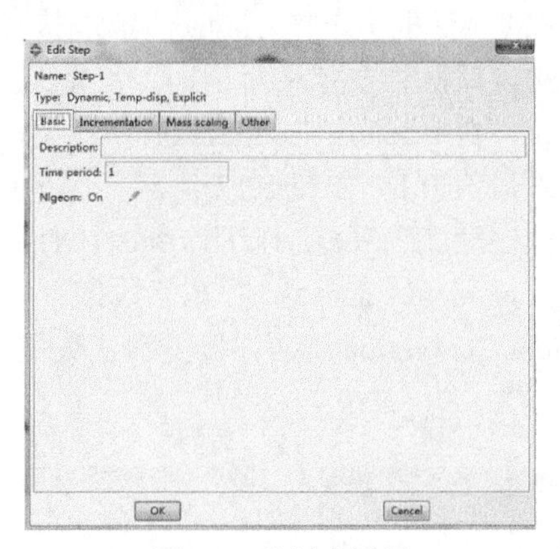

图 8.9　分析步设置

分析步设置完成后，在 Output 下拉菜单中，单击 Field Output Request 中的 Create，对有限元结果输出进行定义，如图 8.10 所示。

然后在 Output 下拉菜单中，单击 History Output Request 中的 Create，对有限元历程输出进行定义，如图 8.11 所示。

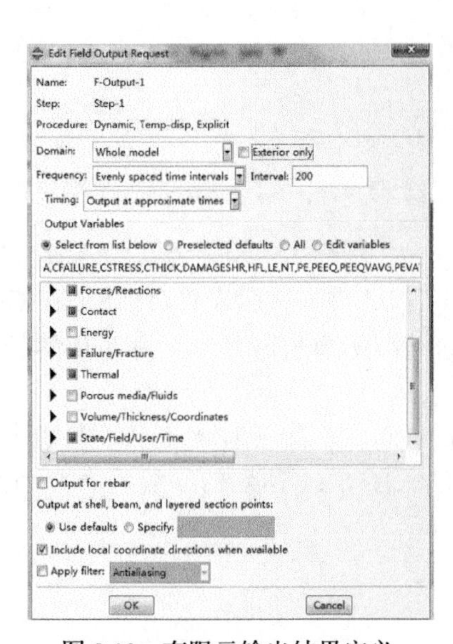

图 8.10　有限元输出结果定义

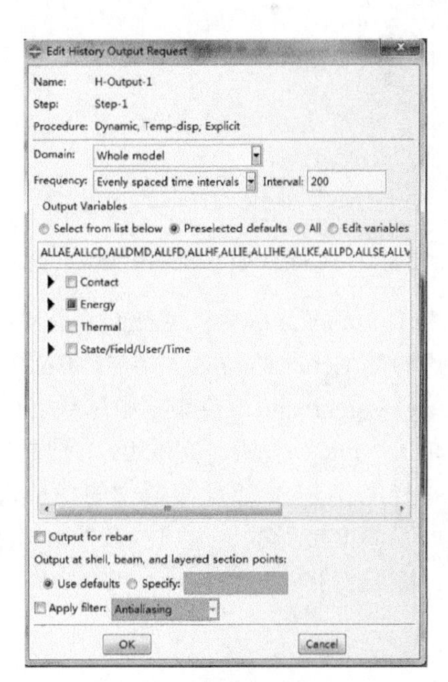

图 8.11　历程输出结果定义

5. Module：Interaction（接触）

首先在 Module 菜单中选择 Interaction，在 Interaction 下拉菜单中选择 Property 选项中的 Create，在弹出的对话框中选择 Contact 选项，接触性质命名为 IntProp-1，单击“Continue”按钮进入接触性质定义对话框。首先选择 Mechanical 下拉菜单中的 Tangential Behavior，在 Friction formulation 下拉菜单中选择 Penalty 选项，在 Friction Coeff 中填入数值 0.1，如图 8.12 所示。然后选择 Mechanical 菜单中 Normal Behavior，接受程序默认选项。选择 Thermal 中 Thermal Conductance 选项，选择 Use only pressure-dependency date 选项，在参数栏中填入图 8.13 所示的数值。选择 Thermal 菜单中 Heat Generation 选项，接受默认数值。单击菜单栏“OK”按钮，完成接触特性的定义。

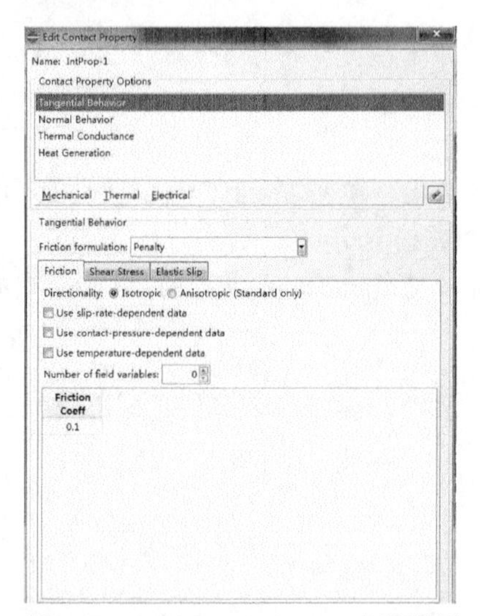

图 8.12　Tangential Behavior 参数设置

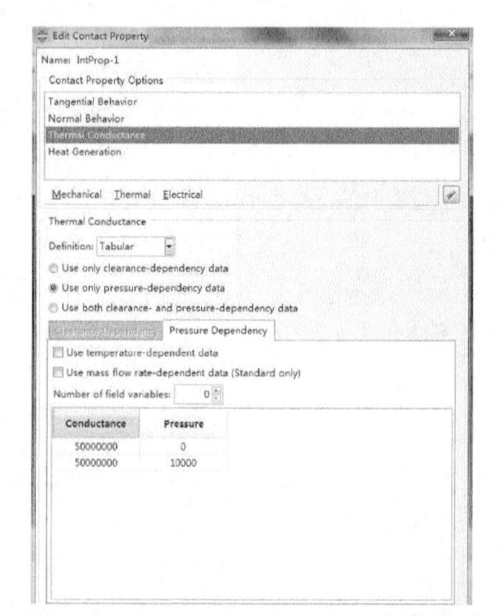

图 8.13　Thermal Conductance 参数设置

选择 Interaction 中的 Create，命名为 Int-1（接触 1），Step 选项中选择 Initial，类型选择为 General contact，单击“Continue”按钮进入接触设置对话框。在 Global property assignment 下拉菜单中选择 IntProp-1，如图 8.14 所示，其余接受默认选项。单击“OK”按钮，完成 Int-1 设置。

选择工具 Tool 下拉菜单中的 Amplitude 选项，命名为 Amp-1，类型选择为 Tabular，其余接受默认选项。在参数栏中输入图 8.15 所示的参数。单击“OK”按钮，完成设置。

图 8.14　接触 1 参数设置

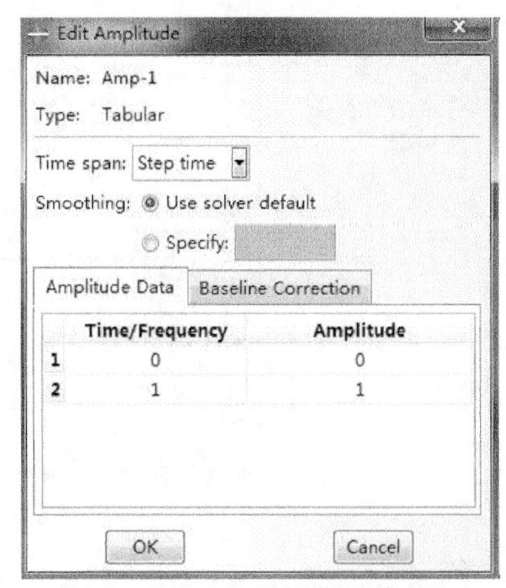

图 8.15　Amplitude 参数设置

再次选择 Interaction 中的 Create，命名为 Int-2（接触 2），Step 选项中选择 Step-1，类型选择为 Surface film condition，单击“Continue”按钮选择图 8.16 所示的面。单击“Done”按钮，进入接触设置界面。在 Film coefficient 中填入 100；Film coefficient amplitude 选项中选择 Amp-1；在 Sink temperature 中填入 20，Sink amplitude 选项中选择 Amp-1，其余接受默认选项，如图 8.17 所示。单击“OK”按钮完成设置。

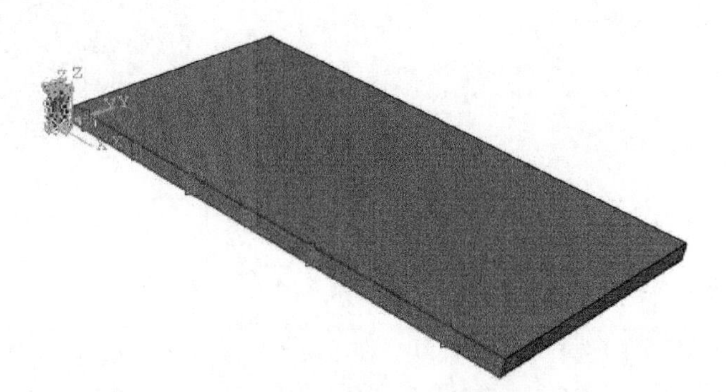

图 8.16　接触 2 中接触面

选择 Constraint 中的 Create，弹出对话框，命名为 Constraint-1，类型选择为 Rigid Body，单击“Continue”按钮，进入“接触设置”对话框。选中对话框中 Body（elements）选项，单击右侧箭头，选择整个刀具。单击 Reference Point 选项中箭头，拾取刀具底面参考点 RP-1，如图 8.18 所示。单击“OK”按钮完成设置。接触设置完成。

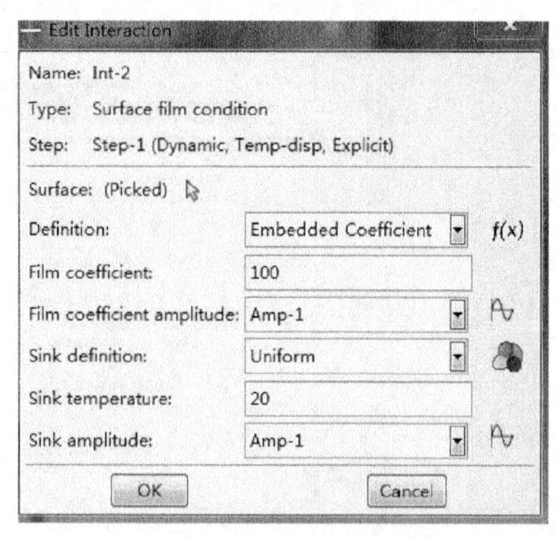

图 8.17　接触 2 参数设置

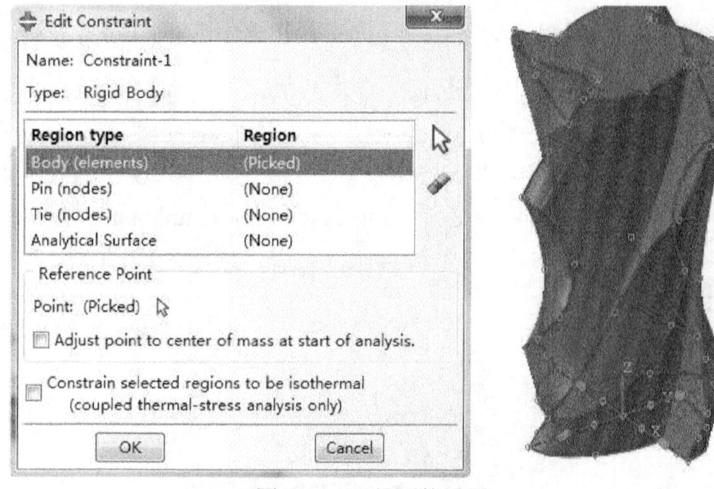

图 8.18　刀具刚体设置

6. Module：Load（载荷）

在 Module 菜单中选择 Load 模块，在 Load 模块选择 BC 菜单中的 Create。将弹出的对话框命名为 BC-1，类型选择为 Displacement/Rotation，Step 选择为 Step-1。单击“Continue”按钮，然后拾取整个工件，单击“Done”按钮进入“边界条件”对话框。设置图 8.19 所示的参数。

选择BC菜单中的Create，弹出的菜单栏命名为BC-2，类型选择为Displacement/Rotation，Step 选择为 Step-1，单击“Continue”按钮，拾取刀具参考点 RP-1，单击“Done”按钮。设置图 8.20 所示的参数。

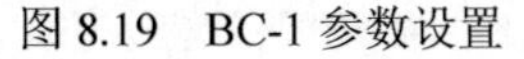

图 8.19　BC-1 参数设置

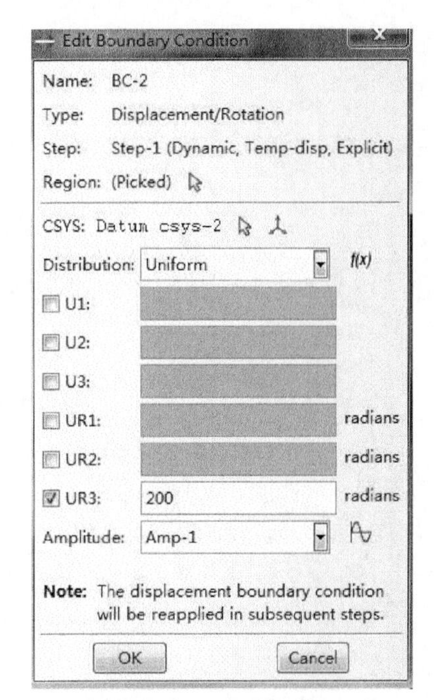

图 8.20　BC-2 参数设置

选择BC菜单中的Create，弹出的菜单栏命名为BC-3，类型选择为Displacement/Rotation，Step 选择为 Initial，单击“Continue”按钮，然后拾取刀具参考点 RP-1，单击“Done”按钮进入“边界条件”对话框。设置图 8.21 所示的选项。

选择BC菜单中的Create，弹出的菜单栏命名为BC-4，类型选择为Displacement/Rotation，Step 选择为 Initial，单击“Continue”按钮，然后拾取整个工件，单击“Done”按钮进入“边界条件”对话框。设置图 8.22 所示的选项。至此，载荷设置完成。

7. Module：Mesh（网格）

选择 Module 菜单中的 Mesh 模块，将 Object 选项改为 part，在下拉菜单中选择工件。单击 Seed 下拉菜单，选择 Edges，按住 Shift 键，选择工件的四条长边，单击“Done”按钮。弹出图 8.23 所示的对话框，设置参数如图中所示。单击“OK”按钮完成设置。

同理分别选中四条高边和四条宽边进行种子布置，参数设置分别如图 8.24 和图 8.25 所示。

种子布置完成后，选择 Mesh 菜单中的 Control 选项，Elements Shape 选择 Hex，Technique 选择 Structure，如图 8.26 所示。

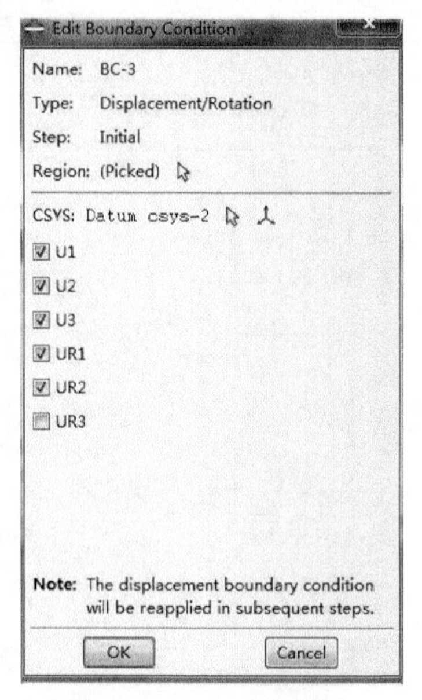

图 8.21　BC-3 参数设置

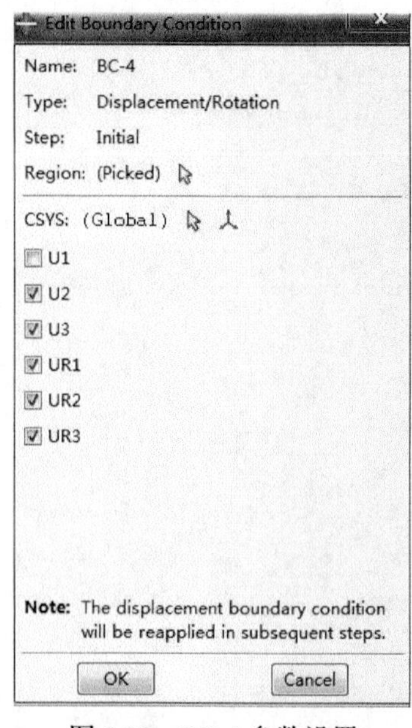

图 8.22　BC-4 参数设置

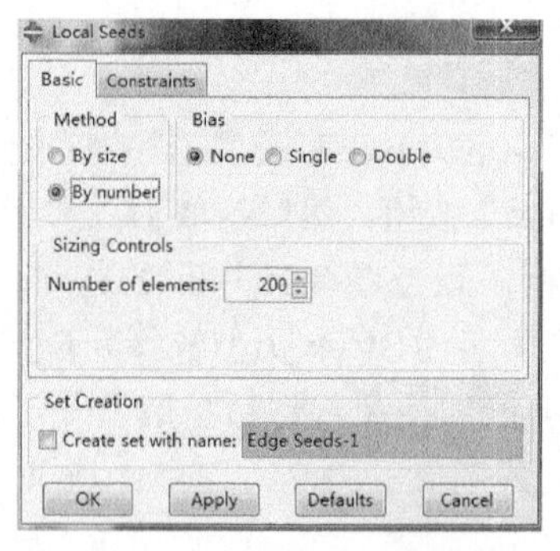

图 8.23　工件长边种子参数设置

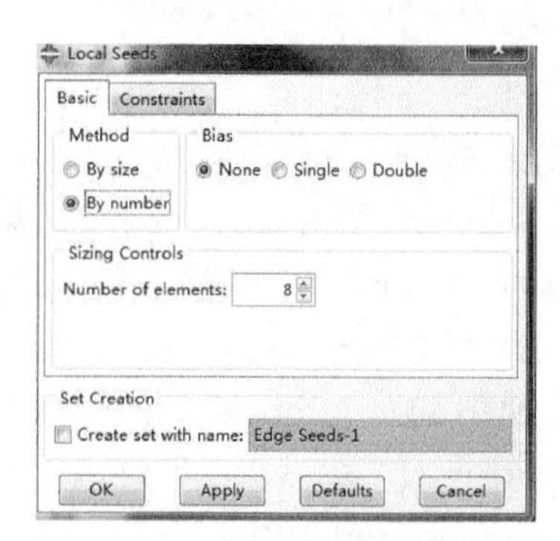

图 8.24　工件高边种子参数设置

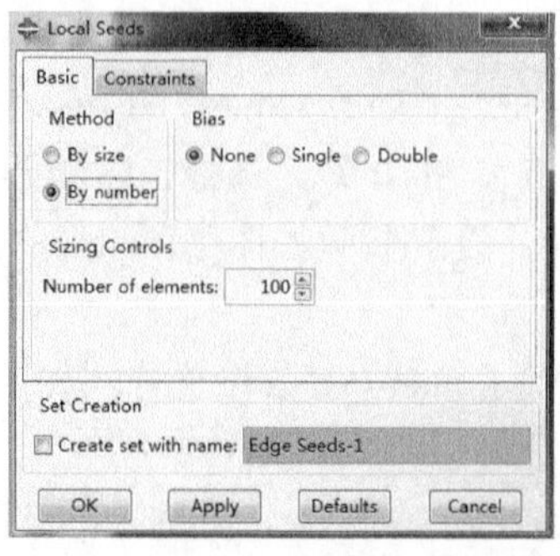

图 8.25　工件宽边种子参数设置

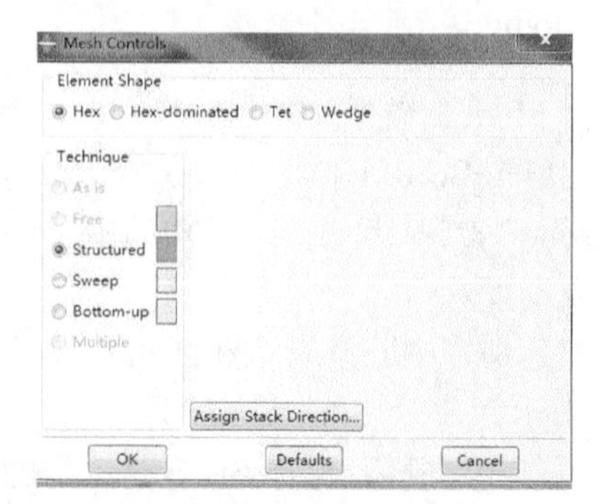

图 8.26　网格控制

网格控制完成后，在 Mesh 菜单中选择 Element Type。在弹出的对话框中，Element Library 选项选择 Explicit；Geometric Order 选项选择 Liner；其他选项设置如图 8.27 所示。单击“OK”按钮完成网格类型设置。

网格类型设置完成后，单击 Mesh 中的 Part 选项，完成工件网格划分，如图 8.28 所示。

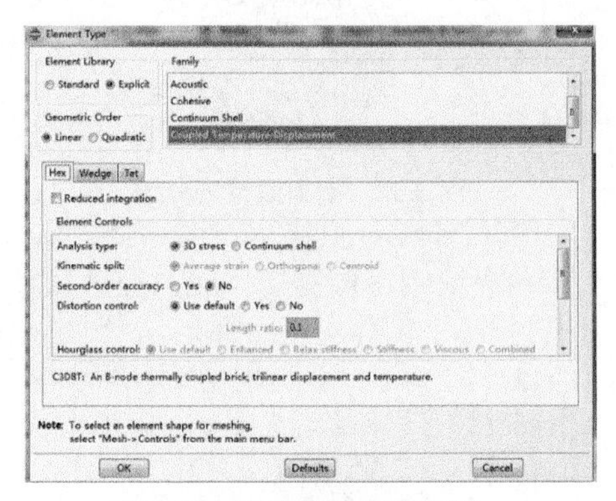

图 8.27　网格单元类型设置

图 8.28　工件网格划分

在 Object 的 Part 选项中选择铣刀，然后进行种子布置，布置完成后，如图 8.29 所示。

在 Mesh 中选择 Control，Element Shape 选择 Tet，Technique 选项中选择 Free 选项。Algorithm 的设置如图 8.30 所示。

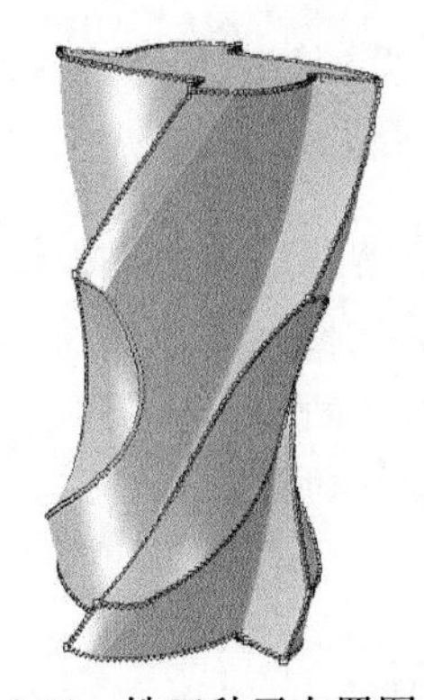

图 8.29　铣刀种子布置图

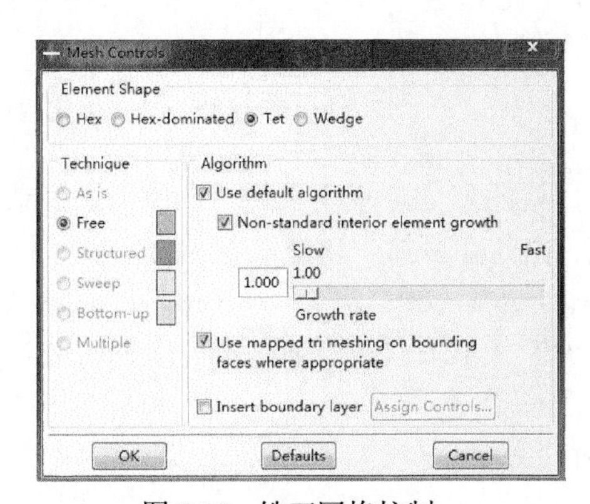

图 8.30　铣刀网格控制

在 Mesh 菜单中选择 Element Type，其设置选项如图 8.31 所示。

Element Type 设置完成后，单击 Mesh 中的 Part 选项，完成刀具网格划分，其效果图如图 8.32 所示。

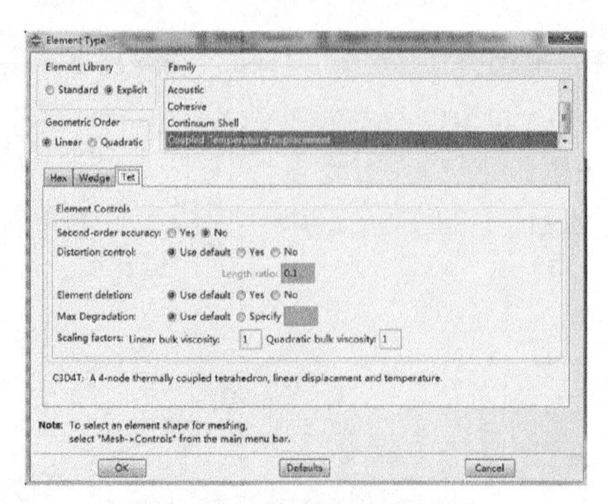

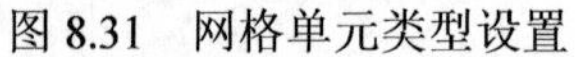
图 8.31　网格单元类型设置

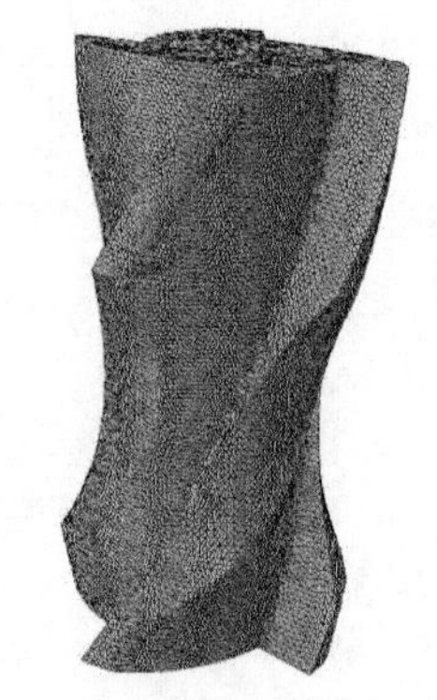
图 8.32　铣刀网格划分图

至此，该有限元仿真模型建立完成，在 Job 模块中可以提交作业，经过计算机运算可得到仿真结果。

图 8.33 为网格化工件及三维铣削仿真过程图。

（a）网格化工件　　（b）铣削仿真过程

图 8.33　Abaqus 三维铣削仿真模型

工件网格的划分是有要求的，在保证铣削结果有切屑这一前提下，加快仿真运算速度。由前面可知，模型在导入时，采用的是 SI 国际单位制。仿真时，径向切深取值 0.15mm，数量级为 1×10^{-4}m，这意味着铣削过程中，被切除部分的网格尺寸不能大于 1.5×10^{-4}，否则将不会出现切屑，一般取切除量的 1/3 为网格的最小尺寸，即 5×10^{-5}。

8.3　切屑的形成过程

成形切削过程中，铣刀切削刃处工件材料分为两部分：一部分在前刀面上方流动；另一部分从后刀面下方流动，形成了切屑。图 8.34 为切屑的形成过程，其对应的分析步数分别为 40 步、80 步和 120 步。

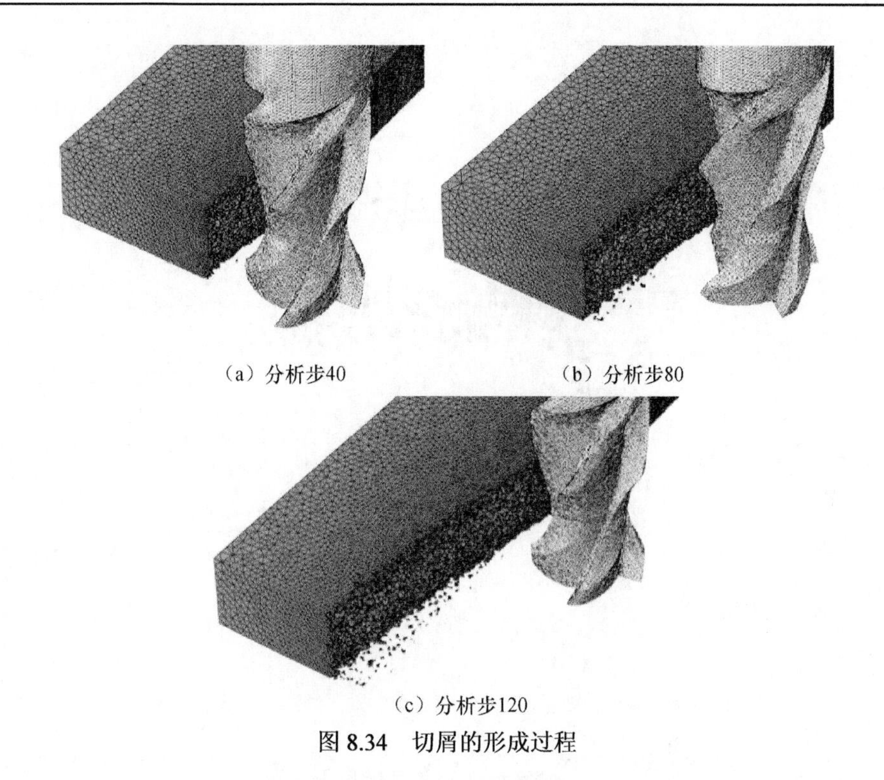
（a）分析步40　（b）分析步80

（c）分析步120

图 8.34　切屑的形成过程

8.4　铣刀结构对铣削力的影响

铣削力是铣削过程中一个重要的输出变量，铣削力的大小往往决定了铣削过程中所消耗的功率、工艺系统的变形，同时对刀具磨损、工件表面加工质量有着直接的影响[3]，本节研究铣刀不同结构对铣削力的影响，并进行结果的对比。

8.4.1　铣刀齿数对铣削力的影响

图 8.35～图 8.37 分别为齿数 Z=3 与 Z=4 的右旋等齿距成形铣刀，在铣削 6061 铝合金薄板过程中，铣削力达到平稳状态时 X、Y、Z 三个方向的铣削力变化。

由图可以看出，在 X 方向上，齿数 Z=4 的铣刀铣削力达到稳定状态时，其铣削力稳定在 30N 左右，而齿数 Z=3 的铣刀达到平稳状态时，铣削力相对小些，约为 15N。在 Y 方向上，Z=3 的铣刀达到稳定状态时，其铣削力比 Z=4 的铣刀铣削力要平稳，数值小些。在 Z 方向上，明显能够看出，Z=4 的铣刀铣削力变化比较平稳，稳定在 42N 左右。根据以上数据分析，铣削参数一定且切削长度一定时，齿数 Z=4 的成形铣刀，铣削力相对稳定，原因是每齿循环铣削次数减少，疲劳负荷降低。在 X 方向上，由于三齿铣刀导屑槽空间大，切屑易于排出，所以切削过程中铣削力相对小些[4]。

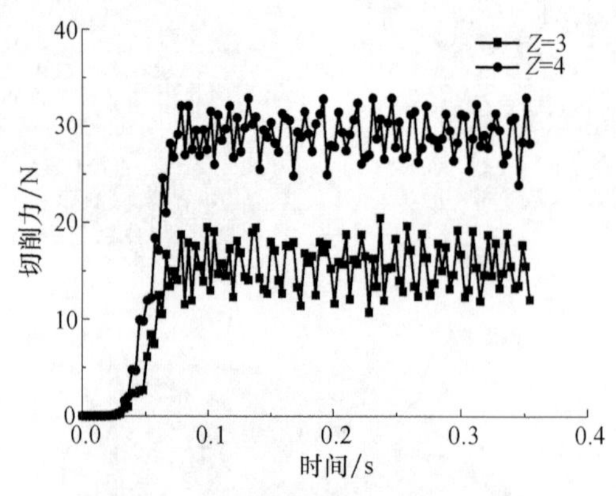

图 8.35　三齿和四齿 X 方向铣削力比较

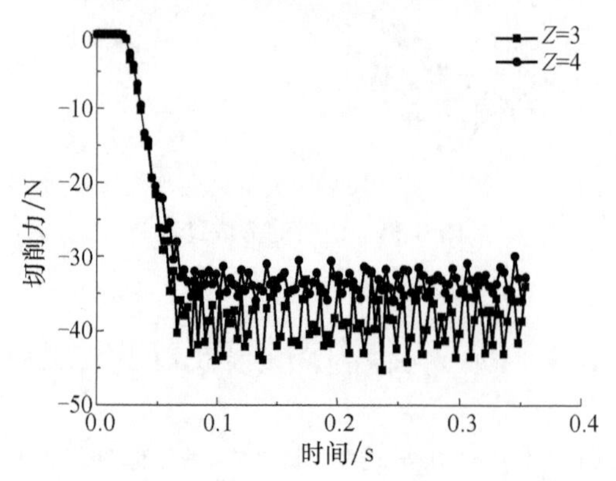

图 8.36　三齿和四齿 Y 方向铣削力比较

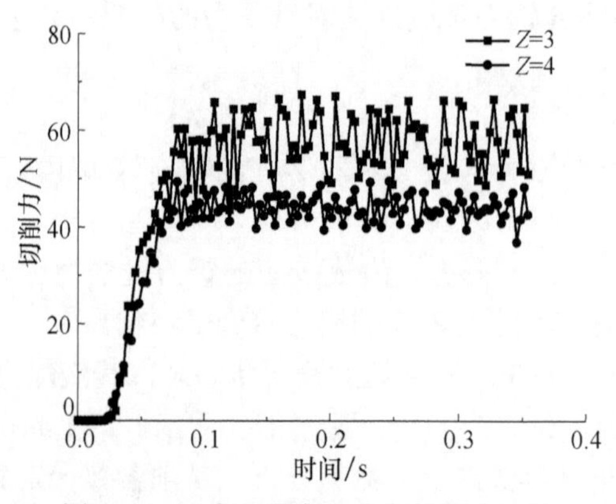

图 8.37　三齿和四齿 Z 方向铣削力比较

8.4.2　铣刀螺旋线旋向对铣削力的影响

从图 8.38～图 8.40 可以看出，当铣削过程达到平稳状态时，X、Y、Z 三个方

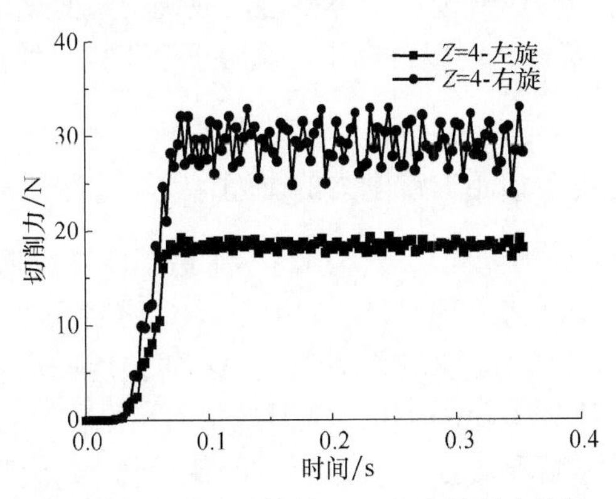

图 8.38　左旋和右旋铣刀 X 方向铣削力比较

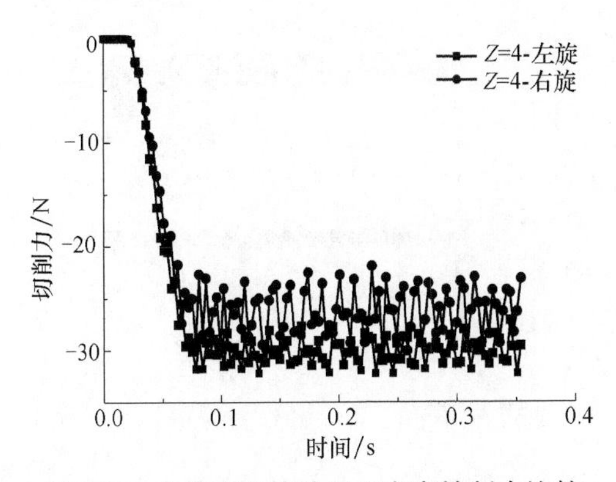

图 8.39　左旋和右旋铣刀 Y 方向铣削力比较

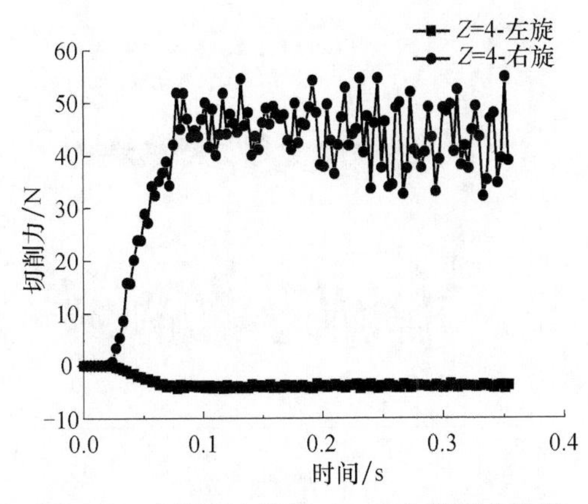

图 8.40　左旋和右旋铣刀 Z 方向铣削力比较

向上，左旋铣刀铣削力的变化幅度都要比右旋铣刀平稳。从 Z 向的铣削力曲线可以看出：右旋铣刀铣削时，垂直分力 F_Z 为正，方向竖直向上，按实际状况分析，铣刀将工件上抬，容易造成铣削过程不稳定，故铣削力变化幅度大；左旋铣刀铣削时，垂直分力 F_Z 为负，方向竖直向下，铣刀下压工件，使得铣削过程稳定，故铣削力变化幅度较小[5]。

8.4.3　铣刀等齿距与不等齿距对铣削力的影响

图 8.41～图 8.43 分别为四齿等齿距与不等齿距左旋成形铣刀，在铣削 6061 铝合金薄板过程中，铣削力达到平稳状态时 X、Y、Z 三个方向的铣削力变化。

由图可以看出，在 X、Y、Z 三个方向上，不等齿距成形铣刀铣削过程中，铣削力相对小些且变化比较平稳。等齿距铣刀铣削力相比较而言，变化幅度稍大些，说明不等齿距的结构实际降低了铣削过程中的振动[6]。分析其原因是：等齿距铣刀铣削过程中，由于每个刀齿进给量相同，各刀齿的铣削力波形完全相同，铣削

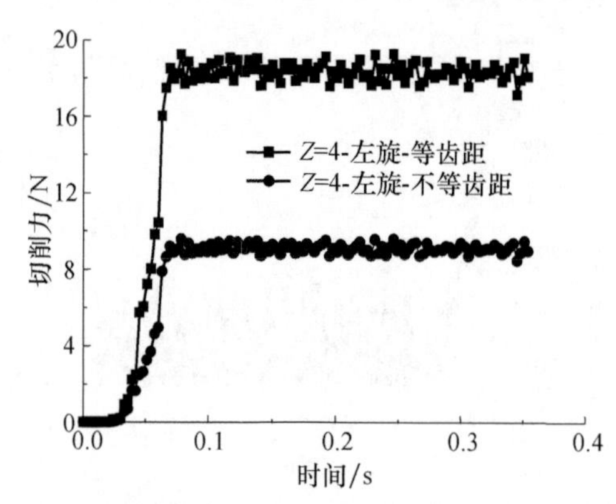

图 8.41　等齿距和不等齿距铣刀 X 方向铣削力比较

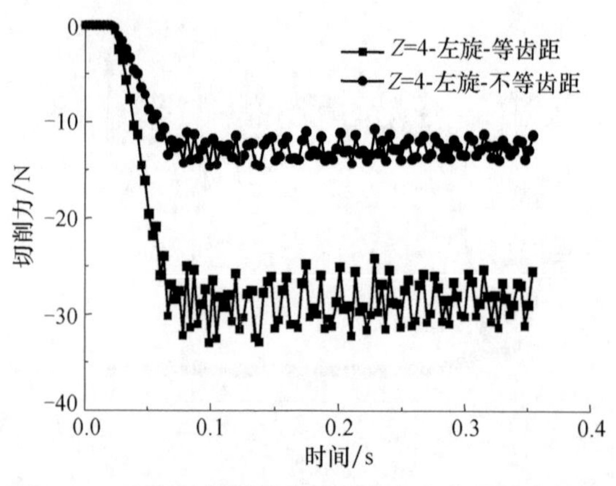

图 8.42　等齿距和不等齿距铣刀 Y 方向铣削力比较

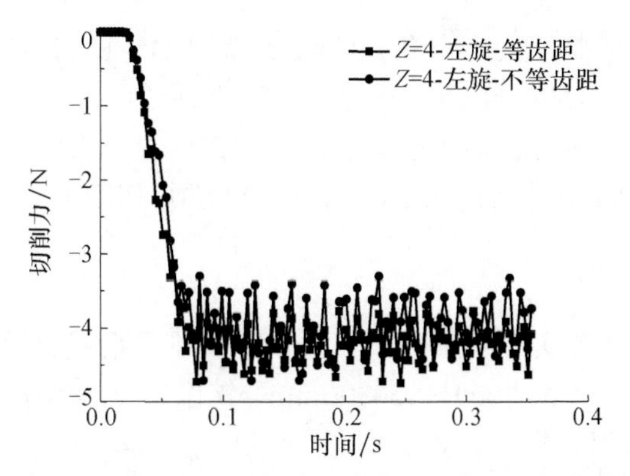

图 8.43　等齿距和不等齿距铣刀 Z 方向铣削力比较

力是以转过一个齿距所用时间为周期的周期函数，容易激起加工系统产生谐振，使得铣削力变化幅度变大，还会导致工件表面质量差，刀具磨损严重。采用不等齿距铣刀时，各刀齿的进给量不再相同，且相邻刀齿的时间滞后量也不相等，故各刀齿的铣削力波形不再相同，破坏了铣削力的周期性，不但其振动的最大幅值有所下降，而且其振动总能量也降低，故可控制铣削加工中，由刀齿周期冲击所引起的受迫振动，使得铣削过程中铣削力减小[7-10]。

8.5　铣削试验与结果分析

8.5.1　试验条件

如图 8.44 所示，机床采用 VMC-C50 五轴加工中心；数据采集采用 DHDAS-5922 动态信号采集分析系统；电荷放大器选用 Kistler 5070A；测力仪采用 Kistler 9257B 测力仪采集 X、Y、Z 三个方向的铣削力；采用三向加速度传感器采集 X、Y、Z 三个方向振动信号。

（a）VMC-C50五轴加工中心

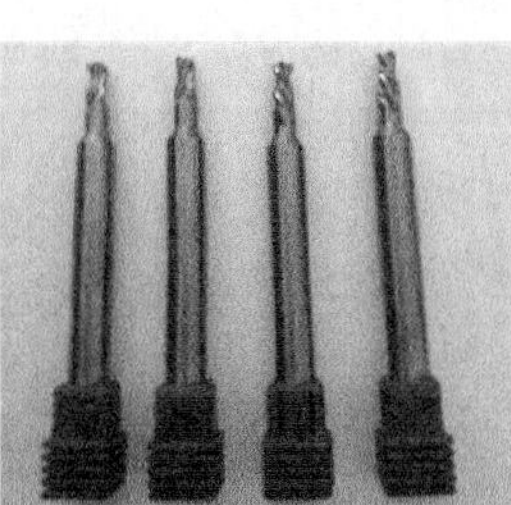

（b）成形铣刀

（c）6061铝合金薄板

图 8.44　试验用设备、刀具及工件

刀具为制备好的整体硬质合金成形铣刀，规格 D5×R4.48×75×D8；工件为 6061 铝合金薄板，尺寸：160mm×85mm×4mm，工件通过隔板固定在测力仪上，与测力仪隔开一段距离，测力仪通过楔块紧固在工作台上，采集三个方向铣削力，电信号经 Kistler 5070A 放大后进入 DHDAS-5922 进行切削力的分析处理。

8.5.2　单因素试验设计

本节设计了成形铣刀侧铣 6061 铝合金薄板单因素试验，铣削参数取工厂实际加工参数，主轴转速 S=8000～15000r/min，铣削宽度 a_e = 0.15mm，铣削进给速度 800mm/min。铣刀参数如表 8.5 所示。

表 8.5　铣刀结构及角度参数

参数序号	齿数 Z	螺旋线旋向	等齿距或不等齿距	径向前角	径向后角	螺旋角 ε
A	3	右旋	等齿距	10°	8°	40°
B	4	右旋	等齿距	10°	8°	40°
C	4	左旋	等齿距	10°	8°	40°
D	4	左旋	不等齿距（10°/ 86°）	10°	8°	40°

根据仿真分析的结果进行如下四组试验：每把成形铣刀加工 6061 铝合金薄板铣削 60 圈，由于径向切深很小，相当于加工 60 个工件。试验 1 选择 A、B 两把铣刀进行试验，研究铣刀齿数 Z 对铣削力、振动及工件表面粗糙度的影响；试验 2 选择 B、C 两把铣刀进行试验，研究螺旋线旋向对铣削力、振动及工件表面粗糙度的影响，B 铣刀不用再重复试验，减少了试验量；试验 3 选择 C、D 两把铣刀研究等齿距与不等齿距对铣削力、振动及工件表面粗糙度的影响，同样 C 铣刀不用再重复铣削。

图 8.45　铣削试验现场

图 8.45 为 6061 铝合金薄板成形铣削试验现场。对比研究铣削过程中，铣刀齿数 Z、螺旋线左旋与右旋以及等齿距与不等齿距对铣削力、Z 方向振动的影响。研究的主要问题是 3C 产品铣削纹路的问题，纹路的产生主要受 Z 方向铣削力和振动的影响，故 Z 方向铣削力及振动越平稳越好，可以减小铣刀在铣削过程中的磨损或破损，降低工件表面粗糙度，提高表面光洁度。

8.5.3　铣刀齿数对铣削力及振动的影响

第一组试验，当铣削时间达到 15min 时，铣削过程基本稳定，此时提取 X、Y、Z 方向的铣削力及 Z 方向的加速度信号。图 8.46 分别为齿数 Z=3 和 Z=4、右旋、等齿距成形铣刀，在 X、Y、Z 三个方向上的铣削力，图 8.47 为试验中 Z 方向的振动信号。

从图 8.46 中可以看出，铣削力平均值及峰值：X 方向上，$F_{Z=4}>F_{Z=3}$；Y 方向上，$F_{Z=4}<F_{Z=3}$；Z 方向上，$F_{Z=4}<F_{Z=3}$。从图 8.47 中可以看出，Z 向加速度标准差，$S_{Z=3}<S_{Z=4}$，表明 Z=3 铣刀比 Z=4 铣刀铣削平稳。分析原因：试验过程为干式切削，未使用切削液冷却润滑，齿数 Z=3 的铣刀导屑槽空间大，切屑更容易排出，

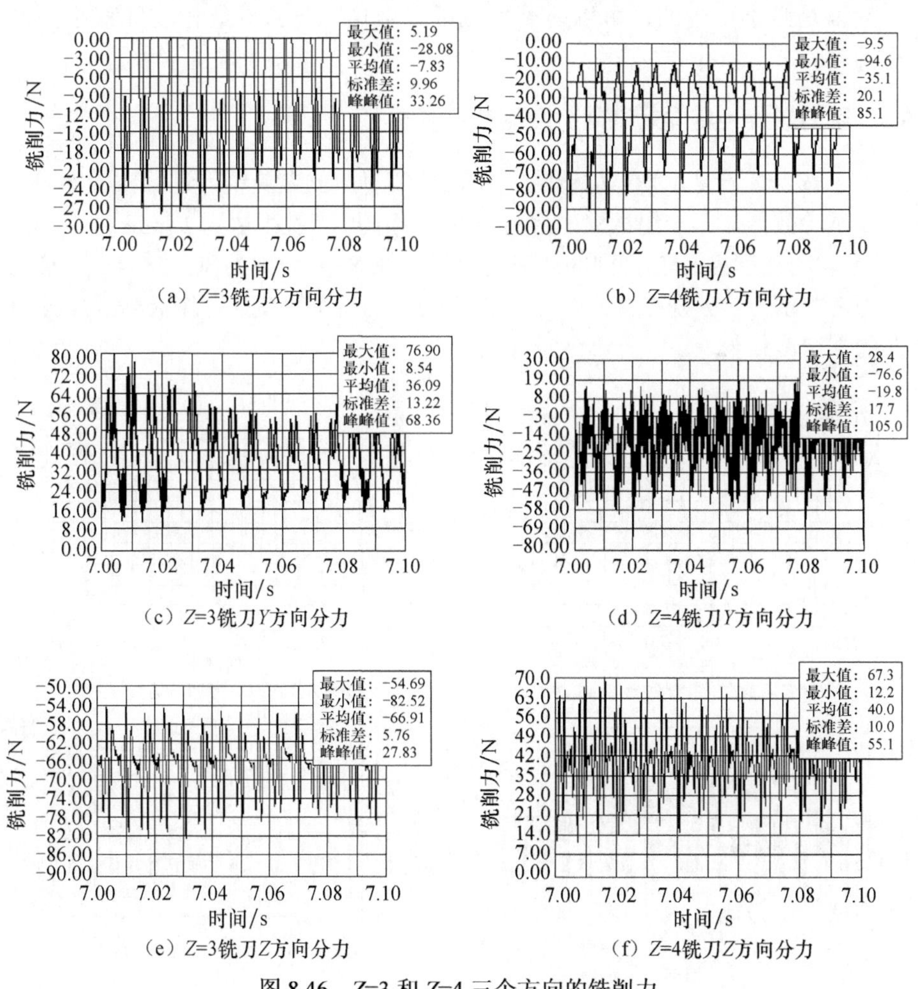

（a）Z=3铣刀X方向分力　（b）Z=4铣刀X方向分力

（c）Z=3铣刀Y方向分力　（d）Z=4铣刀Y方向分力

（e）Z=3铣刀Z方向分力　（f）Z=4铣刀Z方向分力

图 8.46　Z=3 和 Z=4 三个方向的铣削力

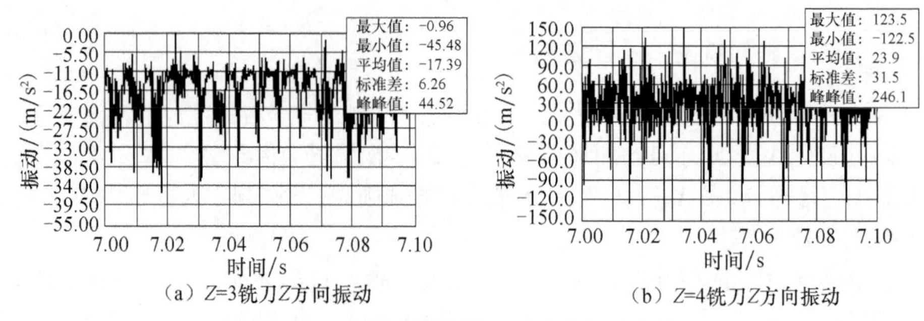

（a）Z=3铣刀Z方向振动　　（b）Z=4铣刀Z方向振动

图 8.47　三齿和四齿铣刀 Z 方向振动信号

减小了铣削过程中的振动，使得铣削过程较为平稳。实际生产加工时，切削液冷却润滑是必不可少的，可以显著降低因齿数增加导致导屑槽空间变小而产生的振动。

8.5.4　铣刀螺旋线旋向对铣削力及振动的影响

为了减少试验量，第二组试验，只需对 C 对应的左旋铣刀进行试验即可，右旋铣刀试验数据与第一组试验中序号 B 铣刀相同。当铣削达到 15min 时，提取 X、Y、Z 方向的铣削力及 Z 方向的加速度信号。图 8.48 分别为齿数 Z=4、右旋与左旋、等齿距铣刀，分别在 X、Y、Z 三个方向上的铣削力变化，图 8.49 为试验中 Z 方向的加速度信号。

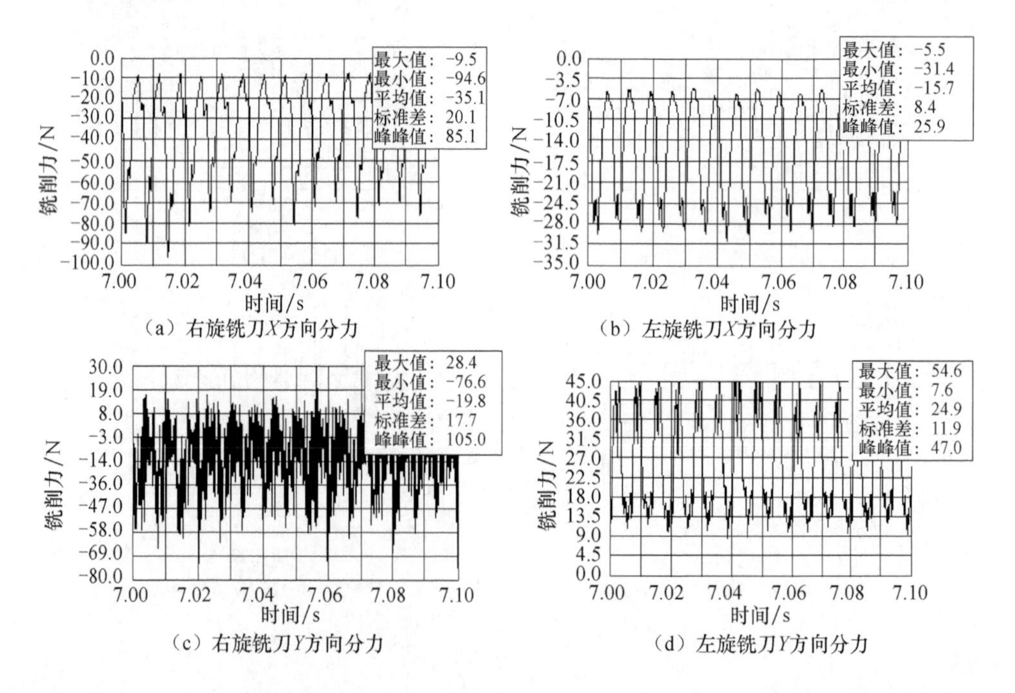

（a）右旋铣刀X方向分力　　（b）左旋铣刀X方向分力

（c）右旋铣刀Y方向分力　　（d）左旋铣刀Y方向分力

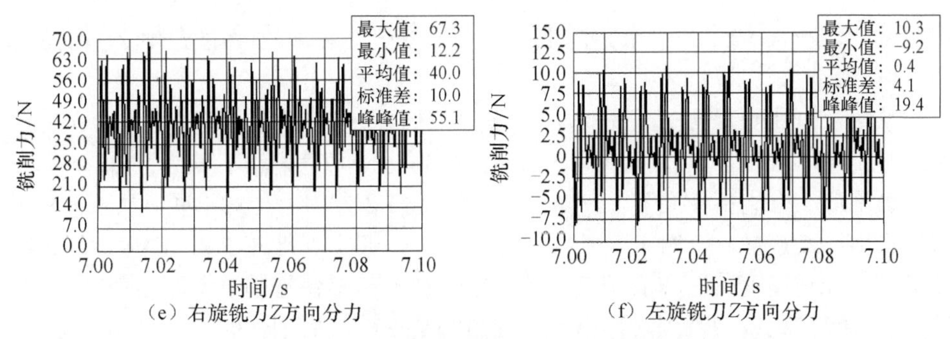

（e）右旋铣刀Z方向分力　　（f）左旋铣刀Z方向分力

图 8.48　Z=4 等齿距铣刀三个方向的铣削力

从图 8.48 中可以看出，铣削力平均值及峰值：X 方向上，$F_{右旋}>F_{左旋}$；Y 方向上，平均值 $F_{右旋}\approx F_{左旋}$，峰值 $F_{右旋}>F_{左旋}$；Z 方向上，数值差距十分明显，平均值 $F_{右旋}\gg F_{左旋}$；峰值 $F_{右旋}>F_{左旋}$。从图 8.49 中可以看出，Z 方向加速度均值及标准差数值差距也十分明显，平均值 $A'_{右旋}=23.9\gg A'_{左旋}=0$，标准差 $S_{右旋}\gg S_{左旋}$。表明铣削过程中，左旋铣刀相比右旋铣刀铣削力更小且铣削过程更平稳。分析其原因：右旋铣刀铣削时，切削刃法向力在 Z 方向上的分力 F_z 方向竖直向上，按实际状况分析是，铣刀上抬工件，造成铣削过程不稳定，故铣削力变化幅度大；左旋铣刀铣削时，切削刃法向力在 Z 方向上的分力 F_z 方向竖直向下，铣刀下压工件，抵消部分 Z 方向的力，能够使铣削过程稳定，故铣削力变化及振动都较小。通过上述分析认为，螺旋刃左旋切削性能更佳，选择螺旋刃左旋作为该款铣刀的设计方案。

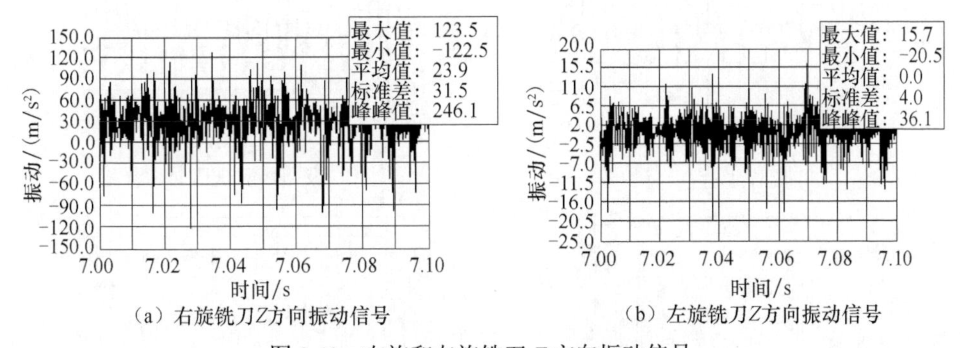

（a）右旋铣刀Z方向振动信号　　（b）左旋铣刀Z方向振动信号

图 8.49　右旋和左旋铣刀 Z 方向振动信号

8.5.5　铣刀等齿距与不等齿距对铣削力及振动的影响

同样，第三组试验只需进行 D 对应的不等齿距铣刀试验，等齿距铣刀试验数据与第二组试验中 C 铣刀一致。当铣削达到 15min 时，提取 X、Y、Z 方向的铣削力及 Z 方向的加速度信号。图 8.50 分别为齿数 Z=4、左旋、等齿距与不等齿距铣刀，在 X、Y、Z 三个方向上的铣削力变化，图 8.51 为试验中 Z 方向的加速度信号。

从图 8.50 中可以看出，铣削力平均值及峰值：X 方向上，平均值 $F_{\text{等齿}}>F_{\text{不等齿}}$，峰值 $F_{\text{等齿}}=F_{\text{不等齿}}$；$Y$ 方向上，$F_{\text{等齿}}>F_{\text{不等齿}}$；$Z$ 方向上，数值差距不明显，$F_{\text{等齿}}\approx F_{\text{不等齿}}$，但在平均值、峰值及标准差上，都是不等齿铣刀 Z 方向上相对小些。从图 8.51 中可以看出，Z 方向上，加速度平均值 $A'_{\text{等齿}}=A'_{\text{不等齿}}=0$，标准差 $S_{\text{等齿}}=4>S_{\text{不等齿}}=0.1$。从 Z 方向加速度变化可以看出，不等齿距的结构能够使铣削过程更加稳定。分析其原因：等齿距铣刀铣削时，由于齿间角都是 90°，周期性的冲击引起振动，铣削力变化幅度增大；不等齿距铣刀铣削时，破坏了铣削力的周期性，使得铣削过程振动平稳，铣削力减小。

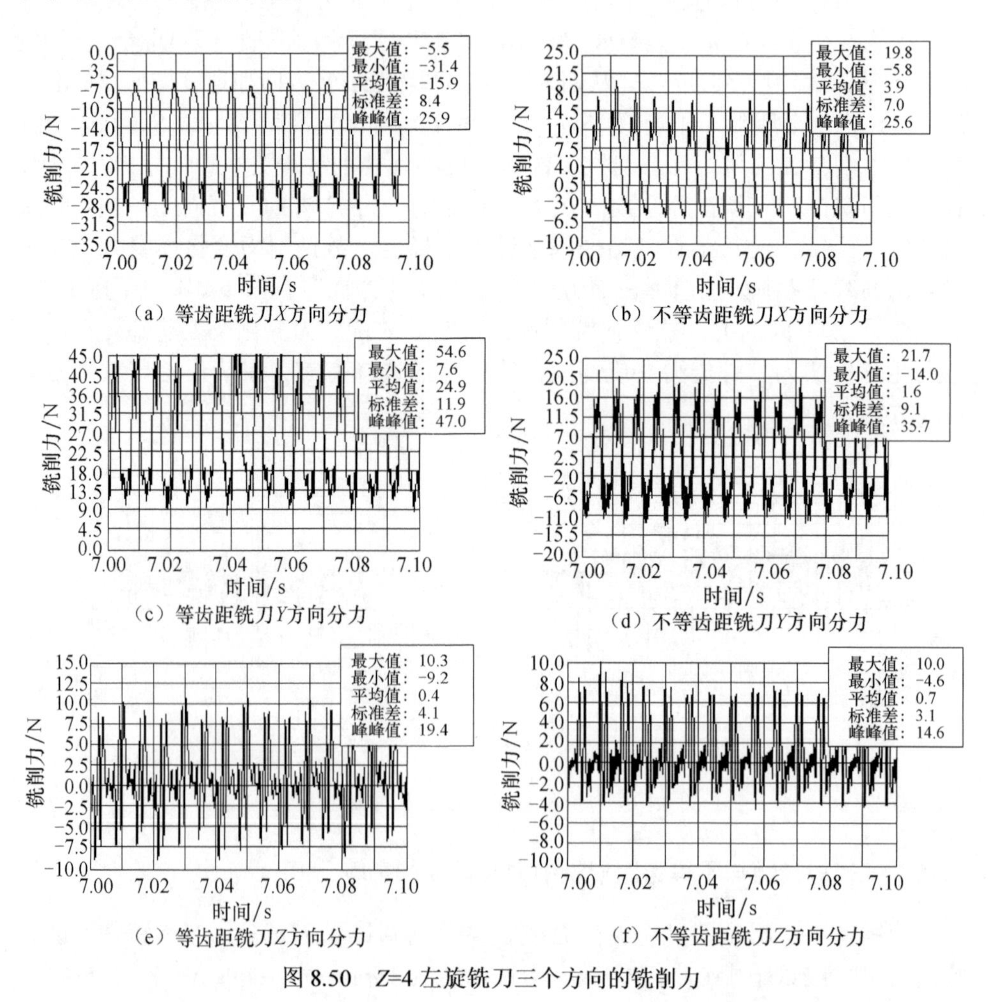

（a）等齿距铣刀X方向分力　（b）不等齿距铣刀X方向分力

（c）等齿距铣刀Y方向分力　（d）不等齿距铣刀Y方向分力

（e）等齿距铣刀Z方向分力　（f）不等齿距铣刀Z方向分力

图 8.50　Z=4 左旋铣刀三个方向的铣削力

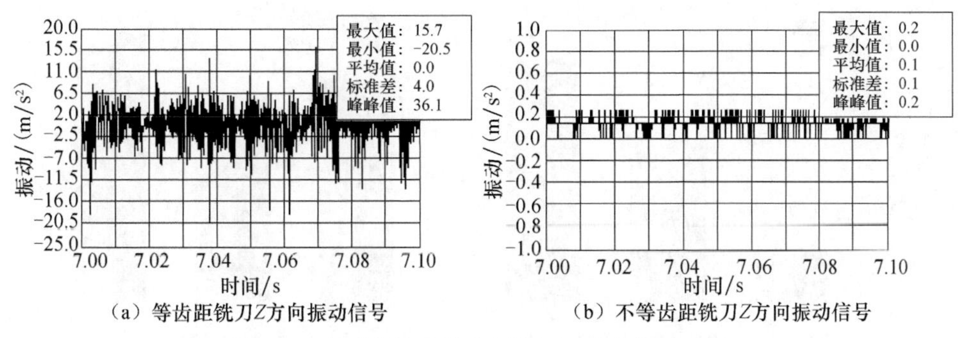

（a）等齿距铣刀Z方向振动信号　　（b）不等齿距铣刀Z方向振动信号

图 8.51　等齿距和不等齿距铣刀 Z 方向振动信号

8.6　有限元仿真结果精度的验证

为了验证建立的 Abaqus 三维铣削有限元仿真模型的正确性，更好地指导同类问题的实际生产加工，将仿真过程中提取的铣削力与试验过程中获取的铣削力进行比较，验证模型精度。

表 8.6 为四个不同结构的成形铣刀在铣削力达到平稳时仿真值与试验值的对比，其值为铣削力绝对值的平均值，对应的机床主轴转速为 8000r/min，进给速度为 800mm/min，径向切深 a_e=0.15mm。

表 8.6　不同结构铣刀仿真与试验数据对比

铣刀	铣削力/N			误差/%	铣刀	铣削力/N			误差/%
	分力	仿真数据	试验数据			分力	仿真数据	试验数据	
A	F_x	12.5	9.92	26.0	C	F_x	17.1	15.9	7.5
	F_y	39.7	36.09	10.0		F_y	31.1	24.9	24.9
	F_z	59.3	66.91	11.4		F_z	4.21	3.09	36.2
B	F_x	29.4	35.1	16.2	D	F_x	9.2	6.7	37.3
	F_y	32.2	21.4	50.5		F_y	11.7	8.2	43.6
	F_z	42.5	40.0	6.25		F_z	3.9	2.7	44.4

为了更清楚直观地表达仿真结果与试验数据的差异，绘制如图 8.52 所示的柱状图。从图中可以直观地看出，仿真与试验数据相对比较吻合，表明之前建立的 Abaqus 三维铣削有限元仿真模型具有一定的准确性，可以用于指导同类问题的实际生产加工。

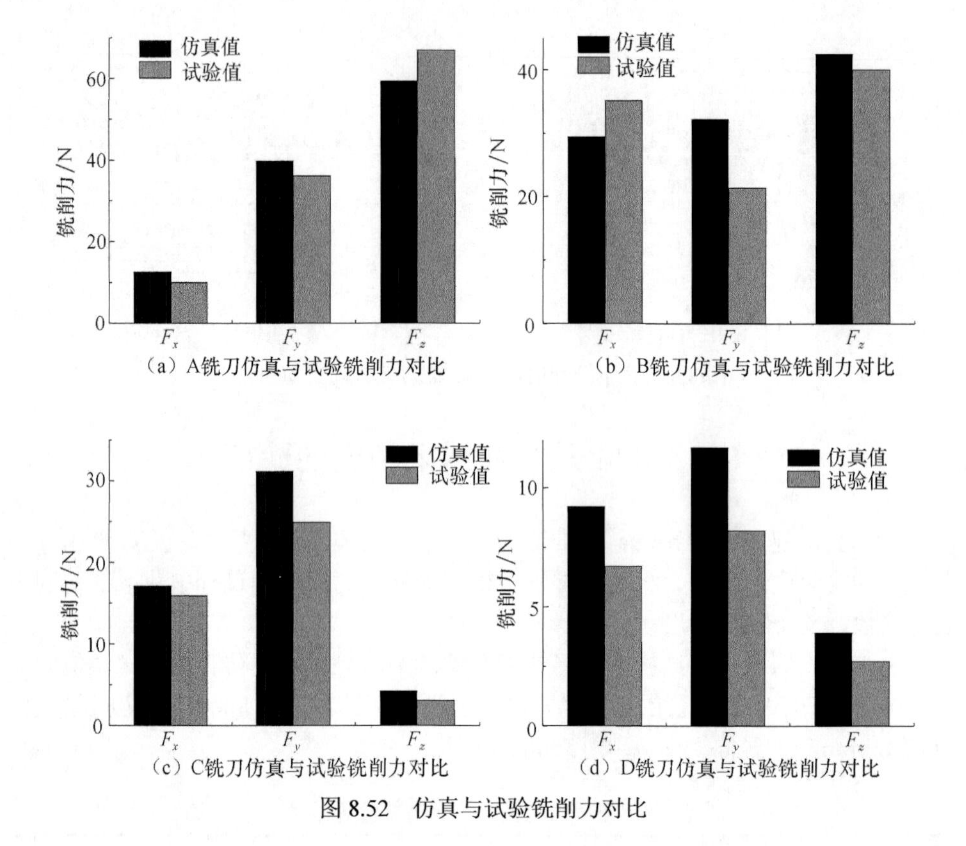

（a）A铣刀仿真与试验铣削力对比

（b）B铣刀仿真与试验铣削力对比

（c）C铣刀仿真与试验铣削力对比

（d）D铣刀仿真与试验铣削力对比

图 8.52　仿真与试验铣削力对比

8.7　本 章 小 结

本章利用 UG10.0 建立了四个不同结构的铣刀，用来模拟仿真不同参数铣刀对铣削过程的影响。随后又描述了基于 Abaqus 建立三维有限元仿真模型的过程，该有限元模型模拟了整体硬质合金成形铣刀高速铣削 6061 铝合金手机边框的过程，得到了不同成形铣刀铣削过程中切削力的变化趋势，对比不同铣刀之间切削力的变化，分析了不同成形铣刀结构对铣削力的影响。最后进行了铣削试验，通过试验得到的铣削力与仿真得到的铣削力对比，验证了仿真模型的正确性。分析表明，仿真数据与试验数据相对比较吻合，采用 Abaqus 三维铣削有限元仿真模型具有一定的准确性，研究结果可以用于指导同类问题的实际生产加工。

参 考 文 献

[1] 姜海军. CAD/CAM 软件: UG NX 8.0 实用教程[M]. 北京: 高等教育出版社, 2012.

[2] Boldyrev I S, Shchurov I A, Nikonov A V. Numerical simulation of the aluminum 6061-T6 cutting and the effect of the constitutive material model and failure criteria on cutting forces prediction[J]. Procedia Engineering, 2016, (150):

866-870.

[3] 张庆阳. 6061 铝合金高速铣削过程温度场及残余应力场研究[D]. 上海: 上海交通大学硕士学位论文, 2013.

[4] Lamikiz A, Lacalle L N L D, Sánchez J A, et al. Cutting force estimation in sculptured surface milling[J]. International Journal of Machine Tools & Manufacture, 2004, 44(44): 1511-1526.

[5] 邵子东. 高速整体硬质合金立铣刀结构设计及其性能研究[D]. 济南: 山东大学硕士学位论文, 2007.

[6] 邓亚弟, 刘光耀, 税妍. 硬质合金立铣刀螺旋角对切削性能的影响[J]. 工具技术, 2014, 48(9): 43-46.

[7] 李辉, 张宇平, 刘凤利. 不等齿距端铣刀对端铣振动影响的研究[J]. 机械科学与技术, 2003, 22(3): 408-411.

[8] 李辉, 刘凤利, 王战中. 不等齿距端铣刀的减振机理[J]. 振动与冲击, 1999, 18(3): 62-66.

[9] 周汝忠, 张继仪. 不等齿距端铣刀的结构优化及性能试验[J]. 工具技术, 1992, 26(1): 14-17.

[10] 李海斌. 不等距铣刀刀齿分布优化与试验研究[D]. 南京: 南京航空航天大学硕士学位论文, 2011.

第 9 章　切削过程刀具磨损的有限元仿真

在切削过程中，刀具切除工件上的金属层，同时工件与切屑对刀具作用，使刀具磨损。刀具严重磨损将会缩短刀具使用时间，增加刀具材料的损耗。因此，刀具磨损是影响生产效率、加工质量和成本的一个重要因素。本章对刀具磨损形式进行分类，并以 PCBN 刀具为例研究刀具磨损过程，最后利用 Abaqus 结合 Python 语言，对高速切削轴承钢 GCr15 过程中刀具的磨损进行试探性的预测模拟。

9.1　刀具磨损形式

在金属切削过程中，切削区域处于高温、高压、高速以及机械或热冲击的条件下，刀具磨损情况是比较复杂的。刀具磨损的基本形式可以分为正常磨损和非正常磨损。切削条件的改变会导致刀具主要磨损类型的变化[1-3]。

9.1.1　正常磨损

正常磨损是指在刀具设计、使用合理、制造与刃磨质量符合要求的情况下，刀具在切削过程中逐渐产生的磨损。正常磨损主要包括前刀面磨损、后刀面磨损以及前后刀面同时磨损[4]，如图 9.1 所示。

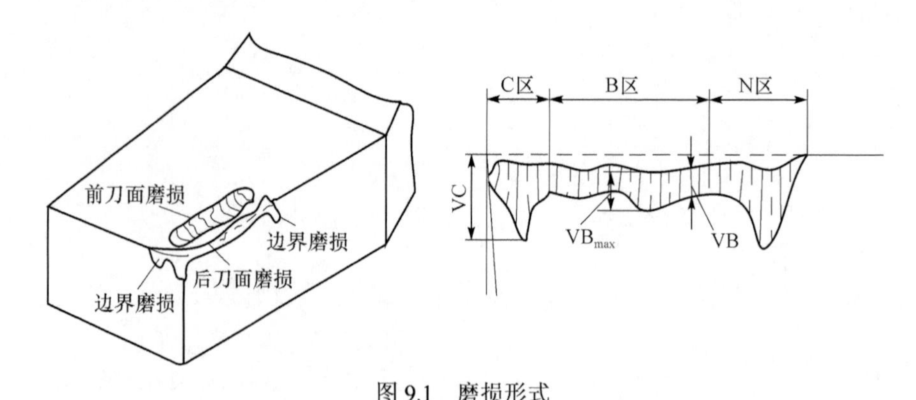

图 9.1　磨损形式

1. 磨损区域的划分

后刀面磨损发生在与切削刃连接的后刀面上，磨出长度为 VB、后角等于或小于零的棱面。根据棱面上各部位磨损特点，可分为三个区域[5,6]。

（1）C 区：接近刀尖处磨损较大的区域，这是由于温度高、散热条件差造成的，其磨损量用高度 VC 表示。

（2）N 区：接近待加工表面，约占全场的 1/4 的区域。在它的边界处磨出较长沟痕，这是由于表面氧化皮或上道工序留下的硬化层等造成的，也称为边界磨损，磨损量用 VN 表示。

（3）B 区：C 区与 N 区间较均匀的磨损区域，磨损量用 VB 表示，其局部出现的划痕深沟的高度用 VB_{max} 表示。

2. *前刀面磨损*

切屑在前刀面上流出时，由于摩擦高温和高压作用，前刀面上近切削刃处磨出月牙洼。前刀面的磨损量用月牙洼深度 K_T 表示，月牙洼的宽度为 K_B。

3. *后刀面磨损*

切削过程中刀具后刀面与切削过渡表面或已加工表面相接触，并产生挤压和摩擦，使刀具后刀面发生磨损。在稳定磨损阶段，后刀面磨损是渐进式的，便于测量，所以一般以后刀面磨损量作为刀具的磨钝标准。

4. *前后刀面同时磨损*

切削后刀具上同时出现前刀面和后刀面磨损，这是在切削塑性金属时，采用中等切削速度和中等进给量较常出现的磨损形式。

在切削过程中，较常见到的是后刀面磨损，尤其是在切削脆性金属和切削深度 h_p 较小情况下。月牙洼磨损通常是在高速、大进给量（$f>0.5$mm）切削塑性金属时产生的。

9.1.2　非正常磨损

非正常磨损是指刀具在切削过程中受到冲击、受热不均等使刀具突然或过早产生损坏现象[7]，其中有以下两种现象。

（1）磨损在切削刃或刀面上产生裂纹、崩刃或破碎。

（2）卷刃切削时，在高温作用下，切削刃和刀面产生塌陷或隆起的塑性变形现象。

9.2　刀具磨损过程

正常磨损情况下，刀具磨损量随切削时间增加而逐渐扩大。若以后刀面磨损为例，其典型磨损过程如图 9.2 所示。

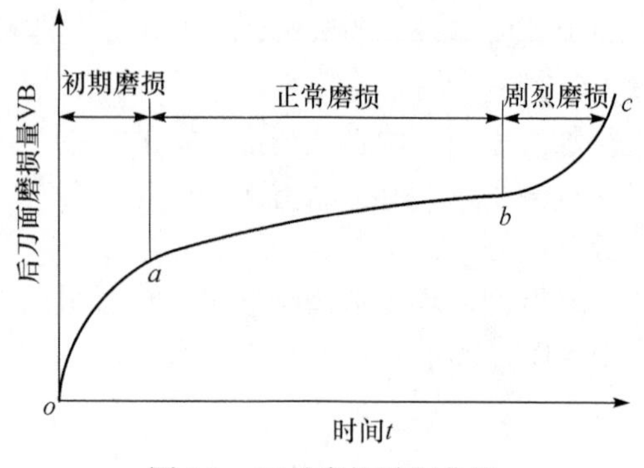

图 9.2　刀具磨损过程曲线

9.2.1　初期磨损

刀具初期磨损阶段，如图 9.2 中 *oa* 段曲线所示，磨损曲线斜率比较大，刀具磨损速度较快。这是由于新刃磨的刀具切削刃和刀面尚不平整，存在一定的粗糙度，刀具切削刃与工件加工表面的实际接触面积很小，导致切削刃应力集中，磨损速率较快。但这会在刀具后刀面上快速磨出一道窄面，进而使切削刃和工件加工表面接触压力逐渐变少，刀具磨损速率也随之减小并逐渐稳定，直到刀具初期磨损阶段结束。通过研磨可以减少刀具的初期磨损，也可以提高刀具的耐用度。

9.2.2　正常磨损

刀具正常磨损阶段，如图 9.2 中 *ab* 段曲线所示，特征是磨损曲线斜率较小，刀具磨损速度较慢。经历初期磨损阶段后，刀具切削刃与工件的接触面积变大，因此接触压力减小，刀具磨损量增加变缓，磨损带宽度随着时间的增长也随之均匀变宽。磨损曲线的 *ab* 段类似于一条斜直线，这一阶段刀具的磨损速度相比前一阶段减慢，切削过程相对稳定。该阶段是刀具的有效工作时间，直线的斜率代表磨损的强度[8]。

9.2.3　剧烈磨损

实际加工中，当刀具磨损到一定程度时，便不能再正常工作，需要进行重磨或者更换切削刃，这样也就需要规定一个刀具磨损量的预定临界值，达到该值则需要换刀，这个预定临界值即称为刀具的“磨钝标准”。不同加工要求规定的刀具磨钝标准也不同。一般地，对于硬质合金刀具、高速钢刀具和陶瓷刀具，规定刀具后刀面磨损量 VB 达到 0.3mm 时即达到了刀具磨钝标准[9]。

9.3　刀具磨损研究

在机械作用和热作用下刀具刃口会发生明显的化学和物理变化，进而发生持续的刀具磨损。当刀具磨损到一定程度，还会出现刃口崩刃等现象。刀具磨损会对切削过程产生剧烈影响，不仅使得切削力、切削温度和切削过程的稳定性发生明显变化，还会使得被加工工件的使用性能发生明显变化[10]。下面以 PCBN 刀具为例对刀具磨损过程进行研究。

9.3.1　PCBN 刀具磨损机理研究

PCBN 刀具初期磨损的特征主要是由刀具刃口的处理质量决定的，经过快速磨损之后，刀具刃口被进一步钝化使得刀具进入正常磨损阶段。此时，加工表面质量要优于初期磨损阶段。当经历一段时间的切削后，PCBN 刀具在机械、化学、磨料、氧化等类型磨损的综合作用下，刀具磨损加快，使得刀具对已加工表面的挤压或熨压作用也急剧升高，受到机械和热作用的切屑发生熔融现象，并附着刀尖部位，如图 9.3（a）所示。此时刀具连续切削时间为 15min，刀具前刀面切削刃出现微崩刃现象，并且刀具后刀面与工件剧烈的摩擦作用使得后刀面出现明显的沟槽磨损，如图 9.3（b）所示。切削过程产生过高的机械和热载荷也造成了已加工表面性能指标的急剧恶化，使得加工工件性能不能满足指标要求，即刀具已经丧失了切削性能。

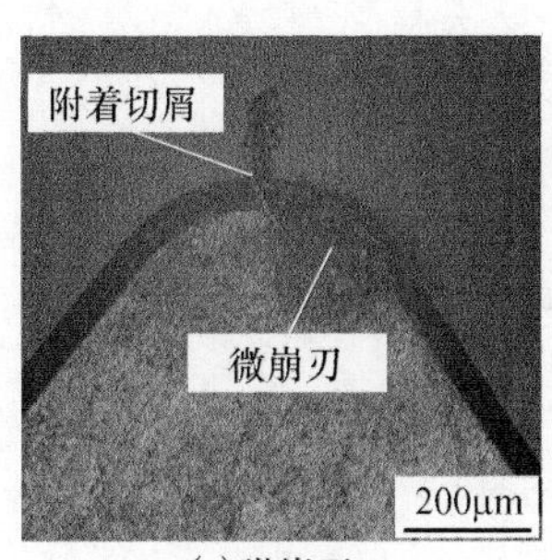

(a) 微崩刃

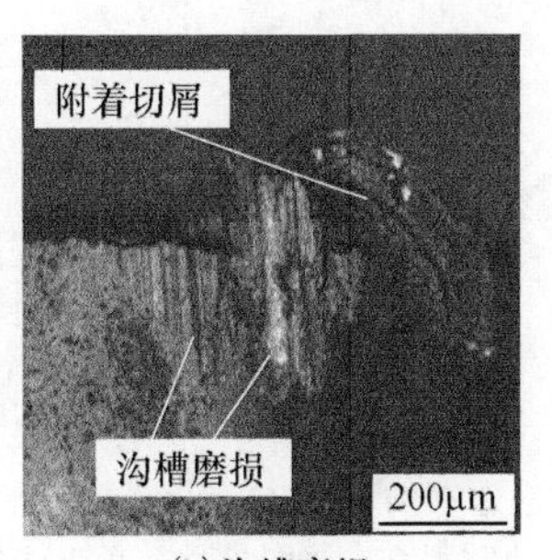

(b) 沟槽磨损

图 9.3　PCBN 刀具磨损微观形貌

采用扫描电镜对刀具前后刀面元素分析，通过检测特定部位元素的变化来揭示硬态切削过程中刀具磨损机理。图 9.4 为前刀面的磨损形貌，通过 A 和 B 两处的元素对比分析明显可以发现，在刀尖 A 处的 Fe 元素明显增加，但是 Ti 元素明显下降，说明了氧化磨损存在。而远离刀尖部位 B 处的切削温度要远低于 A 处，刀具未发生磨损，此处的元素含量即为刀具基体的元素含量。同时，还可以在刀具

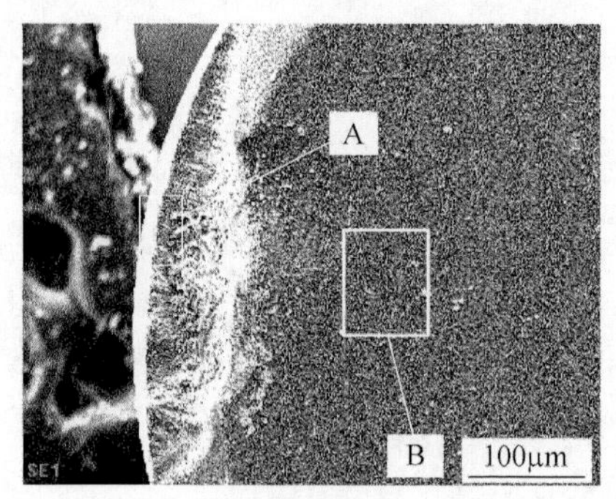

(a)前刀面磨损形貌

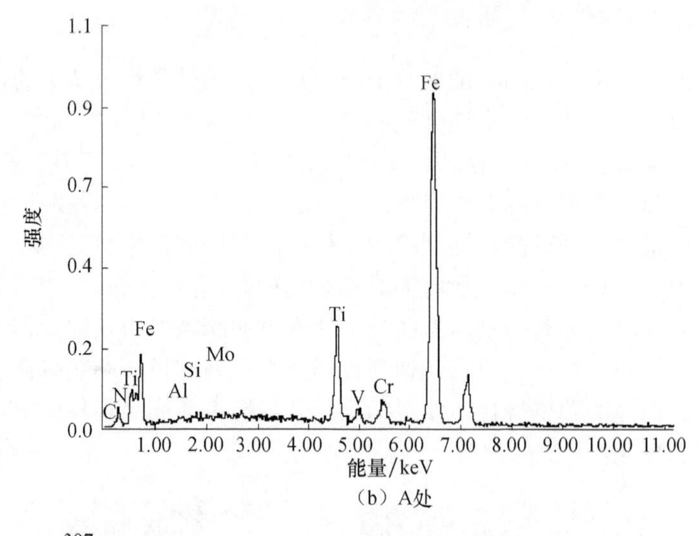

（b）A处

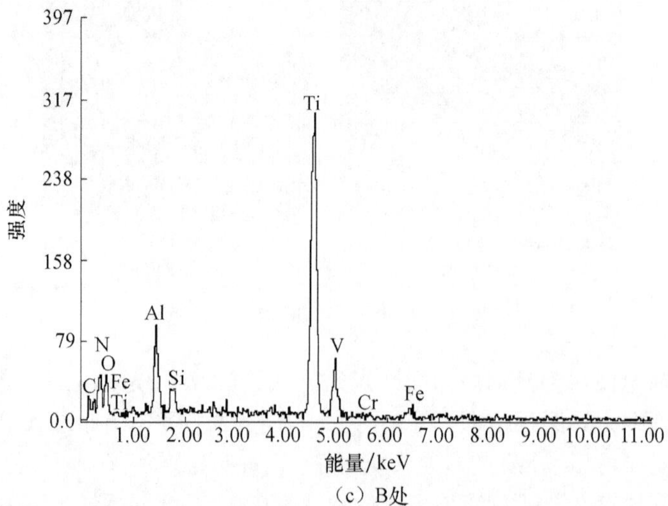

（c）B处

图 9.4　PCBN 刀具前刀面元素含量对比分析

前刀面磨损处检测到元素 Mn、Si 等的扩散作用。因此，前刀面磨损是多重磨损共同作用的结果[11]，其类型主要为氧化磨损和机械磨损。

对刀具前刀面的微观形貌进行分析，发现月牙洼的形成与 CBN 颗粒脱落密切相关。此现象可解释为 PCBN 刀具是由 CBN 晶体和黏结剂烧结而成的，切削时作为黏结剂容易在高温和恶劣的机械载荷下因硬度、韧性等性能降低而首先被磨耗掉，这样就逐渐使 CBN 晶粒暴露在外，当外界对 CBN 颗粒摩擦和挤压作用大于黏结剂的束缚作用时，就会发生 CBN 颗粒脱落。当然，这种作用不能单独归因于机械摩擦，也不能单独归因于黏结磨损。

图 9.5 为 PCBN 刀具的后刀面磨损形貌图，从图中可以发现刀具后刀面形成了明显滑擦凹坑痕迹，可见此处承受的机械和热载荷作用要远大于前刀面。刀具后刀面 A 处可检测到 Fe、Al、Mn 和 Cr 元素，尤其是 O 含量相比于 B 处明显升高，这充分说明了切削模具钢时刀具后刀面存在扩散磨损和氧化磨损现象。

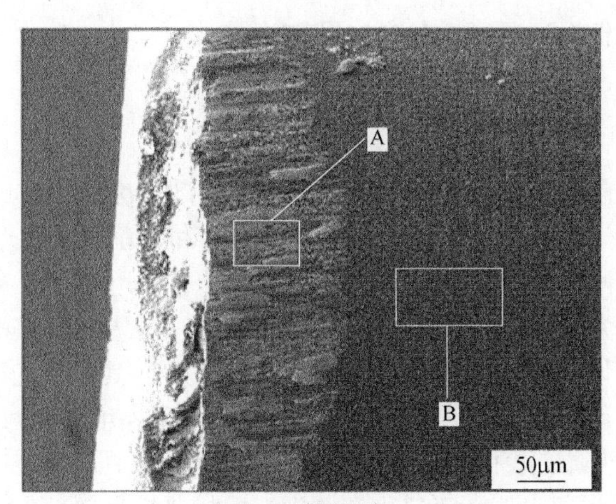

（a）后刀面磨损形貌

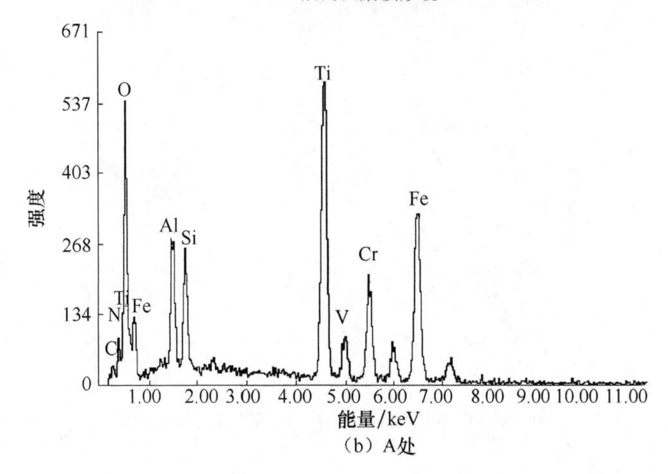

（b）A处

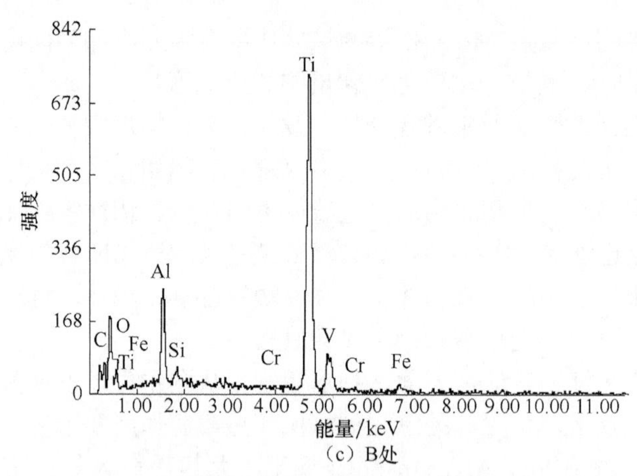

（c）B处

图 9.5　PCBN 刀具切削模具钢后刀面元素含量对比

9.3.2　切削条件对刀具磨损影响的研究

1. 切削参数对刀具磨损的影响

在硬态切削过程中，相比于切削深度，切削速度和切削进给量对切削区温度场分布影响更为明显，因此这里研究切削速度和切削进给量对刀具磨损的影响。首先研究了切削速度对表面磨损的影响，刀具磨损历程对比如图 9.6 所示，刀具磨钝条件设置为0.4mm。从图中可以明显发现，刀具磨损随着切削速度的加大而剧烈，即随着切削速度的增加，刀具寿命降低，尤其是在切削速度为 297m/min 的情况下，刀具寿命与前三者相比降低剧烈。此现象可解释为当切削速度升高时，刀具后刀面与已加工表面摩擦作用更加剧烈，使得刀具的磨粒磨损和黏结磨损随之加剧。此时切削温度随之也变高，刀具后刀面材料活性增大，扩散磨损、氧化磨损、

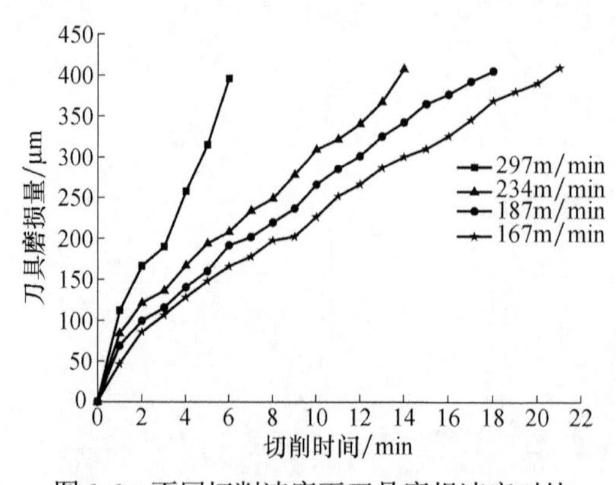

图 9.6　不同切削速度下刀具磨损速率对比

摩擦磨损和磨粒磨损随之发生。在不同的切削速度下，各种磨损相互作用、相互影响，并且刀具磨损的主要类型也不尽一致。在所研究的切削速度范围内，当切削速度较低时，以黏结磨损和磨粒磨损为主，而在较高的切削速度下以扩散磨损、磨粒磨损和氧化磨损为主。研究结果还表明，在测试的条件范围内，切削速度对刀具寿命比切削进给量有更大的影响。

2. 刀尖圆弧半径对刀具磨损的影响

在相同的切削条件下分别进行了刀尖圆弧半径为 0.4mm 和 0.8mm 的切削试验，当有效切削一致时，两刀具前、后刀面磨损形貌对比如图 9.7 所示。

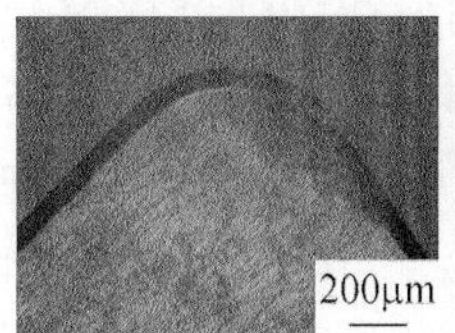

（a）r_ε 为0.4mm的刀具磨损（×100）

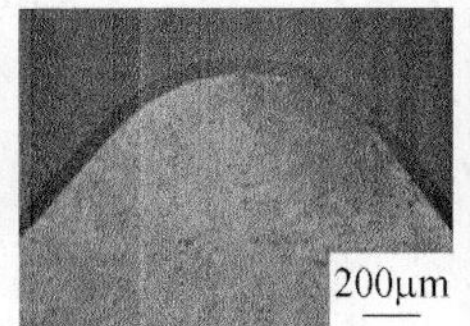

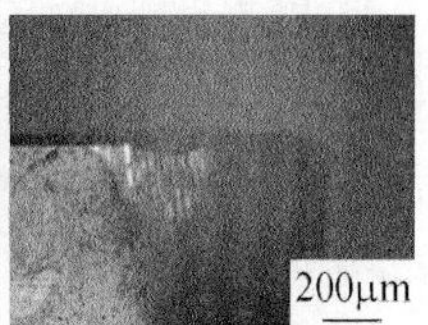

（b）r_ε 为0.8mm的刀具磨损（×100）

图 9.7　不同刀尖圆弧半径的刀具磨损对比图

通过对比两种不同刀尖圆弧半径刀具后刀面磨损速率，可以发现刀尖圆弧半径越大，后刀面的磨损程度越快，这是因为模具钢的高速硬态加工过程中，切削热集中在刀尖很小的区域，增大刀尖圆弧半径意味着刀具对工件的挤压强度更加明显，使得刃口区域的温度变得更高。即刀尖圆弧半径越大，则刀具受到的机械和热载荷更加剧烈。因此，刀尖圆弧半径为 0.8mm 的刀具磨损速率更大，相应刀具寿命也缩短了。

3. 涂层对刀具磨损的影响

在刀具几何参数和切削参数完全一致的前提下，进行有无涂层刀具的对比切削试验，两刀具前后刀面磨损形貌如图 9.8 所示。

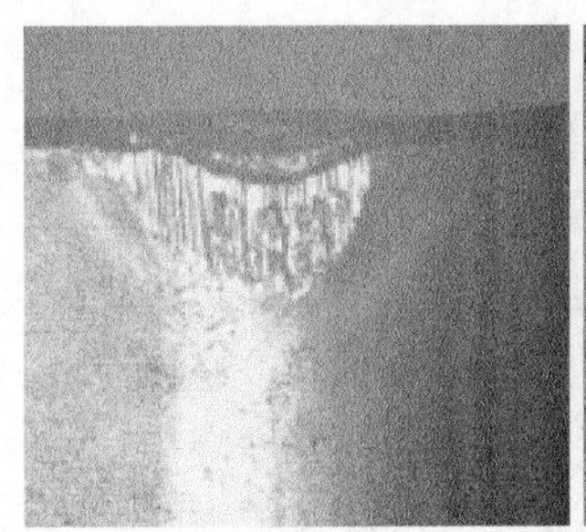

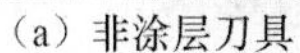

（a）非涂层刀具　（b）涂层刀具

图 9.8　非涂层与涂层刀具磨损形貌对比图

通过对两刀具后刀面磨损速率分析可以发现，在刀具磨损初期和中期，涂层刀具与非涂层刀具相比，两者磨损速率大致相当。但是，到刀具磨损后期，涂层刀具表现出较为明显的优势，即涂层的出现延迟了刀具剧烈磨损的出现。涂层改善了刀具与工件的摩擦条件，并能使切屑和切削热更有效排出，在上述综合作用下刀具寿命延长了 30%，即涂层可有效提高 PCBN 刀具的寿命。

9.3.3 刀具磨损对切削过程影响的研究

1. 刀具磨损对切屑生成机制的影响

PCBN 硬态切削过程中，刀具对切屑的高温高压作用使得切削过程中产生绝热剪切现象，即切屑发生节状变化，如图 9.9 所示。锯齿形切屑生成是硬态切削过程的一个典型特征。锯齿化程度 G_s 可以描述切屑的形状特征，其表达式如下：

$$G_s = (h_1 - h_2) / h_1 \tag{9.1}$$

式中，G_s 为切屑锯齿化程度；h_1 为从切屑底面测量的锯齿块高度；h_2 为从切屑底面测量的锯齿根部高度。

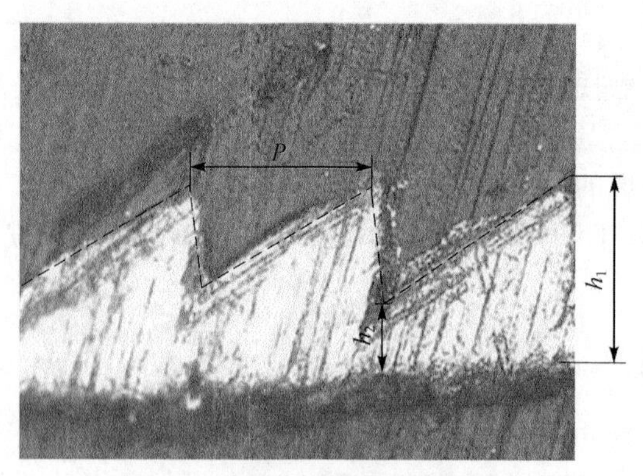

图 9.9　锯齿形切削特征参数图

G_s 越大，表明切屑锯齿化程度越严重。这种表征方法简便易行地对切削过程的绝热剪切行为进行了量化，并能对锯齿形切屑的几何形状进行定量分析，是反映锯齿形切屑变形程度的一个重要参数。

刀具磨损对锯齿形切屑生成机制的影响，分析结果如图 9.10 所示，从图中可以发现，随着刀具磨损和切削速度的增大，锯齿化程度有所降低，原因可以解释为：绝热剪切行为是一个释放能量和热量的过程，在较高的切削速度下随着刃口的磨损加剧，刀刃口区域的温度场整体升高，可以在相对较短时间内达到绝热剪切能量阈值，进而使得切屑生成的频率增大，故造成了切屑锯齿化程度的降低。

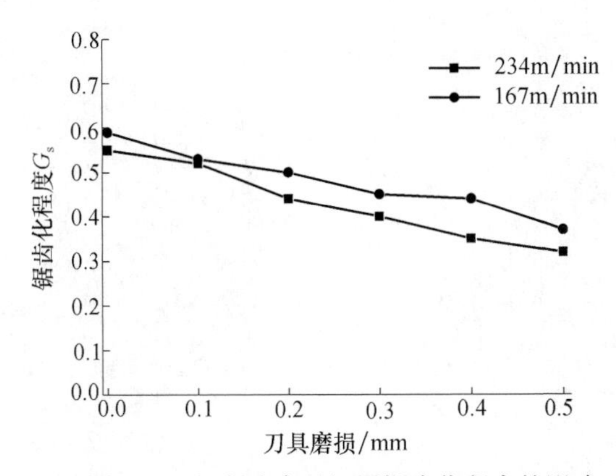

图 9.10　切削速度对切屑锯齿化程度的影响

2. 刀具磨损对切削力的影响

在 PCBN 刀具切削模具钢 Cr12MoV 过程中，切削力的一个典型特点就是径向切削抗力明显大于进给量切削力和主切削力，此现象与常规切削有明显不同。图 9.11 展示了在相同的切削进给量和深度参数下，切削速度和刀具磨损变化对切削力的影响。从结果中可以发现，切削速度和刀具磨损对切削力影响明显，切削力随着速度的增大而减小，但是刀具后刀面磨损增加，则切削力增大。其原因可以解释为：刀具后刀面与工件的摩擦加剧，使得切削力增大。同时，从切削力的三个分力中可以发现，切深抗力 F_y 增幅最为明显，进而使得整个切削力呈现增大趋势。但是当切削速度增大时，切削力呈现降低趋势，主要是切削速度作用，金属软化效应明显，使得切削力整体合力减小。

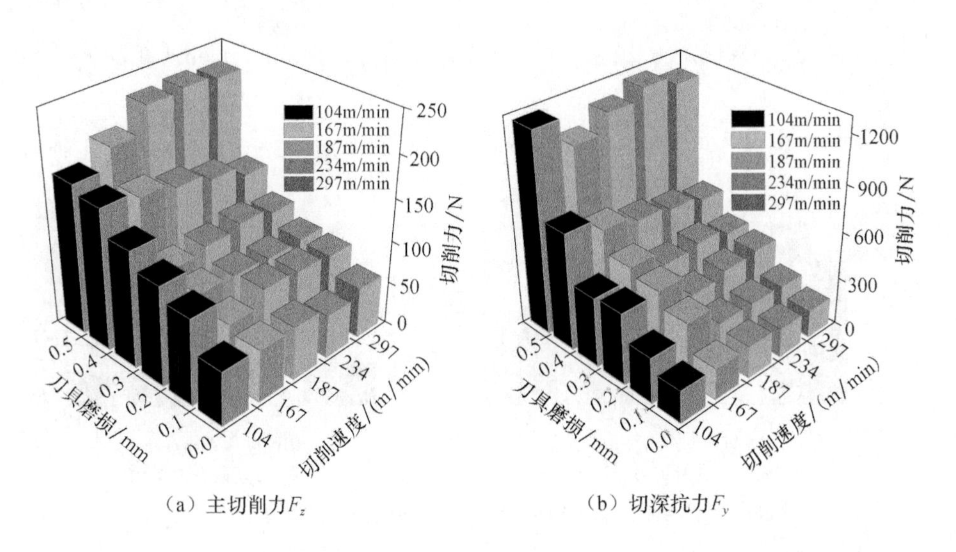

（a）主切削力F_z　　（b）切深抗力F_y

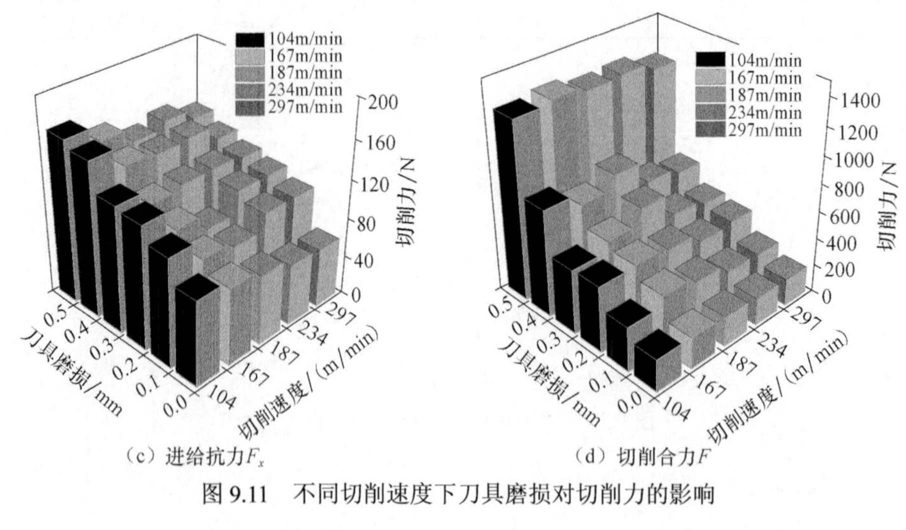

（c）进给抗力F_x　（d）切削合力F

图 9.11　不同切削速度下刀具磨损对切削力的影响

图9.12为刀具磨损量分别为0mm和0.5mm时刀具在不同切削速度下的切削力

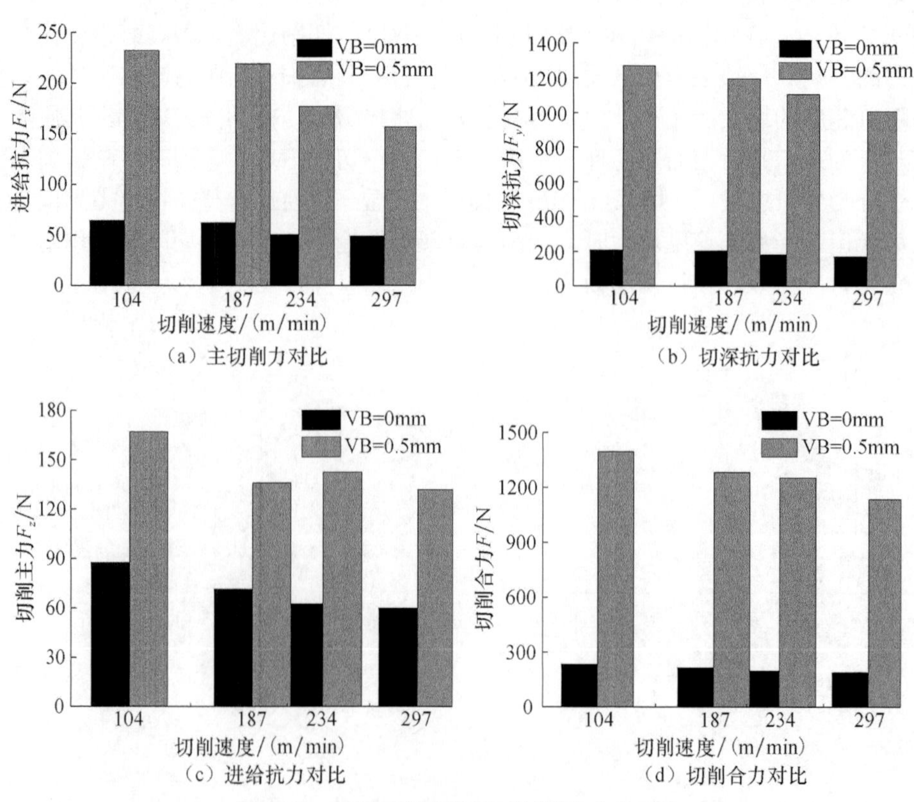

（a）主切削力对比　（b）切深抗力对比

（c）进给抗力对比　（d）切削合力对比

图 9.12　不同刀具磨损量下切削分力的对比

对比。对比锋利刀具和磨损刀具的切削力变化特征可以发现，当刀具为锋利刀具时，切削速度变化时切削力变化幅度不大，但是当刀具磨损为 0.5mm 时，切削力变化明显，即切削力下降明显。从图中可以发现，对于后刀面磨损量为 0.5mm 的刀具，当切削速度由 104m/min 增大到 297m/min 时，径向切削力减小 23%。对于主切削力也有同样的变化趋势。

图 9.13 为不同切削速度和刀具后刀面磨损条件下刀具自身切削分力的比值变化趋势图。从图中可以发现切削分力比值变化明显，原因可以解释为：当切削速度增加时，进入切削系统的能量和产生的温度增高，进而使得金属软化效应增大。图 9.13（a）为 F_y 与 F_z 的比值，可以发现，随着切削速度的增大，径向切削力 F_y 与主切削力 F_z 比值有升高趋势，并且磨损后的刀具比未磨损的刀具增幅明显。若研究 F_y 与 F_x 的比值，其变化趋势如图 9.13（b）所示，分析结果则会发现对于一个新刀具，随着切削速度的增大，则比值有所升高。但是刀具后刀面磨损为 0.3mm 时，变化趋势则相反。上述现象可以解释为：随着后刀面磨损的增大和切削速度的增大，切削过程产生能量的增大导致了切削力的降低，使得切削分力比例增大。

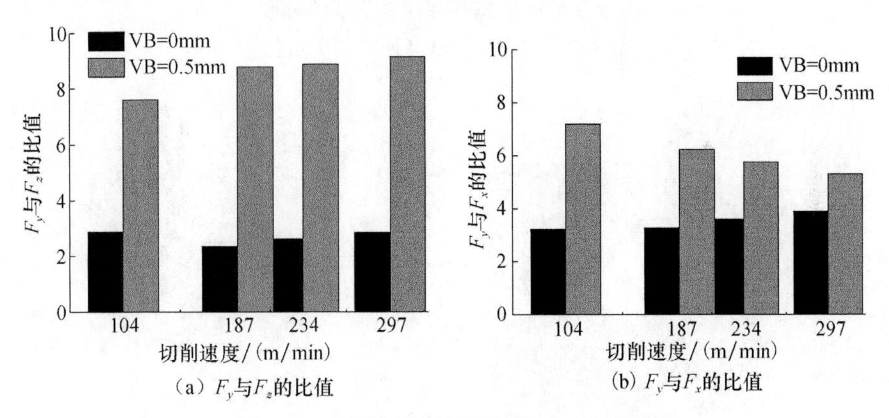

（a）F_y与F_z的比值　（b）F_y与F_x的比值

图 9.13　不同切削速度下切削分力的比值

在选定的切削条件中，研究结果表明，硬态切削力与常规切削力有明显不同，即径向切削力为切削三分力中最大的。切削速度和后刀面磨损对切削力影响明显。随着速度的增大，切削温度的升高导致了切削力明显降低。当刀具没有发生磨损时，切削速度几乎不影响切削力，当刀具磨损增大时，切削速度对切削力的影响更加明显。

3. 刀具磨损对切削应力和温度场的影响

切削过程中温度是一个非常关键的参数指标，对刀具寿命以及已加工表面质量具有重要的影响。采用有限元仿真手段研究了不同刀具磨损量条件下温度场变化情况。为了使得仿真模型精确考虑刀具磨损对切削过程的影响，对刀具前刀面和后刀面进行了精确量化，如图 9.14 所示。根据测量结果，在 UG 中进行了不同磨损量刀具的建模。刀具前角、后角、刀尖圆弧半径、倒棱参数等尺寸和刃口参数完全按照刀具制造参数建模，结果如图 9.15 所示。将所建立刀具几何模型导入仿真软件 Deform-3D 中，初始化模型设置如图 9.16 所示。有限元建模时，在工件上将上一次的走刀轮廓预先留出，使得仿真条件准确接近实际切削状况。软件对几何模型自动划分网格，最大网格单元 0.1mm，最小网格单元 0.02mm。

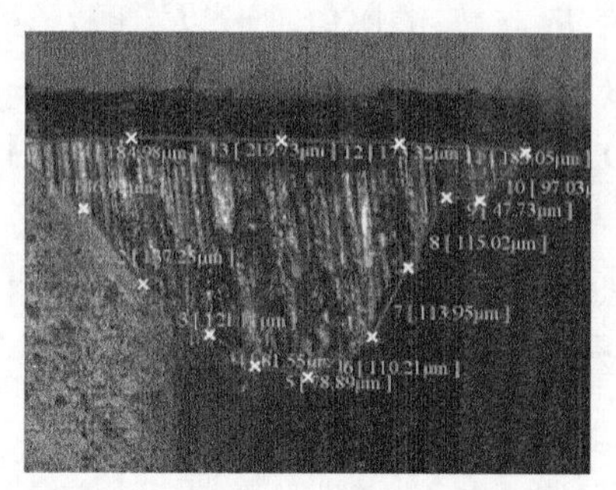

图 9.14　PCBN 刀具磨损的精确量化

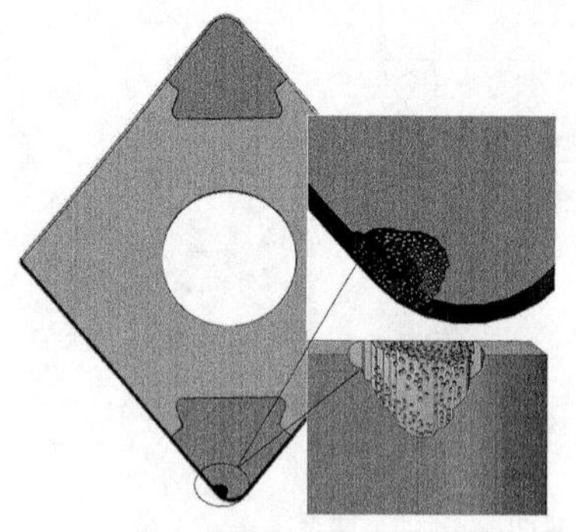

图 9.15　磨损刀具的 CAD 建模俯视图

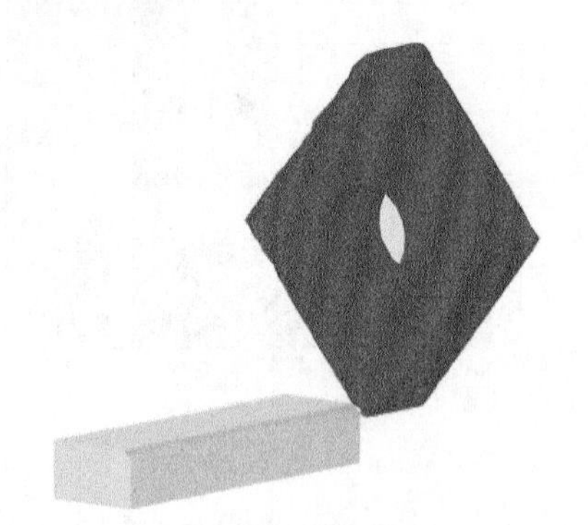

图 9.16　有限元初始模型

仿真模型对刀具与工件的接触部分进行了局部网格细化，细化的网格随着切削的进行移动，进而使细化的网格始终保持在刀尖与工件接触的部分。切削速度 234m/min，切削深度 0.2mm，进给量 0.1mm/r，刀具后刀面磨损量分别为 0mm、0.1mm、0.2mm、0.3mm 和 0.4mm。

图 9.17 为刀具未发生磨损时切削区域应力场分布仿真结果，结果显示压应力最大处发生在刀尖处。该节点是压应力最大的节点，即 1030MPa。并且，在此处切屑与工件开始分离不再相互接触。当刀具磨损量逐渐增大时，切削区域对应的

最大温度也逐渐增大，其变化趋势如图9.18所示。可见，刀具磨损的增大，使得切削区域条件逐渐恶劣，刀具承受的压强也逐渐增大，反过来又会导致刀具磨损的加剧，并使得切削过程的条件更加恶劣。

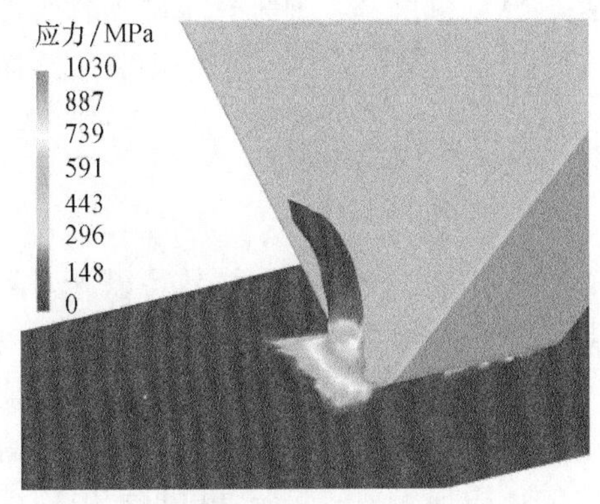

图9.17　切削区域应力场分布仿真结果

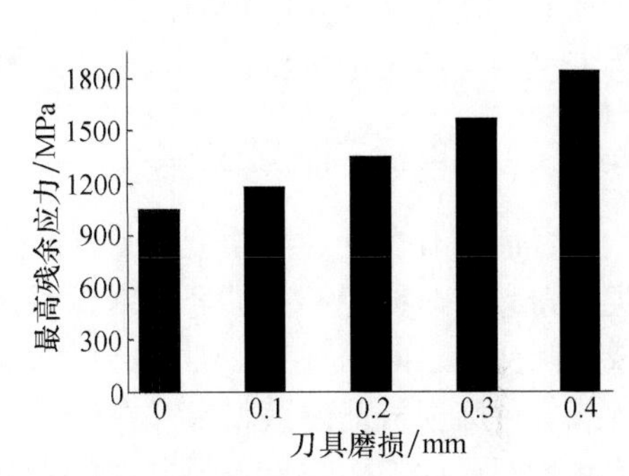

图9.18　刀具磨损对应力场最大值的影响

图9.19为切削区域温度场分布图，仿真结果显示，切削区域最高温度发生在刀具与工件接触区的刀尖处。图9.20为刀具磨损对温度场最大值的影响，从图中可以发现，随着刀具磨损量的增加，单位时间内产生的热量增加，并且刀具与工件接触区域的增大造成了摩擦热引起温升的加剧，即切削区域温度场随刀具磨损的增大而增大。

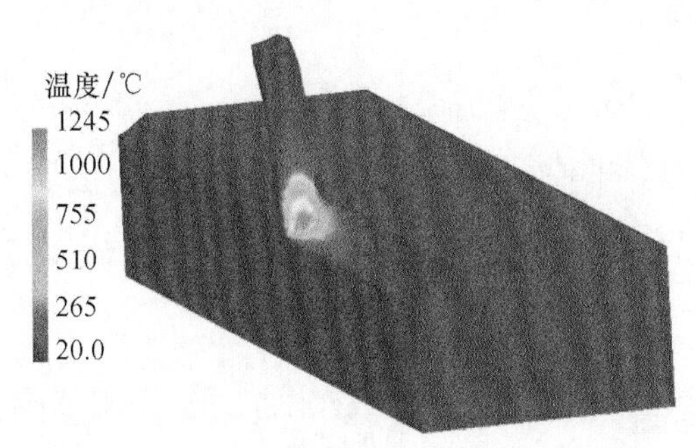

图9.19　切削区域温度场分布（VB=0.3mm）

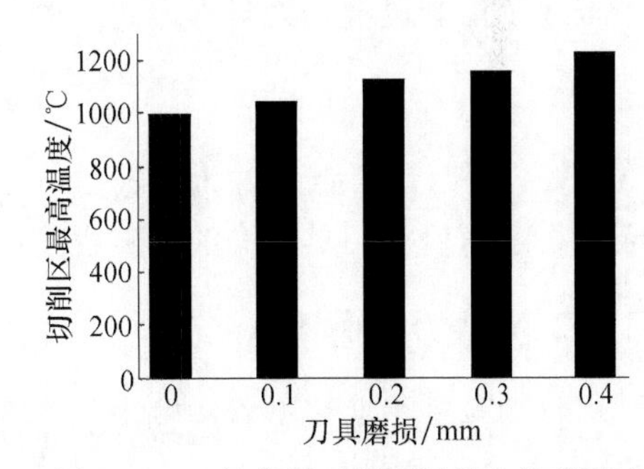

图9.20　刀具磨损对温度场最大值的影响

9.4　刀具磨损的预测

刀具在切削过程中将逐渐产生磨损，当刀具磨损量达到一定程度时，可以发现切削力明显加大，切削温度上升，切屑颜色改变，甚至产生振动。同时，工件尺寸可能会超出公差范围，已加工表面质量也明显恶化。此时，必须对刀具进行重磨或更换新刀。有时，刀具也可能在切削过程中会突然损坏而失效，造成刀具破损。刀具的磨损、破损及其寿命关系切削加工的效率、质量和成本，因此它是切削加工中极为重要的问题之一。由于 PCBN 刀具是经高温高压烧结的两相物质，其磨损具有一定的特殊性。首先是 CBN 晶粒的高硬度和高稳定性使 PCBN 刀具具有很好的耐磨性，其次是 PCBN 刀具存在着黏结剂磨损，因此 PCBN 刀具磨损规律与寿命呈现特殊的规律。本节将对高速切削轴承钢 GCr15 过程中刀具的磨损进行试探性的预测模拟。

9.4.1 刀具磨损率模型的选择

目前已有多种数学模型对刀具磨损进行量化描述，这些模型大致可以分为两类：刀具寿命模型和刀具磨损率模型。刀具寿命模型给出了刀具寿命和切削参数或切削变量之间的关系。刀具磨损率模型来源于刀具的磨损机理，给出了基于某种或多种磨损机理的磨损率。在这类模型中，刀具的磨损率即单位接触面积上的刀具表面（前刀面或后刀面）在单位时间内的体积损失率，是与切削过程中的切削变量密切相关的，这些变量需要通过试验或其他方法得到。

1. *刀具寿命模型*

刀具寿命是指一把新刀（或重新刃磨过的刀具）从开始使用直至达到磨钝标准所经历的实际切削时间[12]。在切削加工中，当工件、刀具材料和刀具的几何形状确定之后，切削速度是影响刀具寿命的主要因素。著名的 Taylor 刀具寿命公式就描述了切削速度与刀具寿命之间的关系，即

$$v_{\mathrm{c}}T^{n}=C_{T} \tag{9.2}$$

式中，T 为刀具寿命；C_T 为系数，与刀具、工件材料和切削条件有关；n 为指数，表示切削速度对刀具寿命的影响程度；v_{c} 为切削速度。

2. *刀具磨损率模型*

把刀具磨损率模型看成输出状态变量（T、V 等）的函数，模拟计算中本节使用 Usui 的磨损率模型：

$$\frac{\mathrm{d}w}{\mathrm{d}t}=A\sigma_{\mathrm{n}}v_{\mathrm{s}}\exp(-B/T) \tag{9.3}$$

3. *两类刀具磨损模型的比较*

Taylor 刀具寿命公式揭示了切削速度和刀具寿命之间的指数关系，公式中的常数 n、C_T 是通过大量不同切削速度下的刀具寿命试验得到的，利用公式来预测刀具寿命是非常方便的。

在许多切削数据库中，Taylor 刀具寿命公式及其变形形式经常用到。然而，刀具寿命公式适用的切削条件范围是非常有限的，随着新的加工技术的发展和在制造业中的广泛应用，刀具寿命公式中的常数需要通过试验得到适时更新。另外，刀具寿命公式仅能用来预测刀具的寿命，其他在刀具磨损过程中非常重要的信息，如磨损过程、磨损后的刀具轮廓及磨损机理等，并不能通过 Taylor 刀具寿命公式得到。

Takeyama & Murata 模型是在综合考虑黏结磨损和扩散磨损的基础上得到的，因此公式中是两部分的加和。Usui 模型是从 Shaw 黏结磨损中演变而来的，除常数外，Usui 公式还包括三个变量：刀具和切屑间的相对滑移速度、刀具表面的温度、正压力。这些变量可以通过切削过程的有限元分析得到，因此 Usui 公式对于利用有限元仿真进行刀具磨损预测是非常适用的。

9.4.2　基于有限元法刀具磨损计算程序设计

1. *方法介绍*

假设刀具的磨损在时间上是可以离散的，尽管实际上磨损是连续的。采用的分析设计方法分为以下四个步骤，如图 9.21 所示。

步骤一：利用 Abaqus 进行连续性切屑形成仿真。

步骤二：刀具与工件上温度的稳态分析。

步骤三：t 时间后刀具磨损率与刀具节点位移的计算。

步骤四：修改刀具新的几何形状进行下一步分析。

四个步骤为一个仿真循环，与后刀面磨损（VB）时间曲线相对应。在步骤一与步骤二计算出计算磨损率所需要的温度、应力和相对滑动速度等，在步骤三根据步骤二计算出的变量数据和磨损率计算模型计算刀具的磨损率与节点的位移。根据步骤三的计算在步骤四修改有限元计算的输入数据模型，准备下一个循环的计算。

2. *切屑形成与热传导分析*

在切屑形成分析中得出稳态分析时的应力和相对滑动速度等机械变量，在热传导分析中得出与热有关的状态变量。为了得到这些变量，可把这些变量存入字典或单元组当中。例如，要获得前刀面节点 41～54 的坐标，如图 9.22 所示，在 Python 语言中可以这样编写：

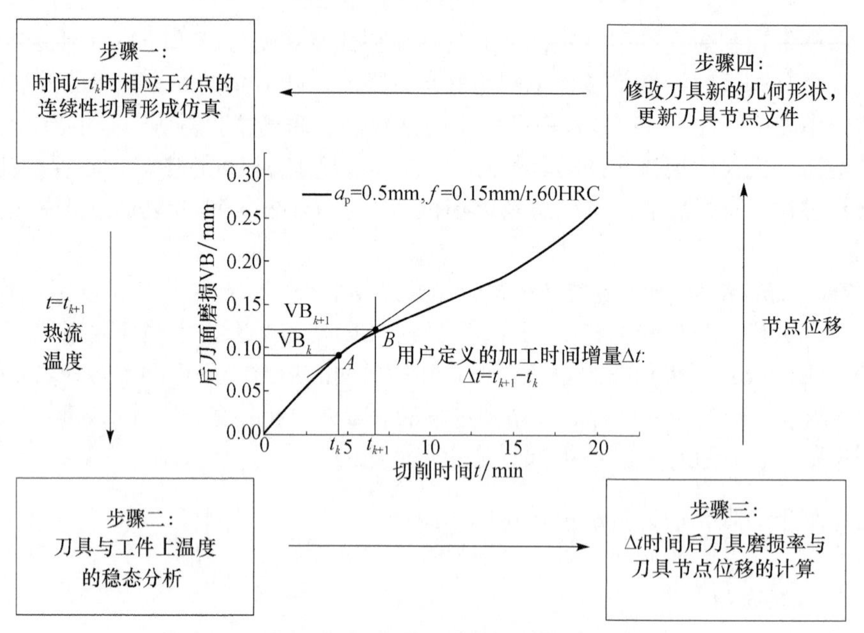

图 9.21　利用 Abaqus 进行刀具磨损分析预测的步骤

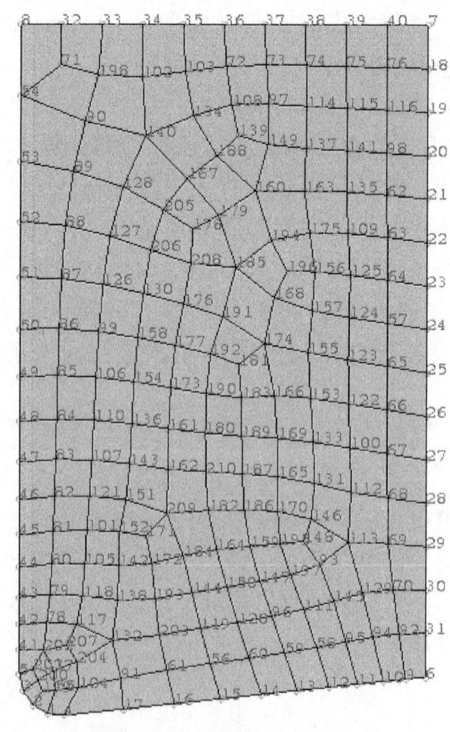

图 9.22　刀具上节点分布

```
for in range(13):
nodecoordinates
=mdb.models['Part-1'].parts['Part-1'].nodes[41+i].coordinates
NodecoordinatesDictionary[310+i]=nodecoordinates
```

图 9.23 为切屑形成分析后刀具前刀面节点上接触压力随与刀尖距离的变化曲线。可以看出，在刀尖附近接触压力有最大值，距刀尖 0.15mm 左右，接触压力下降较明显，在距刀尖 0.18mm 左右，刀具与工件分离，接触压力为零。

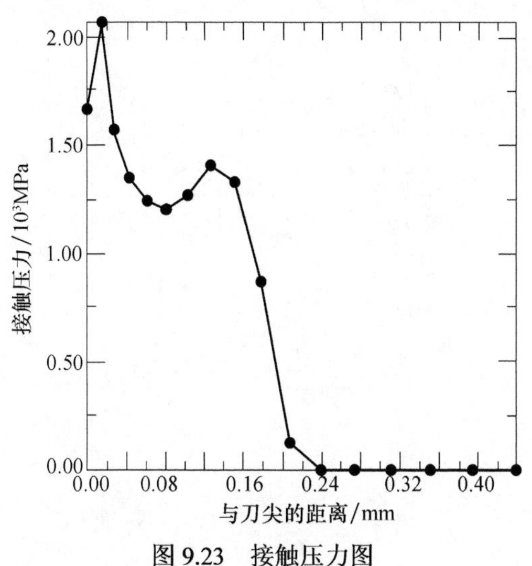

图 9.23　接触压力图

相应的程序可以写为（滑动速度和温度与此类似）：

```
contactpressure=lastFrame.fieldOutputs['CPRESS']
contactpressurevalue=contactpressure.values
center
=odb.rootAssembly.instances['PART-1-1'].nodeSets['SET-3']
centercontactpressure=contactpressure.getSubset(region=center)
contactpressureValues=centercontactpressure.values
ContactpressureDictionary={}
for t in contactpressureValues:
ContactpressureDictionary[t.nodeLabel]=t.data
p=ContactpressureDictionary
```

滑动速度在后处理中，只能得到工件接触面上节点的滑动速度，要经过一定的转化得到刀具相应点的滑动速度，如图 9.24 所示。

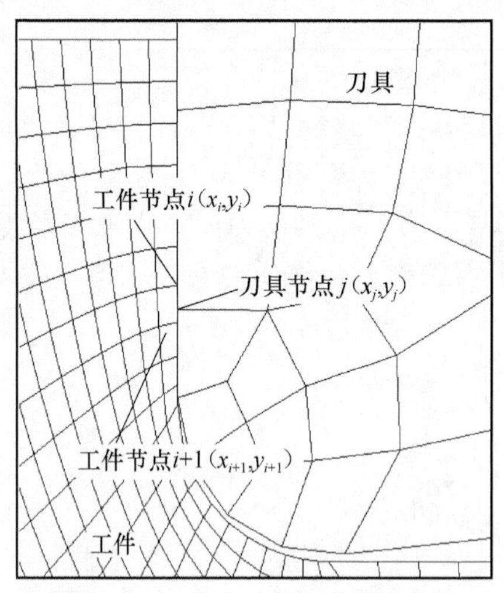

图 9.24　刀具上节点滑动速度换算

如果$|y_i - y_{i+1}| \geqslant |x_i - x_{i+1}|$，则

$$v_j^s = v_i^s + \frac{y_j - y_i}{y_{i+1} - y_i}(v_{i+1}^s - v_i^s)$$

否则

$$v_j^s = v_i^s + \frac{x_j - x_i}{x_{i+1} - x_i}(v_{i+1}^s - v_i^s)$$

转化程序如下：

```
"""
calculate the nodesslidingvelocity of front tool area.
"""
from math import*
defnodesslidingvelocity(x,y,z,n):
  storage={}
  x1=z[n]
s=x1[0]
t=x1[1]
max=0
for i in range(len(x)):
        x0=x.values()[i]
        y0=x.values()[i]
        x0=x0[0]
        y0=y0[1]
```

```
            le=sqrt((((x0-s)**2+(y0-t)**2)))
            storage[x.keys()[i]]=le
    print storage
    l=len(storage)
    temp0=0
    temp1=0
    for i in storage.keys():
        if storage[i]>temp0:
            temp0=storage[i]
            max0=i
    for i in storage.keys():
        if storage[i]<temp0 and storage[i]>temp1:
            temp1=storage[i]
            max=i
    print max0, max
    xi=x[max0]
    yi=x[max0]
    xi=xi[0]
    yi=yi[1]
    xi1=x[max]
    yi1=x[max]
    xi1=xi1[0]
    yi1=yi1[1]
    vi=y[max0]
    vi1=y[max]
    if abs(yi-yi1)>=abs(xi-xi1):
        vj=vi+(t-yi)/(yi1-yi)*(vi1-vi)
    else:
        vj=vi+(s-xi)/(xi1-xi)*(vi1-vi)
    return vj
```

图 9.25 为在切屑形成分析后工件节点上切向相对滑动速度随与刀尖距离的变化曲线。相对滑动速率经过一小段负值后逐渐增加，在距刀尖约 0.03mm 处由于工件与刀具的分离，相对滑动速度变为零。

刀具温度以连续性切屑形成仿真所得刀具上温度为初始条件，通过用户自定义子程序 DFLUX 加热载荷（导热+摩擦热），对刀具进行稳态热传导分析。热传导分析中刀具几何形状和网格如图 9.26 所示，热传导分析过程中刀具上温度场变化如图 9.27 所示。

热传导分析中获得刀具面上节点温度随与刀尖距离的变化曲线如图 9.28 所示。最高温度发生在距刀尖 0.08mm 左右处，约为 630℃。

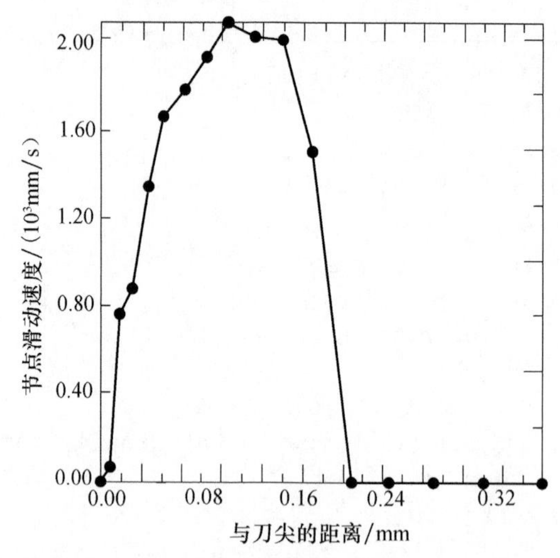

图 9.25　工件节点滑动速度随与刀尖距离的变化

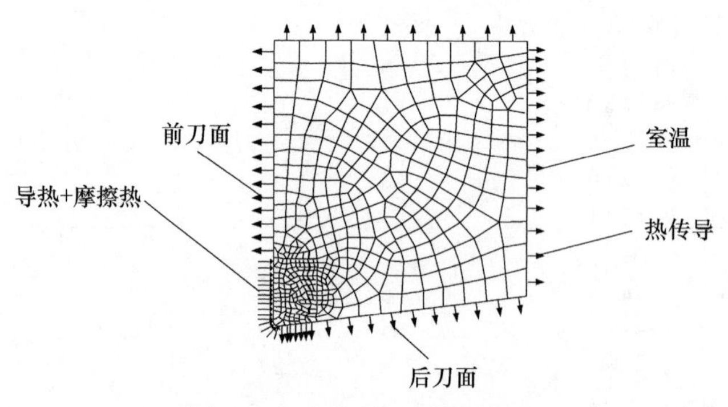

图 9.26　刀具几何形状和网格

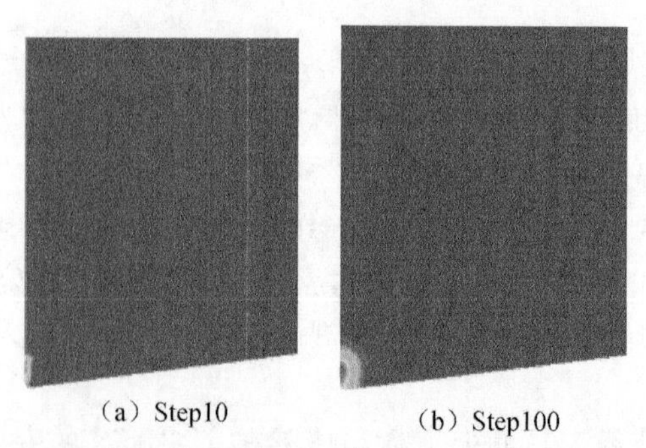

图 9.27　热传导分析过程中刀具上温度场变化

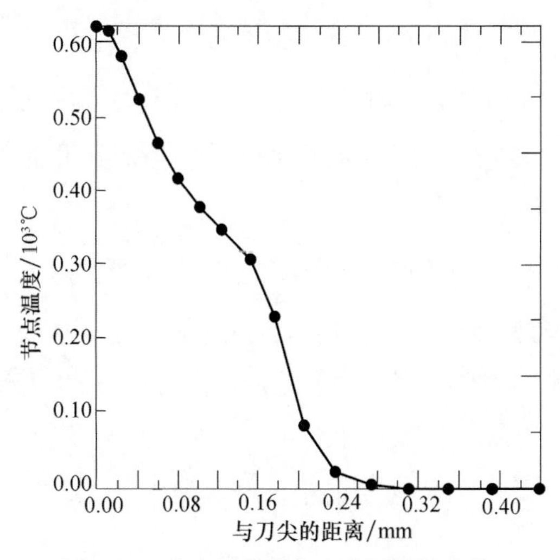

图 9.28　节点温度随与刀尖距离的变化

3. 磨损率计算

根据前面计算的刀具面节点接触压力、接触相对滑动速度和温度，利用磨损率公式（9.2），可以计算出磨损率，其特性常数见表 9.1。

表 9.1　碳钢的特性常数

$C/(\mathrm{m^2/MN})$		λ/K	
$\theta_f \geqslant 1150\mathrm{K}$	$\theta_f \leqslant 1150\mathrm{K}$	$\theta_f \geqslant 1150\mathrm{K}$	$\theta_f \leqslant 1150\mathrm{K}$
1.198×10^{-2}	7.8×10^{-9}	2.195×10^{4}	5.302×10^{3}

相应的程序可以写为

```
R={}
for i in range(310,53):
A=1.1108E-2
B=2.1105E4
R[i]=C*p[i]*Vs[i]*exp(-lam/(10*o[i]))
```

9.4.3　计算前、后刀面节点位移

1. 前刀面节点位移的计算

每个节点的磨损深度（节点位移）等价于磨损率的值[13]，所以在给定的时间增量 Δt_j 内，前刀面上节点 i 在时间为 t_j 时的位移可以近似表示为

$$\Delta d_{i,j} = \dot{w}_{i,j} \cdot \Delta t_j \quad i = 1, \cdots, n \tag{9.4}$$

式中，$\dot{w}_{i,j}$ 为节点 i 在时间为 t_j 时的磨损率，在 Δt_j 时间内认为是常数；n 为选定刀具上节点的个数。这样，节点 i 的整个磨损深度 d_i 等于整个切削时间内的节点位移的向量和，即

$$\vec{d}_i = \Delta\vec{d}_{i,0} + \Delta\vec{d}_{i,1} + \cdots + \Delta\vec{d}_{i,j} + \cdots \tag{9.5}$$

节点的磨损位移方向如图 9.29 所示，为求所示节点 O 的位移，先选与它相邻的两个节点 A 和 B，其坐标分别为(x_A, y_A)和(x_B, y_B)，A 和 B 两点的连线与水平轴的角度为ϕ，有

$$\phi = \arctan\left(\frac{y_B - y_A}{x_B - x_A}\right) \tag{9.6}$$

所以，在 t_{j+1} 时节点 O 的坐标为

$$\theta = \phi + 90°$$

X 坐标为

$$x_O\big|_{t-t_{j+1}} = x_O\big|_{t-t_j} + \Delta d_{0,j} \times \cos\theta$$

Y 坐标为

$$y_O\big|_{t-t_{j+1}} = y_O\big|_{t-t_j} + \Delta d_{0,j} \times \cos\theta$$

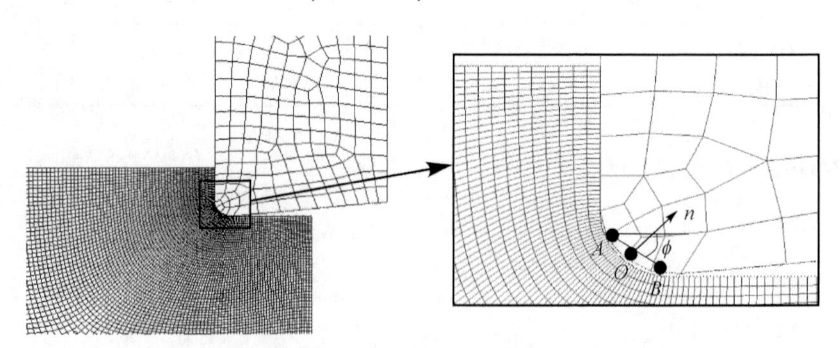

图 9.29　节点的磨损位移方向

相应的程序可以编写为

```
nodedisplacementdictionay={}
for i in range(40,52):
F=nodalmovedirection(z,i)
Xx=z[i][0]+R[i]*cos(F)
Yx=z[i][1]+R[i]*sin(F)
```

```
Dx=R[i]*cos(F)
Dy=R[i]*sin(F)
D=[0,0,0]
D[0]=Dx
D[1]=Dy
nodedisplacementdictionay[i]=D
```

2. 后刀面节点位移的计算

切削时间增量 Δt 后，后刀面的磨损增量可以计算为

$$\Delta \mathrm{VB} \approx \frac{w}{\tan \gamma} \Delta t \tag{9.7}$$

式中，γ 为刀具后角，通过沿着后刀面内法线方向偏移刀具的磨损线，得到新的后刀面磨损几何量（VB+ΔVB）。

9.4.4　更新刀具几何形状

根据 9.4.3 节算得的前刀面和后刀面节点位移就可以修改刀具的几何形状，可以手动完成，如图 9.30 所示，分为三个步骤：第一步导入刀具几何形状；第二步通过计算前刀面节点位移更新刀具几何形状；第三步使刀具前刀面几何形状光滑。自此，完成一个仿真模拟循环。

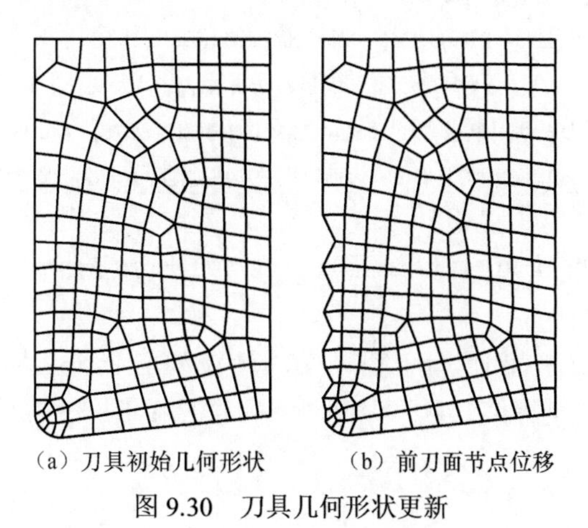

（a）刀具初始几何形状　　（b）前刀面节点位移

图 9.30　刀具几何形状更新

9.5　本 章 小 结

本章首先阐述了刀具磨损的形式，之后对刀具磨损过程进行了较为详细的论

述，以 PCBN 刀具为例，研究了 PCBN 刀具的磨损机理，切削参数、刀尖圆弧半径、涂层材料对刀具磨损的影响以及刀具磨损对切屑生成机制、切削力、切削应力和温度场的影响。研究结果显示，前刀面和后刀面都存在摩擦磨损和黏结磨损；切削速度和刀尖圆弧半径增大则刀具磨损速率加剧，尤其是较高切削速度和进给量的切削条件下，刀具寿命最低；刀具涂层可有效提高刀具加工寿命；当刀具磨损加剧时，切削力随之增大，其中切深抗力增幅最为明显；刀具磨损越大，切削速度对切削力的影响越明显。有限元仿真结果显示，随着刀具磨损量的增大，切削区域的温度和应力也逐渐增大。最后用 Abaqus 对切削过程进行了有限元仿真计算，给出了基于有限元法的刀具磨损计算的完整流程和实现方法，并给出相应的 Python 源程序；完成磨损模拟分析一个流程的计算，得到刀具前刀面磨损形貌。

参考文献

[1] 王琳琳. 硬质合金刀具切削钛合金刀具磨损机理的试验研究[D]. 沈阳: 沈阳理工大学硕士学位论文, 2012.

[2] 刘清平, 曲敬信. 刀具磨损及涂层刀具抗磨机理探析[J]. 国外金属热处理, 2000, 21(2): 37-39.

[3] 刘家浚. 材料磨损原理及其耐磨性[M]. 北京: 清华大学出版社, 2012.

[4] 戴乃昌, 聂文辉. 金属切削原理与刀具[M]. 北京: 北京邮电大学出版社, 2013.

[5] 陈日耀. 金属切削原理[M]. 北京: 机械工业出版社, 2005.

[6] 沈志雄. 金属切削原理与刀具[M]. 北京: 机械工业出版社, 2014.

[7] 陆剑中, 孙家宁. 金属切削原理与刀具[M]. 北京: 机械工业出版社, 2007.

[8] 华南工学院, 甘肃工业大学. 金属切削原理及刀具设计[M]. 上海: 上海科学技术出版社, 2012.

[9] 王庆明, 程耀东, 朱国辉. 刀具磨损型式与磨钝标准 VB 的选取[J]. 机械, 1996, 23(6): 37-38.

[10] 岳彩旭. 模具钢硬态切削过程刀具磨损及表面淬火效应研究[D]. 哈尔滨: 哈尔滨理工大学博士学位论文, 2012.

[11] 岳彩旭, 马晶, 刘飞, 等. 模具钢 Cr12MoV 精密硬态切削过程刀具磨损[J]. 哈尔滨理工大学学报, 2014, 19(5): 56-60.

[12] 侍红岩, 吴晓强, 张春友. 基于支持向量回归机的刀具寿命预测[J]. 工具技术, 2015, (11): 47-50.

[13] 盆洪民. 淬硬钢高速切削过程的有限元仿真[D]. 哈尔滨: 哈尔滨理工大学硕士学位论文, 2007.

第10章　基于Abaqus的参数化建模及切削工艺优化

随着金属切削研究问题的不断深入以及新技术、新方法的不断发展成熟，通过试验或仿真实现从切削参数、刀-工几何参数到表面质量、刀具磨损等的研究已经不能满足要求。用户通过对Abaqus的二次开发及工艺优化，可以实现许多软件未提供的功能，提高模型分析效率，扩展Abaqus的应用。据相关资料显示，在整个有限元模拟的过程中，用于建模、赋予材料、施加边界及载荷的前处理阶段占总时间的40%～50%，对模拟结果进行提取、处理并分析的过程占50%～55%。因此，基于通用软件平台进行二次开发，可以极大地减少工作量、缩短产品开发周期、降低成本，并能使后期维护工作更简单，是国内外学者科学研究的一个重要发展方向，也是目前针对具体问题所使用的一个常用方法。

10.1　Abaqus的二次开发简介

Abaqus提供了强大的二次开发功能[1]，主要表现在以下两个方面。

（1）利用UMAT（user-defined material mechanical behavior）接口开发用户子程序，增强软件应用的有效性和精确性。国内学者对热软化和绝热条件下的流动应力进行预测，将BCJ本构模型嵌入Abaqus中，实现铝合金高速切削过程的仿真模拟，二者的交互过程如图10.1所示。用户通过该程序既可以对材料参数进行赋值，还可以通过交互界面对子程序中的BCJ本构方程进行调用[2]。还有学者讨论了三种生物可降解聚合物材料本构模型，并通过用户子程序实现了随着降解时间的推移，生物材料的力学性能自动更新功能[3]。

（2）利用编程语言和图形用户界面相结合，可以进行海量建模和批处理，实现操作流程自动化，对提高仿真效率具有重要作用。研究人员利用Abaqus分析其不同开发接口，实现了三维多晶体材料微观力学结构的自动化建模，开发出了具有专业特色的人机交互界面，完成了从建模、求解计算到后处理历程的自动化[4]。国外学者通过Abaqus/Standard和Python语言，在Gauss-Newton方法的基础上发展出了新算法，实现了L形弯管加工回弹的控制，与实际弯管成形后的回弹误差控制在1%以内[5]。印度学者在Abaqus-Python、CATIA-VB和Visual Basic环境下创建了可以自动识别应变位置和方向的集成工具，并且经过了试验检测，可以有效节约时间高达90%，如图10.2和图10.3所示[6]。

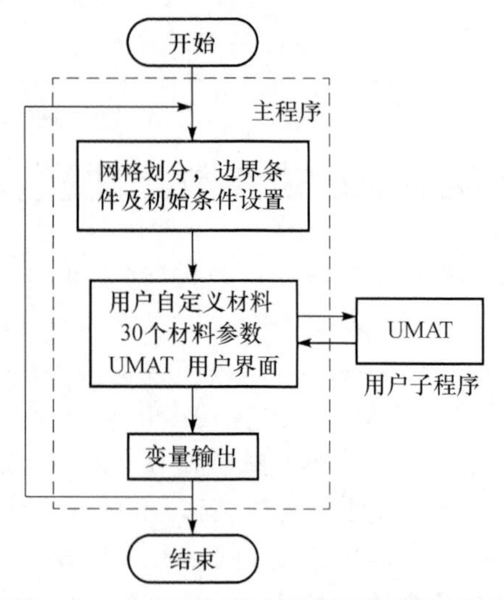

图 10.1　主程序与用户子程序的交互过程

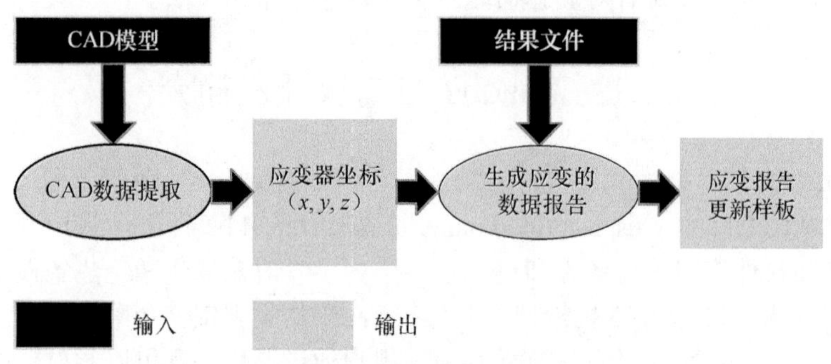

图 10.2　应变提取流程图

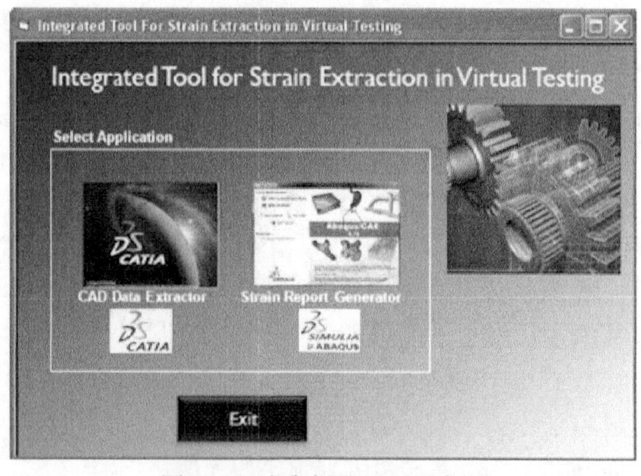

图 10.3　应变提取界面示意图

10.1.1　Abaqus 二次开发语言及途径

在金属切削仿真研究中，技术人员更加关注的是切削参数、刀具形状对切削力、切削热、残余应力等的影响，而每次建模过程中，大量材料参数的输入、边界条件等的设定都会占用大量的时间。因此，开发友好的仿真界面，对加快建模速度是十分必要的。

Abaqus 作为一款国际通用软件，以其友好的前、后处理界面和强大的分析计算能力得到用户的青睐。然而，在软件操作过程中，手工建立复杂结构模型费时费力，因此 Abaqus 为用户提供了二次开发接口，通过调用软件封装丰富的库函数，直接操纵内核。其开发语言主要有以下三种[7]。

（1）采用 Fortran 语言通过 Abaqus 用户子程序接口函数对其进行二次开发。

（2）用 C/C++直接编写 inp 程序文件控制建模过程实现二次开发。

（3）通过 Abaqus 内核调用其脚本语言 Python 实现前后处理过程的自动控制。

从开发途径角度来讲，Abaqus 提供以下几种方法[8]。

（1）User subroutines 通过建立用户子程序可以开发新的模型，控制 Abaqus/Standard 和 Abaqus/Explicit 的计算过程与计算结果。

（2）Environment files 通过环境初始化文件可以改变 Abaqus 的计算分析过程和相关文件操作。

（3）Kernel scripts 通过内核脚本进行前后处理的二次开发并创建新的功能模块，实现前处理建模和后处理分析计算结果的自动化。

（4）GUI（graphical user interface）scripts 通过 GUI 脚本可以创建新的图形用户界面和用户交互控制。

Abaqus 为用户提供了两种程序来完成分析作业：内核程序和 GUI 程序[9]。高级用户可以通过编程语言编写或修改内核程序完成仿真，对用户要求较高。而 GUI 则提供了一个友好的图形用户界面，通过对话框、按钮、菜单等操作打包成命令行传递到内核程序，完成用户与计算机的交互。图 10.4 直观地显示了二者的交互传递关系。

当用户触发对话框时，内核会对该请求指令做出相应反应，判断是否需要输入数值。若需要输入数据，则打开相应 GUI 对话框，并将输入数据传送至内核。如果数据符合 Abaqus 建模要求，则实现自动建立几何模型、划分网格等功能；否则抛出异常信息，用户按照信息提示进行更改即可。

10.1.2　Python 语言在 Abaqus 中的应用

Python 语言是一种简单易学且功能强大的面向对象的编程语言，既可以独立编程，又可以嵌入其他编程语言。Python 语言虽然诞生只有 20 多年的时间，但凭

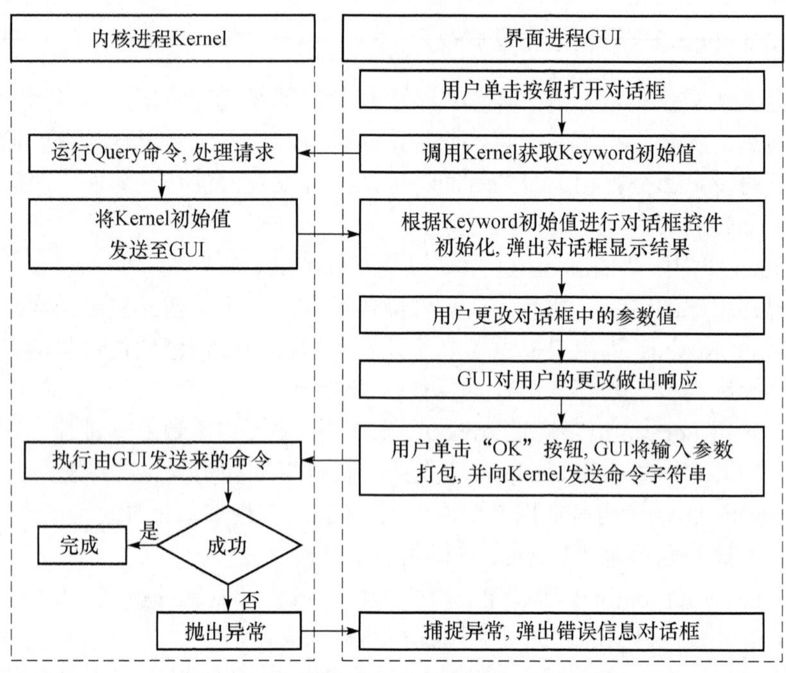

图 10.4　内核进程与 GUI 进程交互示意图

借其显著的特点成为技术人员进行快速开发的理想语言，主要有以下几个显著特点[10]。

1. 面向对象

面向对象设计消除了保护类型、接口、抽象类等元素，很大程度降低了程序设计的复杂性，为结构化和过程化设计语言增添了新的活力，使得用户在编程时更加贴近实际情况。面向对象程序设计允许将特定的行为、特征和功能与将要处理的数据或它们所代表的数据关联在一起，不用实际了解任何关于对象内部如何工作的问题，就可以很容易扩展和使用其他程序的内部函数。

2. 简单且适应性强

面向对象性使得编程工作更加简单快捷，同时 Python 语言允许用户根据自己的需要增减代码或重复使用编写好的代码。Python 语言鼓励简洁的代码设计风格，为开发设计提供广阔发展空间的同时，有效地保证了灵活性、一致性和高效性。

3. 快速建模

与其他编程语言相比，Python 语言的优势是显而易见的。它有许多联系其他系统的不同接口，功能强大并且健壮，即使单独使用也可以快速建立起一个系统的整个模型。此外，人们已经为 Python 语言开发出很多外部开发库，需要时只要将这些应用程序库进行适当调配就可以实现所需的功能。

4. 可扩展性

Python 语言是在 C 语言的基础上开发的，因此可以很容易地为其添加新的模块拓展其功能。Abaqus 脚本接口 ASI（Abaqus script interface）就是 Python 语言的扩展，提供了大约 500 个对象。Abaqus 将整个对象体系分为三部分，对象模型结构关系如图 10.5 所示[11]。其中，session 对象用来定义视图、远程列队等。mdb 对象包含 jobs（作业）对象和 models（模型数据）对象，用来定义模型数据和提交分析，其中 models 对象几乎包含了建模编程所需要的所有对象类型，也是前处理二次开发主要涉及的对象类型。odb 对象包括计算模型对象和存储计算结果数据，是后处理二次开发主要针对的对象类型。

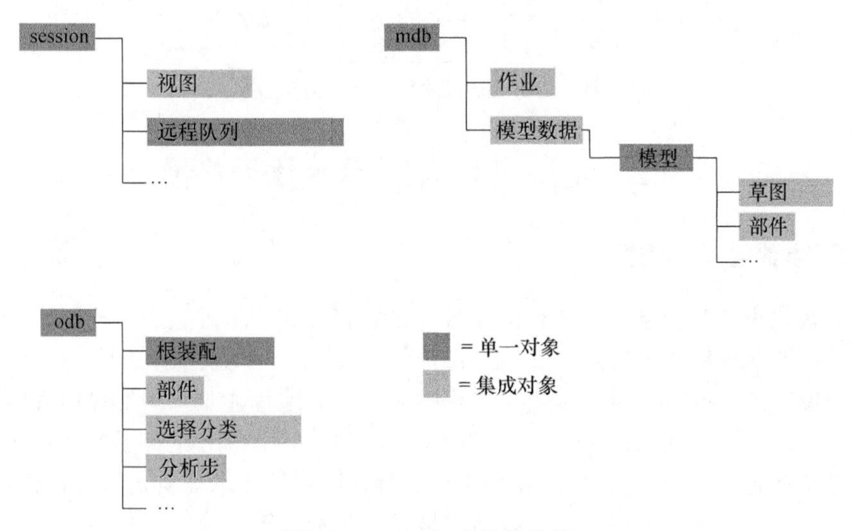

图 10.5　Abaqus 中类的结构

在 Abaqus 中使用 Python 语言可以实现如下功能[12]：

（1）在 GUI 中操作时，Abaqus 会自动用 Python 语言记录每一步的操作命令。

（2）自动创建、修改、重复建立模型并提交运算。

（3）访问输出数据库，根据用户需求进行数据存储与处理，还可编写专门的模块进行人工智能控制等。

（4）编写脚本文件进行参数化研究，也可以根据需要只针对系统的某一部分进行自动化作业。

（5）自定义丰富全面的异常信息，方便编程人员找到错误，缩短脚本调试时间[13]。

用户使用 Abaqus 进行建模时，可以通过直接操作 GUI、在命令行界面输入指令或者直接编写程序代码等方式进行，发送给 Kernel 内核执行操作，生成 INP 后即可进行分析计算，执行过程如图 10.6 所示。

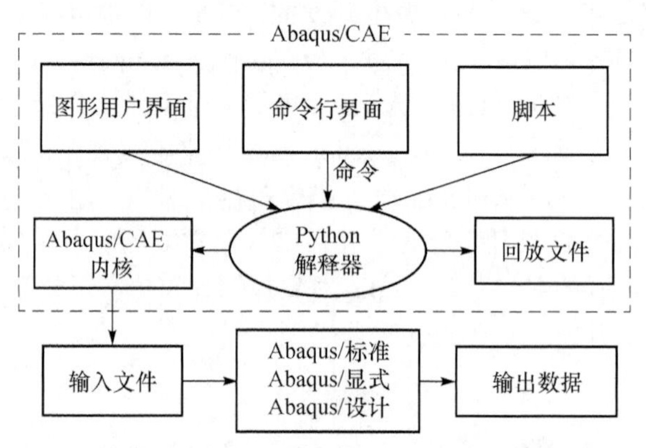

图 10.6　Abaqus 脚本接口和 Abaqus/CAE

10.2　切削过程有限元参数化建模

10.2.1　参数化技术概述

参数化设计是根据产品的性能参数，在原有设计的基础上通过提取定形、定位尺寸，改变或修改零件尺寸完成对图形的驱动[14]。参数化设计始于 20 世纪 60 年代，Ivan Sutherland 首先提出了约束的概念，并编程建立了图形接口程序；随后有学者提出了几何约束和变量几何的思想，并在此基础上完善了参数化设计的基本理论和思想；到 90 年代，几何推理、神经网络等技术被引入参数化设计中，使其有了很大发展，并形成了特征造型技术；几何推理法及约束传播法的应用使参数化理论逐渐趋于完善，被广泛应用于建筑设计、航天工业、船舶制造等领域，并在实践中取得很好的效果。参数化设计以尺寸驱动为特征，以约束造型为核心。目前参数化设计的常用方法[15]有变量几何法、人工智能法、过程构造法和基于辅助线等方法。

10.2.2　自定制切削参数化界面的实现

参数化设计从提出至今经过各国学者的不断总结与发展，提取出了参数化设计的共性。建立参数化模型的关键是几何约束关系的表达与求解，因此其步骤如下：

（1）分析事物特征，根据模块化思想，组合结构、功能相同或相近的模块，提取拓扑关系。

（2）设置变量并建立尺寸驱动函数关系式。

（3）编写程序并调试运行。

研究人员为了简化建模过程中的重复性操作而产生了参数化建模理念。随着仿真技术的发展，参数化思想被引入仿真模拟中，有限元分析参数化主要体现在以下两个方面：

（1）前处理参数化建模。有限元前处理参数化包括几何尺寸、材料设定、网格划分参数化及载荷参数化等。对于特定产品的设计，并不是所有数据都是用户关心的，可以只将其中的某一或某几方面参数化，从而简化设计任务。

（2）后处理阶段数据提取参数化。结果的处理是有限元模拟分析的一个重要方面。传统的操作手段是在后处理软件中对感兴趣的变量进行逐个提取，或导出数据在专业数值处理软件中操作。此过程费时费力，进行了大量重复性工作。后处理过程参数化让用户从大量信息中自动提取数据，实现“批处理”，不仅可以节约时间，还可以避免不同用户数据处理的差异化。

10.2.3　Abaqus 中切削模型参数化的实现步骤

在切削仿真过程中，研究人员经常会遇到系列产品的设计问题：①模型的刀具形状相同，只需要修改切削参数；②刀-工结构尺寸基本相同，只需要修改刀具的某一个或某几个形状参数，在结构尺寸上形成了系列化。然而，传统的分析流程将花费大量的时间和精力，因此本章通过对切削仿真模型进行分析研究，将相关变量参数化作为系列产品的开发新途径。与常规 CAD 软件不同，在 Abaqus 中进行切削仿真参数化难点如下：

（1）在 Abaqus 中，前处理过程包括建模、材料定义、装配等过程。在装配模块，刀具与工件定位的精确和进给量的大小直接相关，因此在建立刀具和工件的特征时，需要预先规划好二者的定位基准。

（2）常规 CAD 软件只是完成尺寸驱动即可，而在 Abaqus 中还与网格划分相关。为了提高求解精度并减少时间的花费，本章建立的模型中刀具和工件网格划分不均匀，因此需要对刀具工件结构边依次进行定位，选取的难易程度与草绘时的尺寸驱动以及基准点的放置位置有很大的关系。

通过前面提到的建模方法，利用图 10.7 所示的 Abaqus 与 Python 语言的内核传递过程，按照图 10.8 所示流程进行切削模型的参数化操作。

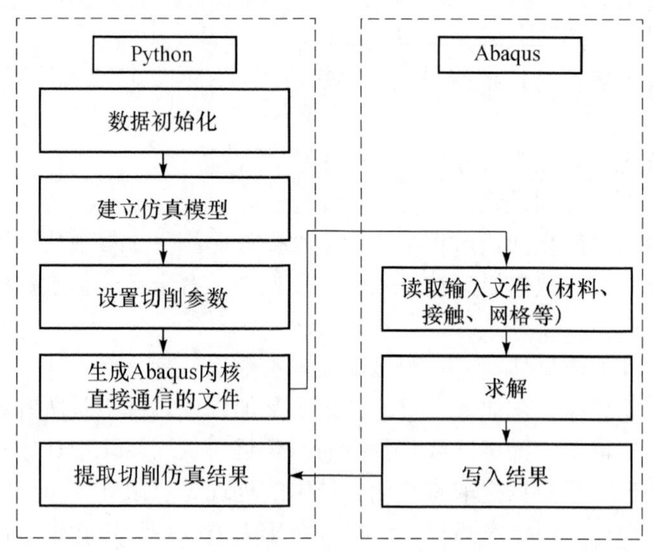

图 10.7　Abaqus 与 Python 语言切削建模内核传递过程

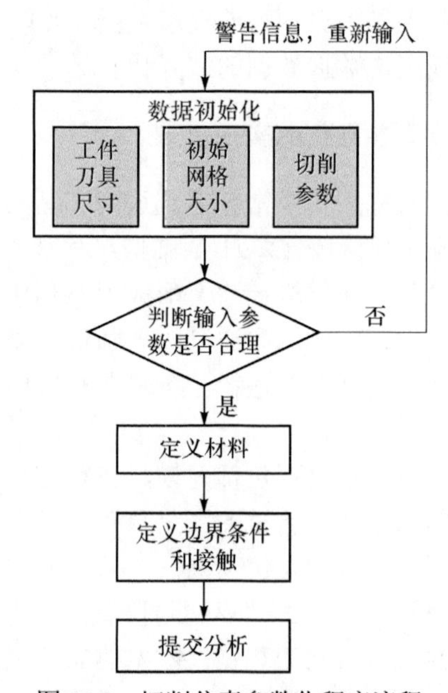

图 10.8　切削仿真参数化程序流程

1. 切削仿真模型主体程序的获取

利用 Abaqus 的用户界面构造器定制专属图形界面，首先要获得模型的仿真代码，代码程序的获得有以下两种方法。

（1）用户完全自编写：这种方式编写的脚本文件避免了 Abaqus 中的冗余字符段，命令语句灵活多变，可以根据用户需求方便地对模型进行掌控。但是这种方式对用户要求高，需要熟练掌握 Python 语言的书写规则及 Abaqus 中的各个对象、子对象的层级关系及结构，并且由于个人编写习惯及掌握程度的差异，不利于资源的共享与利用。

（2）修改标准代码文件：这种方式首先要在 Abaqus/GUI 中准确建立模型，建模过程中的所有操作命令都会记录在 Abaqus.rpy 文件中。该文件是对整个仿真模型信息的完整描述，是在前处理-求解-后处理之间建立数据传递的桥梁和纽带。这种方式适合初级用户，只需在 Abaqus 自动产生的命令语句中进行改写，重复操作性强，且具有很好的可读性与辨识性。因此，本章选用这种方式编写脚本文件。

2. 定义并提取参数化变量

在建模开始前，首先将参数分为两类：可变参数和不可变参数。可变参数是指各个尺寸值，如刀具、工件尺寸、切削速度、进给量等；而材料的赋予、边界条件及载荷的施加在每次建模时操作都是相同的，因此将这些变量设为不可变参数，系统采用默认值。这样做显著降低操作次数，加快操作进程。

在变量提取时，应注意以下几个方面的问题。

（1）草绘时基准点的选取。切削模拟时，刀具和工件分别在两个草绘窗口完成，并且程序编写完成后，打包封装在后台运行，用户无法从 GUI 中直观地看到操作过程。因此，草绘模块中，刀具、工件需要建立统一的基准。基准选取不仅对尺寸约束、各尺寸间函数关系的建立产生影响，还与装配、网格划分等相关。图 10.9 为倒圆刀具基准选取，工件基准点选择在右上角，即在草绘时将其设定为零点，而刀具基准选择在与刀具和工件相切的水平垂直线的相交线上。

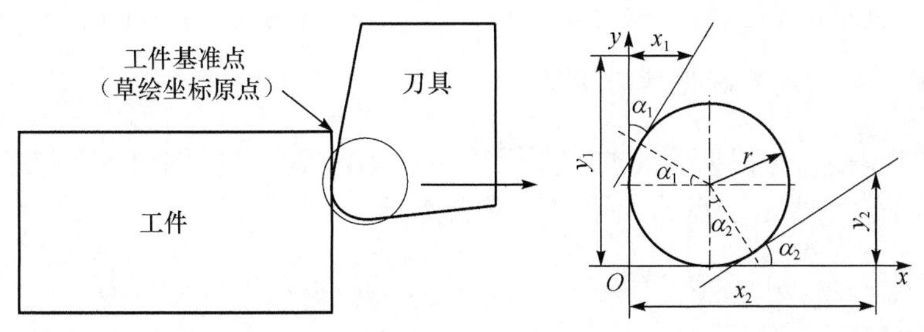

图 10.9　工件与刀具基准选取图形表示

（2）尺寸的约束及函数的对应关系。为提高精度并减少计算时间，在刀尖处进行网格细化，因此需要提取刀具的不同边操作。

在倒圆刀具前刀面上取一点坐标为(x_1, y_1)，则

$$\begin{cases} x_1 = \tan(\alpha_1 \cdot \pi / 180)(y_1 - r - r\tan(\alpha_1 \cdot \pi / 180)) \\ y_1 = k_1 h \end{cases} \tag{10.1}$$

式中，h为刀体高度；k_1为常数，且满足$1 > k_1 > \dfrac{h}{r + r\sin\alpha_1}$，数值尽量取大。

在倒圆刀具后刀面上取一点为(x_2, y_2)，则

$$\begin{cases} x_2 = k_2 w \\ y_2 = \tan(\alpha_2 \cdot \pi / 180)(x_2 - r - r\tan(\alpha_2 \cdot \pi / 360)) \end{cases} \tag{10.2}$$

式中，w 为刀体宽度；k_2为用户设置的一个常数，且满足$1 > k_2 > \dfrac{w}{r + r\sin\alpha_2}$，数值尽量取大。

程序改写完成后，即可进行任务自动命名和提交。部分程序代码如下：

```
import assembly
import displayGroupMdbToolset as dgm
a=mdb.models['Model-1'].rootAssembly
a.DatumCsysByDefault(CARTESIAN)
p=mdb.models['Model-1'].parts['tool']
a.Instance(name='tool-1',part=p,dependent=ON)
a=mdb.models['Model-1'].rootAssembly
p=mdb.models['Model-1'].parts['work-mesh-1']
a.Instance(name='work-mesh-1-1',part=p,dependent=ON)
#移动刀具定位
a=mdb.models['Model-1'].rootAssembly
a.translate(instanceList=('tool-1',),vector=(0.0,-f,0.0))
```

3. 自定制切削参数化界面研究

参数提取之后，根据研究的需要用语句 def( )将切削过程中的切削参数以及工件、刀具的几何参数、网格大小等定义为变量。

```
def createmodel(h1,w1,h2,w2,a1,a2,r,f,Min,Max,v):
import part
import displayGroupMdbToolset as dgm
import regionToolset
```

```
    s=mdb.models['Model-1'].ConstrainedSketch(name='__profile__',
sheetSize=3.0)
    g,v,d,c=s.geometry,s.vertices,s.dimensions,s.constraints
    s.setPrimaryObject(option=STANDALONE)
    s.rectangle(point1=(0.0,0.0),point2=(-0.7125,-0.3375))
    s.FixedConstraint(entity=v[0])
    ......
```

结合切削仿真的特点，提取切削参数的设计变量如表 10.1 所示。脚本创建完成后，在 RSG 构造器中创建界面，单击 Abaqus 的菜单栏即出现图 10.10 所示的对话框，输入参数即可得到图 10.11 所示的仿真模型。

表 10.1　参数化变量的设置

参数	w_1/mm	h_1/mm	w_2/mm	h_2/mm	α_1/(°)	α_2/(°)
初始值	1.2	0.5	0.4	0.5	12	3
参数说明	工件宽度	工件高度	刀具宽度	刀具高度	刀具前角	刀具后角

参数	r_ε/mm	f/(mm/r)	v_c/(m/min)	min/mm	max/mm
初始值	0.04	0.1	120	0.01	0.1
参数说明	刀尖圆弧半径	进给量	切削速度	最小网格尺寸	最大网格尺寸

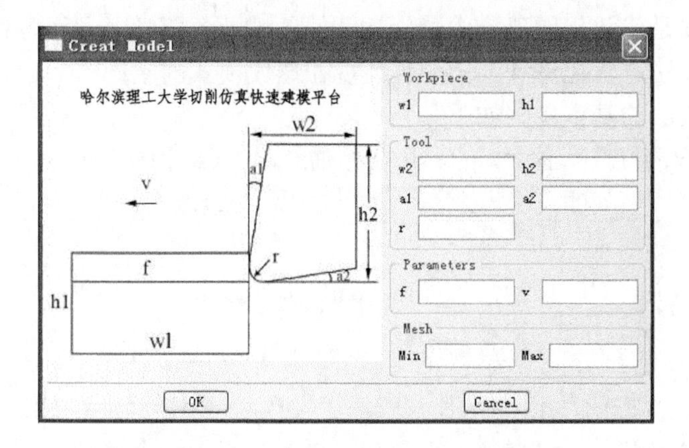

图 10.10　“切削仿真建模”对话框

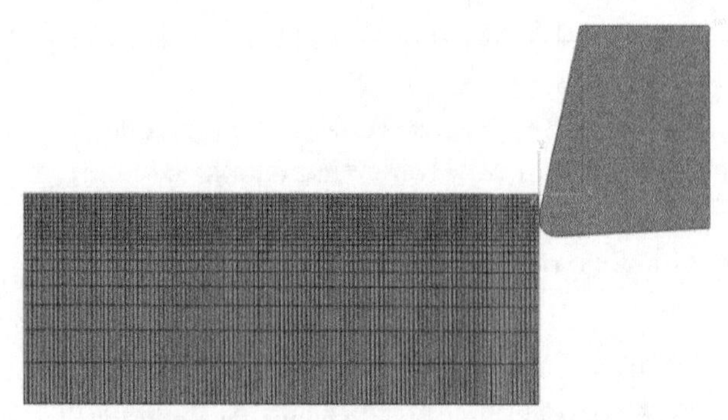

图 10.11　通过对话框创建的几何模型

10.3　基于有限元仿真的切削工艺优化控制研究

本节通过建立简洁、高效的数学模型，选用合适的分析方法，利用 iSIGHT 软件集成 Abaqus 实现切削过程的逆向控制，为切削参数的优化及刀具设计提供一定参考。

10.3.1　优化算法介绍

优化算法是优化技术的核心。它以数学为基础，应用于函数优化、系统工程、生产调度等领域，并以其解决实际工程问题中的复杂性、多极值等而得到广泛应用。迄今为止，已经发展了多种多样的算法，如模拟退火法、数学规划法等。

1. 优化算法概论

优化算法是优化问题研究中最为活跃的领域，各国学者利用各种理论，发展并创造寻优算法。优化算法的差异性体现在迭代模式的不同[16]。

数值迭代法的基本步骤如下。

（1）给出 $f(x)$ 的极小点 x^* 的一个初始估计 $x^{(1)}$（称为初始点）。

（2）计算一系列的点 $x^{(2)}, x^{(3)}, \cdots, x^{(k)}, \cdots$，希望点列 $\{x^{(k)}\}$ 的极限就是 $f(x)$ 的一个极小点。

$$x^{(k+1)} = x^{(k)} + a^{(k)}S^{(k)} \tag{10.3}$$

$$f(x^{(1)}) > f(x^{(2)}) > \cdots > f(x^{(k)}) > f(x^{(k+1)}) > \cdots \tag{10.4}$$

式中，$S^{(k)}$ 为搜索方向，$a^{(k)}$ 为步长（取值正实数）。当 $S^{(k)}$ 与 $a^{(k)}$ 确定以后，由 $x^{(k)}$ 就可以唯一确定 $x^{(k+1)}$，这样就可以确定逼近极小点的一个序列，通常称它为极小化序列，使得目标函数的值逐渐趋近于极小值，从而也就确定了一个算法。而各种不同数值算法的差别就在于选取搜索方向 $S^{(k)}$和步长 $a^{(k)}$的方法不同，图 10.12 为数值迭代法搜索方式。

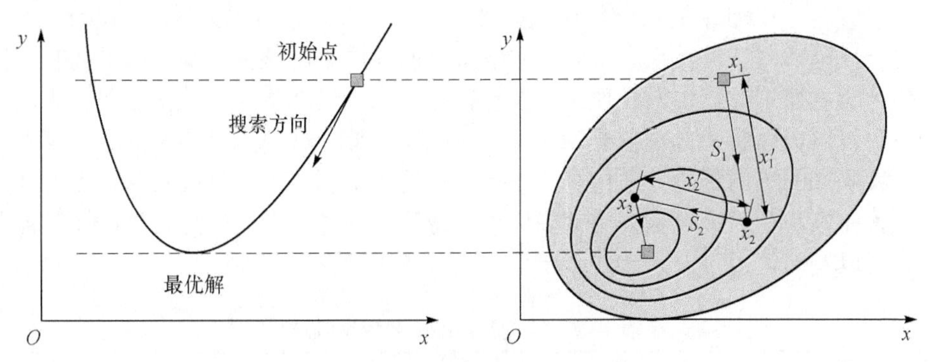

图 10.12　数值迭代法搜索方式

数值迭代法的核心有以下三方面。

1）建立搜索方向 $S^{(k)}$

搜索方向的确定有最速下降法、牛顿法、共轭方向法等，这都是一些简单而直接的求解方案，却为更有效的算法奠定了基础。

2）计算最佳步长 $a^{(k)}$

在不少算法中，步长由式（10.5）确定：

$$f(x^{(k)}+a^{(k)}S^{(k)})=\min_{(a>0)} f(x^{(k)}+aS^{(k)}) \tag{10.5}$$

3）停止准则

（1）点距足够小准则：以相邻搜索点的间距大小为依据，当两点距离足够小时，则停止搜索。

$$\left\| x^{(k+1)}-x^{(k)} \right\| \leqslant \varepsilon_1 \tag{10.6}$$

（2）函数下降量足够小准则：当相邻搜索点间的目标函数值之间的差距足够小时，可以停止迭代，可以按照式（10.7）或式（10.8）计算：

$$\left\| f(x^{(k+1)})-f(x^{(k)}) \right\| \leqslant \varepsilon_2 \tag{10.7}$$

$$\left\| \frac{f(x^{(k+1)})-f(x^{(k)})}{f(x^{(k)})} \right\| \leqslant \varepsilon_3 \tag{10.8}$$

（3）函数梯度充分小准则：根据极值存在的必要条件——函数在这一点的梯度的模为零，将此条件作为迭代的终止准则。

$$\left\| \nabla f(x^{(k+1)}) \right\| \leqslant \varepsilon_4 \tag{10.9}$$

2. 遗传算法

1967 年，Bagley 提出遗传算法概念。1975 年美国密歇根大学的 Holland 教授将这一理论和方法进行系统研究，并取得可创性成果。该算法基于达尔文的生物进化论和孟德尔的遗传变异理论，模拟物竞天择、适者生存的进化过程。从该算法整个发展历程看，它兴起于 20 世纪 70 年代，90 年代进入鼎盛发展期，成为各国学者研究的热门话题。遗传算法作为一种搜索机制，由于具有简单、实用、高效、鲁棒性和全局搜索性强等诸多优点，得到国内外学者的广泛关注，并在各个领域得以发展使用[17]，表 10.2 为遗传算法的应用领域。

表 10.2　遗传算法的主要应用领域

序号	领域	应用实例
1	自动控制	航空控制系统优化，防避导弹控制，瓦斯管道控制
2	生产调度	并行机任务分配，生产规划，流水线生产间调度
3	组合优化	背包问题，图像划分问题，装箱问题，布局优化
4	图像处理	模式识别（包括汉字识别），图像边缘特征提取，图像恢复
5	信息处理	滤波器设计，目标识别，运动目标分割
6	机器学习	调整人工神经网络的连接权，学习模糊控制规则
7	人工生命	用计算机等模拟或构造具有自然生物系统的人造系统
8	数据挖掘	在数据库中搜索、提取隐含和有价值的知识与规则并进行优化

遗传算法是一种模拟基因重组和自然进化的仿生算法，其核心操作是选择、交叉和变异，求解的一般步骤如图 10.13 所示。

（1）种群初始化：随机产生一组个体构成初始种群集合 X_i（i=1,2,…,n）。集合中个体数量对优化结果有重要的影响，个体数太少难以保证结果的全局收敛性；个体数太多则是以降低计算效率为代价换取精度的提高。一般选取初始种群范围为 50～200。

（2）计算适应度：适应度是判断个体优劣的准则，是自然选择的唯一标准，也是算法进行的驱动力。根据具体工程问题的不同，适应度的表达方式是不一样的。计算适应度后，若满足收敛准则就输出搜索结果；否则，进行下一步骤。

$$\mathrm{Fit}(X)=\begin{cases} f(X)-C_{\min}, & f(X)>C_{\min} \\ 0, & \text{其他} \end{cases} \tag{10.10}$$

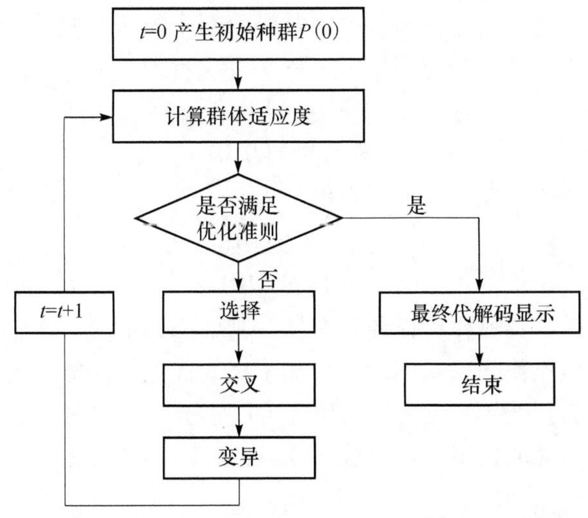

图 10.13　遗传算法的一般流程

式中，Fit(*X*)为个体适应度函数；*f*(*X*)为目标函数；$C_{\min}$ 既可以是用户定义的一个合适的输入值，也可是当前一代中目标函数的最小值，这样就使得 Fit(*X*)≥0 恒成立，便于排序并方便判断个体适应环境的能力，以进行选择。

（3）选择运算：选择是遵照优胜劣汰的法则，从旧群体中以一定概率选择优良个体组成新种群进行繁殖。具体的实施方法是在适应度数值计算的基础上，值越高的个体被选择的概率越大，即选出了最接近最优解的中间解。对个体进行选择的方法主要有以下两种[18]。

① 按比例分配适应度：这种方法是遗传算法中最常用和最基本的方法，其计算公式为

$$P_i = \frac{\mathrm{Fit}(x_i)}{\sum_{i=1}^{N} \mathrm{Fit}(x_i)}, \quad i = 1, 2, \cdots, N \tag{10.11}$$

$$\mathrm{PP}_i = \sum_{j=1}^{i} P_i \tag{10.12}$$

式中，P_i 为个体选择概率；PP_i 为累计概率；*N* 为种群规模。每次进行选择操作时，首先产生一个随机数 r=random(0,1)，当 $\mathrm{PP}_{i-1}<r<\mathrm{PP}_i$ 时，个体 *i* 被选中。

② 基于顺序选择个体：这种方法需要先按照适应度大小对所有种群个体进行分类，然后对同一类中的染色体再次进行排序，并确定该类中个体的选择概率，再利用比例分配法进行操作产生下一代。

（4）交叉运算：即两个体之间的部分染色体以某一概率交换，该操作可以创

造新的优良个体。交叉可分两步进行，首先将新个体两两配对；然后随机选择一个截断点切开，进行交叉繁殖产生新个体，可表示为

$$S_1=0110\,|\,101$$
$$S_2=1100\,|\,010$$

交叉操作后产生了两个新的字符串，为

$$S_1=0110\,|\,010$$
$$S_2=1100\,|\,101$$

（5）变异运算：该操作可以使新个体与其他个体不同，增加集合个体的多样性，从而避免遗传操作陷入局部解，增加了全局优化的特质。实现方法是以变异概率对某些个体实行变异，使其基因翻转（0 改为 1，1 改为 0）。变异概率参照自然界生物变异，因此取值很小，一般为 0.01～0.2。

3. 多岛遗传算法

多岛遗传算法是在传统遗传算法的基础上发展起来的。其特点是：首先将种群划分为若干称为“岛屿”的子种群，然后在每个岛屿上对子种群进行遗传操作，其原理与传统遗传算法相同。二者的区别在于岛和岛之间存在个体的迁移。这一操作保持了种群的多样性，并避免陷入早熟并加快收敛速度，其示意图如图 10.14 所示。

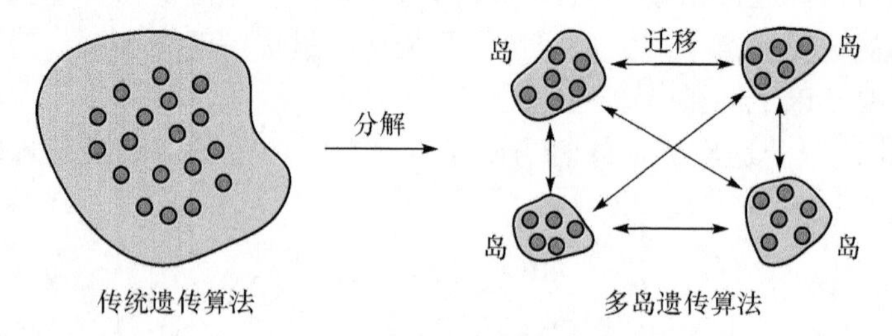

图 10.14　多岛遗传算法示意图

10.3.2　切削仿真优化设计的数学模型

要完成具体问题的优化设计，首先要从复杂的语言表述中抽象出数学公式。实际的优化问题可以用数学的方法将其表达出来，称为优化模型，其数学表达式为[19]

$$\min f(x),\quad x\in \mathbf{R}^n \tag{10.13}$$

$$\text{s.t.}\ \ g_j(x)\leqslant 0,\quad j=1,2,\cdots,m \tag{10.14}$$

$$h_k(x)=0,\quad k=1,2,\cdots,p \tag{10.15}$$

$$x=[x_1,x_2,\cdots,x_n]^{\mathrm{T}} \tag{10.16}$$

式中，x 为设计变量，$f(x)$为目标函数。其中，式（10.14）和式（10.15）为约束条件。

1. 设计变量

设计变量是在设计过程中进行优选的独立的待求参数，需要不断地修改和调整。在机械加工中，切削参数和刀具几何参数对切削力、切削热等具有很大的影响，选择合理的加工条件对切削加工表面质量、刀具寿命及加工成本等都至关重要。由金属切削理论可知，切削速度、进给量、背吃刀量对切削力都有不同程度的影响。然而，背吃刀量主要由切削余量决定，优化余地有限，因此不做考虑。在一定范围内，切削速度增大，加工件变形速率增大，因此切削力增加。背吃刀量不变，进给量增加会导致切削面积 A_c 增加（$A_c=a_p f$），单位时间内将切除更多的材料体积，需要消耗更多的能量，因此切削力增大。刀具几何形状如前角、后角、倒棱参数等对切削力、切削热都有不同程度的影响，并且各个变量之间存在复杂的相互耦合关系。因此，本章取进给量和切削速度以及刀具几何参数为设计变量。

2. 目标函数

目标函数是评价优化结果优劣的一个评判标准。在切削加工中，切削力和切削温度对机床振动、刀具寿命及零件加工质量等都有很大影响。本章选取切削力和切削温度作为目标函数。图 10.15 为 PCBN 刀具切削淬硬钢时的切削力变化曲线。从图中可以看出，切削开始时，切削力从零开始突然增大，然后不断波动并进入稳定切削阶段，因此提取稳定阶段，即 $t/2$～t 阶段切削合力的平均值作为优化依据。切削温度则通过汇编语言控制提取切削过程中整个切削区域的最高温度，图 10.16 为切削温度的分布图。

切削力与温度的程序控制命令如下：

```
from odbAccess import*
Frame=odb.steps['Step-1'].frames;d1=0;k=0
for i in range(len(Frame)):
if i>100:
        nowFrame=Frame[i]
        rf=nowFrame.fieldOutputs['RF']
        center=odb.rootAssembly.nodeSets['GEO']
        centerrf=rf.getSubset(region=center)
        d1=centerrf.values[0].data[0]+d1
        k=k+1
```

```
force=abs(d1/k)
for i in range(len(Frame)):
nowFrame=Frame[i]
rf=nowFrame.fieldOutputs['NT11']
d1=rf.values
uu1=[]
for te in d1:
        uu1.append(te.data)
maxtep=max(uu1)
```

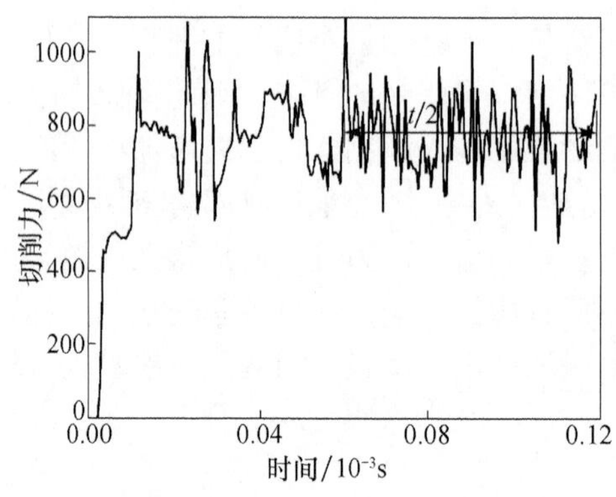

图 10.15　切削力仿真结果

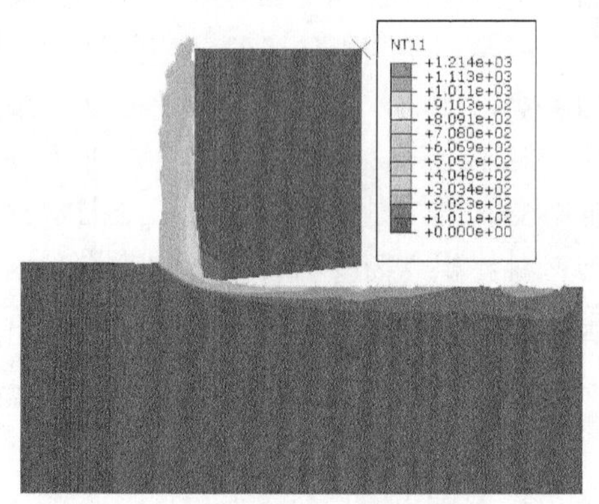

图 10.16　仿真温度场分布（单位：℃）

3. 约束条件

约束条件按照其数学形式可以分为等式约束或者不等式约束，按约束作用可分为边界约束和性能约束。约束条件可以使系统自由度降低，减少搜索区域的范围，加快计算机运行时间。根据本章的设计要求，约束条件形式为边界约束，即对设计变量的取值范围有所限制。

10.3.3　Abaqus 与 iSIGHT 联合仿真技术

现在产品开发正朝着多样化、精密化、复杂化的趋势发展，对于复杂的产品，人们希望在产品投产之前对其进行综合分析验证，寻求短周期、高性能、低成本的最优设计方案，以满足客户的要求。

传统的设计方法是首先根据已经初步确定的方案利用有限元法得到应力、变形、能量等结果输出，对不符合设计要求的根据经验或试算不断对方案进行调整、修正，这种设计方法主要有以下不足：

（1）建模仿真串行模式周期长，效率低。

（2）浪费研究者的时间和精力，并且对研究者要求较高，研究者经验及个人的差异会对结果有很大影响。

随着计算机技术和优化理论的发展，人们逐渐认识到将 CAD/CAE/CAM 进行整合的多软件联合使用，可以在设计初期物理样机制造之前，对多种可行方案进行分析对比找出最佳设计方案，并且通过曲线、等值线图直观地看到方案的优劣。多软件联合仿真作为一种新技术，极大地简化了产品开发流程，缩短了产品的设计周期。图 10.17 直观地表达了传统设计方法与现代设计方法的异同。

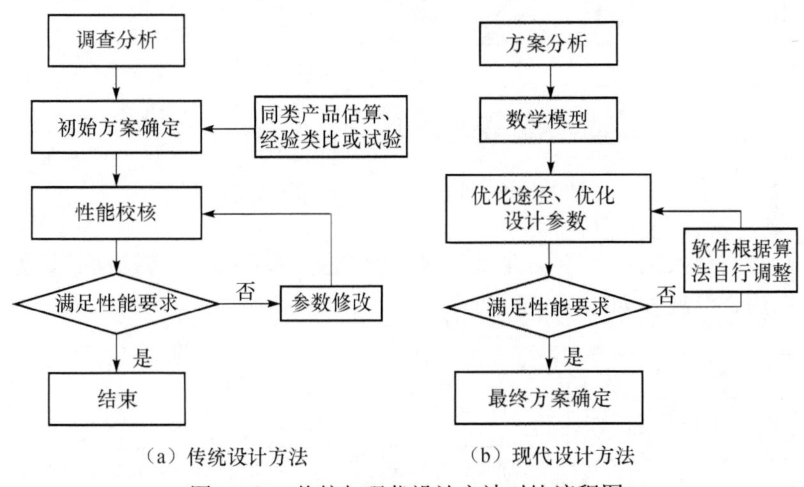

（a）传统设计方法　　（b）现代设计方法

图 10.17　传统与现代设计方法对比流程图

iSIGHT 通过图形界面以对话形式实现计算程序的连接、优化问题的设定和方法的选择以及运行监控等全过程的操作实施优化，基本流程如图 10.18 所示。

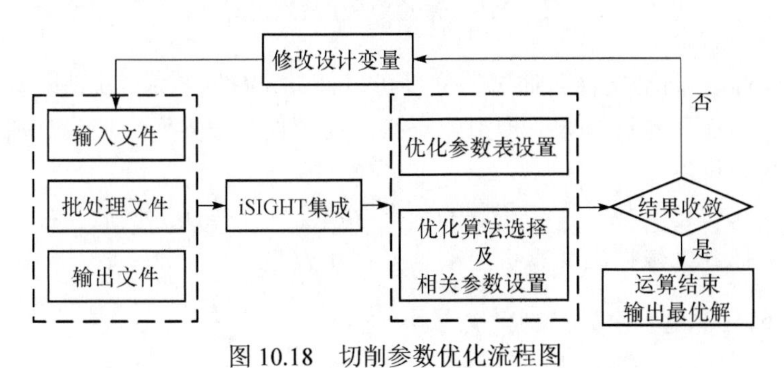

图 10.18　切削参数优化流程图

1. 仿真分析过程文件的集成

过程集成可快速耦合不同学科、不同语言和格式的仿真代码，完成数据流和控制流的可视化定制，以便在统一的控制环境中实现流程自动化。在 iSIGHT 中，过程集成通过使用非插入的方法，不仅可以驱动 CAD、CAE 等商业化设计支持工具，还可以驱动设计组织内部开发的由 Fortran、C++等编写的代码。整合文件包括模型输入文件、Abaqus 程序启动文件和输出文件，如图 10.19 所示。

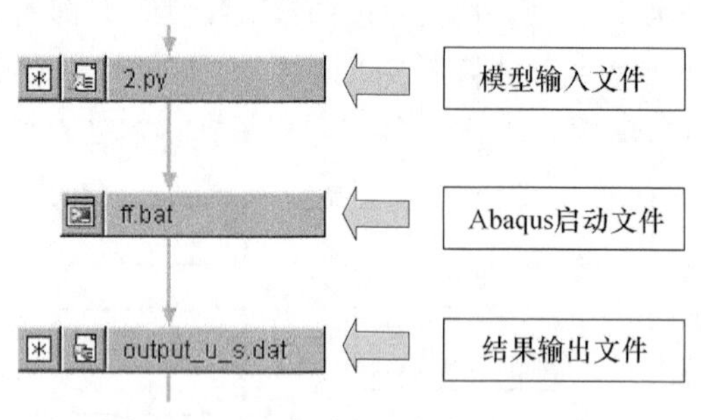

图 10.19　仿真过程文件集成示意图

（1）模型输入文件：该文件以参数化建模文件为基础，包括前、后处理和求解计算，其获得流程如图 10.20 所示。

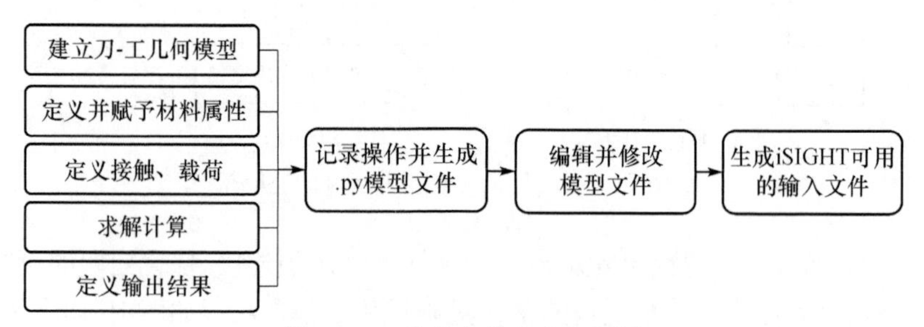

图 10.20　输入文件生成流程图

（2）Abaqus 启动文件：通过该文件可以使 iSIGHT 在每一次迭代分析中正确调用 Abaqus 在后台进行数值模拟，不必启动图形用户界面，使设计流程顺利进行且加快模拟进度。

（3）结果输出文件：目标变量的数据存放文件，每次迭代后目标函数值会自动更新，并以此为依据由计算机自动选择优化方案。

2. 切削仿真过程中的问题定义

这部分是对工程问题的数学描述，即将建立的数学模型按照 iSIGHT 的要求及格式进行定义。数学模型既可以是简单的函数优化，也可以是复杂的多学科问题。在参数表中可以直观地表达在优化设计的初始阶段所建立的数学模型。问题定义包括设计变量初始值、目标值及求解策略等。

（1）设计参数表设定。相应文件集成后，根据定义的数学模型在参数表中进行设计变量、目标变量和约束条件的设定。以倒圆刀具为例，所需进行的参数表设置如表 10.3 所示。

表 10.3　设计变量参数设置

设计变量	下限值	初始值	上限值
进给量 f/(mm/r)	0.019	0.03	0.04
刀尖圆弧半径 r_ε/mm	0.05	0.05	0.1
前角 γ_0/(°)	0	6	15
切削速度 v_c/(m/min)	100	200	400

（2）优化算法参数设置。优化问题的瓶颈之一就是如何选择合适的优化方案和调整策略。在优化过程中，根据优化问题的不同，可以选择一种或多种算法组合的方式进行优化。本次进程中，为扩大搜索空间、避免陷入局部最优解，选择多岛遗传算法进行全局搜索以获得最接近预设值的近似解。

（3）数据分析可视化。优化过程中，监视器以图形和表格的形式实时显示控制过程，iSIGHT 每完成一次运算都会提取结果并显示在对话框中，方便用户随时查看监控，极大地增强了操作和管理的灵活性。

10.3.4　切削工艺优化及试验验证

仿真模型采用 PCBN 刀具切削淬硬钢 GCr15，切削宽度为 3.2mm。通过上述的设置，仿真结果输出如图 10.21 所示。

图 10.21 分别为刀具前角、进给量、刀尖圆弧半径和切削速度随运行次数的变化曲线。由于选择全局搜索算法，每次结果趋于收敛完成局部搜索后，设计变量都会因种群变异而产生明显阶跃，在此进入下一个局部搜索范围直至得到满足收敛条件的全局最优解。

图 10.22 和图 10.23 为目标变量切削力和切削温度随运行次数的变化曲线。设计变量通过优化算法取得数值后传递到 Abaqus 中进行运算，每一个点的数值都唯一对应相同运行次数。表 10.4 为优化前后结果对比，从表中可以看出，经过优化后，切削力下降了 26.4%，切削区最高温度降低了 29.5%。

表 10.4　优化前后结果对比

变量 / 数值	设计变量				目标变量	
	进给量 /(mm/r)	刀尖圆弧半径 /mm	前角 /(°)	切削速度 /(m/min)	切削力 /N	切削温度 /℃
初始值	0.03	0.05	6	200	910	936
优化值	0.019	0.05	0	100	596	660

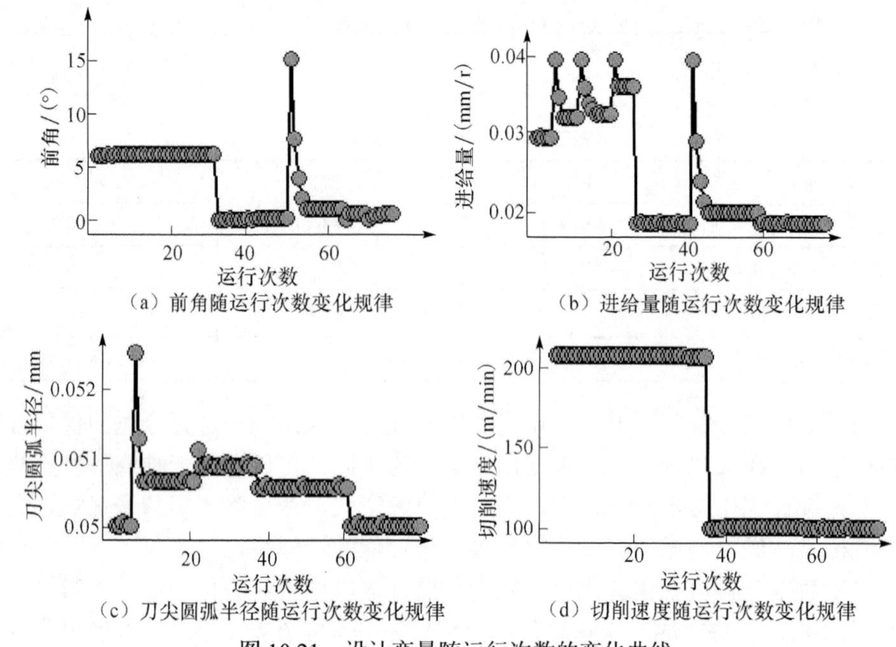

(a) 前角随运行次数变化规律　　(b) 进给量随运行次数变化规律

(c) 刀尖圆弧半径随运行次数变化规律　　(d) 切削速度随运行次数变化规律

图 10.21　设计变量随运行次数的变化曲线

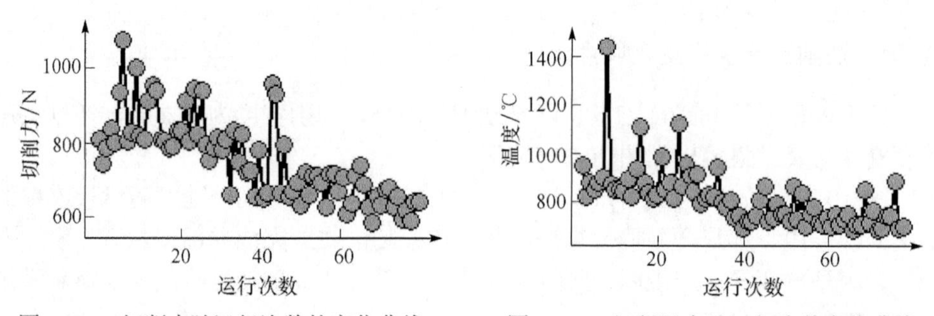

图 10.22　切削力随运行次数的变化曲线　　图 10.23　切削温度随运行次数变化曲线

为验证优化平台的准确性，本章设计了单因素试验以检验优化结果，试验现场装置如图 10.24 所示。采用 PCBN 刀具切削淬硬钢 GCr15，切削速度为 314m/min，切削宽度为 3.2mm，以切削力为目标变量、进给量为设计变量进行优化。刀具几何参数如表 10.5 所示。

表 10.5　刀具几何参数设置

刃口参数	后角	倒棱角度	倒棱宽度	材料
数值	6°	15°	0.06mm	PCBN

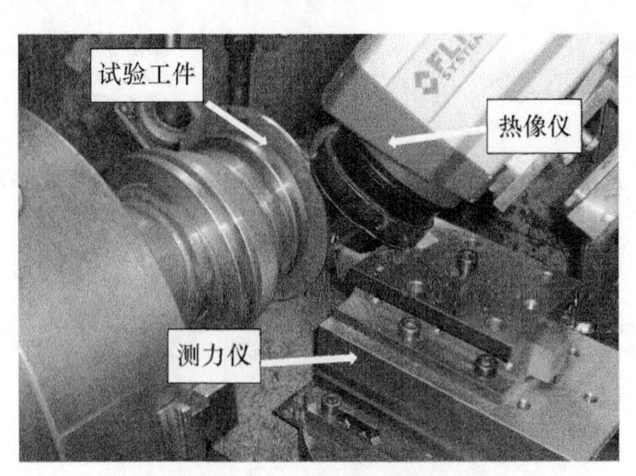

图 10.24　试验现场照片图

由于切削力随进给量的增大而增加，仿真模型只需取得设计变量的临界值即可得到最优解，这将使研究工作失去意义。因此，本次仿真过程中预先给定切削力数值，优化出进给量之后，比较相同参数下的仿真值和试验值的误差即可大致判断优化模型的精度。

图 10.25 为倒棱刀具切削力随运行次数的变化，其波动范围在 700～920N；图 10.26 为进给量随运行次数的变化，其范围为 0.019～0.04mm/r。对比两图可以发现，随着进给量取值的变化，切削力也出现相应的阶跃。在每一个阶跃内，进给量虽有小幅波动但不明显，出现局部收敛现象。迭代一定次数后产生大幅波动，扩大其优化范围，反复此过程直至得到全局搜索结果。切削力的变化趋势与进给量大致相同。

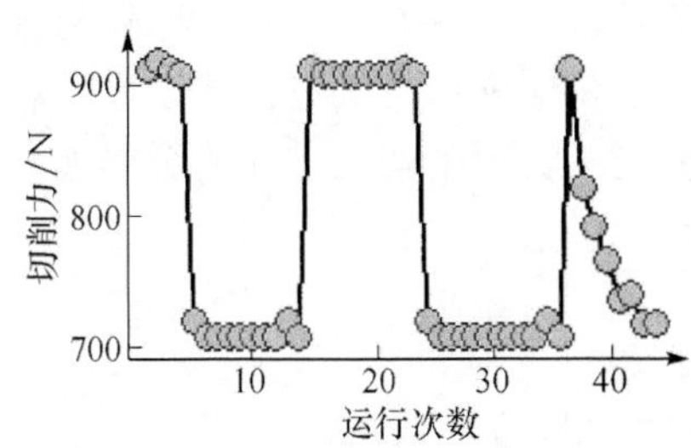

图 10.25　切削力随运行次数的变化曲线

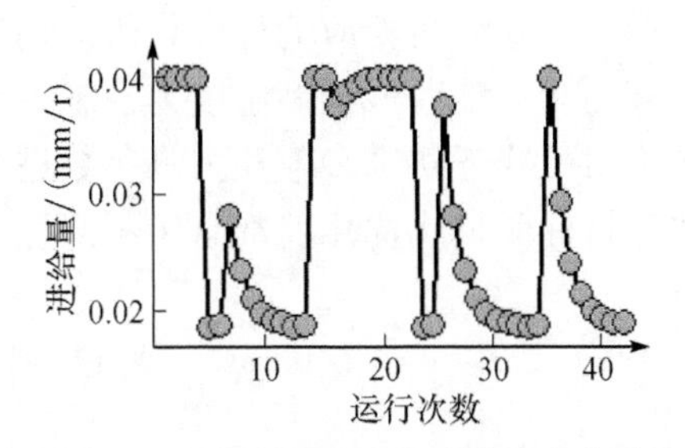

图 10.26　进给量随运行次数的变化曲线

预先设定切削力数值为 902N，得到图 10.27 所示的模拟仿真值与试验值的对比图。从图中可以看出，切削力的仿真值和试验值都是随着进给量的增大而增加，并且仿真值较试验值偏小。在预定切削力下得到的进给量圆整之后取值为 0.023mm/r，所对应的仿真与试验切削力分别为 914N、932N，误差为 12.7%，在可接受的范围之内。因此，本章所建立的切削控制模型是行之有效的[20]。

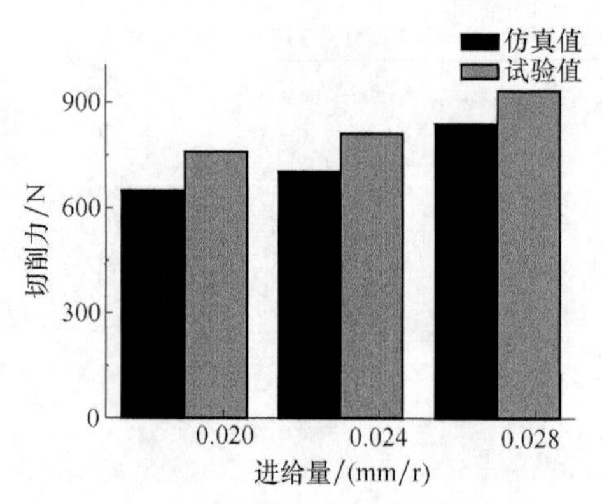

图 10.27　自动优化结果与试验结果的对比

10.4　本 章 小 结

本章首先从 Abaqus 二次开发入手，深入研究 Abaqus 二次开发语言和途径，分析 Python 语言的特点、优势以及与 Abaqus 之间交互作用关系，选定脚本语言 Python 为本书的开发语言，讨论 Abaqus 对象模型以及开发过程中各种模型的调用方法，并在 Abaqus/CAE 中建立标准模型，得到初始仿真代码。其次，基于参数化设计的思想，对切削仿真源代码进行编辑，将切削参数、工件和刀具参数设置为变量进行二次开发，使其绕过 CAE 界面直接通过命令代码来控制建模操作，从而实现系列化仿真模型的快速建立。最后，从优化设计基本理论出发，根据优化问题的需要编写相应的程序代码，通过多学科仿真软件 iSIGHT 集成 Abaqus，以切削力和切削区域最高温度为控制目标，搭建切削仿真快速优化平台，对两种不同刃口形式下切削参数和刀具参数进行优化，实现了切削过程的循环进行，使优化后目标变量比优化前都有了不同程度的改善。

参 考 文 献

[1]　李江波. 高层钢筋混凝土结构 Abaqus 参数化建模方法[D]. 哈尔滨: 哈尔滨工业大学硕士学位论文, 2011.

[2]　王国胜, 侯波, 于忠奇. 基于 BCJ 本构模型的高速切削过程数值模拟[J]. 机械设计与研究, 2011, 27(3): 91-94.

[3]　Vieira A C, Marques A T, Guedes R. Material model proposal for biodegradable materials[C]. The 11th International Conference on the Mechanical Behavior of Materials, Porto, 2011, (10): 1597-1602.

[4]　王国梁. Abaqus GUI 二次开发技术在材料领域的研究与应用[D]. 兰州: 兰州理工大学硕士学位论文, 2009.

[5]　Gass F, Hambli R. Optimization of springback in L-bending process using a coupled Abaqus/Python algorithm[J]. The International Journal of Advanced Manufacturing Technology, 2009, 44(1): 61-67.

[6] Chirme A, Parle D, Awati N. Integrated tool for strain extraction in virtual testing[C]. SIMULIA Community Conference, London, 2012: 172-177.

[7] 石庆华, 曹正华, 丁立民. 基于 Python 复合材料多加筋整体构件 Abaqus 前处理二次开发[J]. 航空制造技术, 2009, (z1): 36-39.

[8] 陈学义. 基于 Abaqus 二次开发的多管火箭炮参数化建模及仿真研究[D]. 南京: 南京理工大学硕士学位论文, 2011.

[9] 王洪祥, 徐涛, 杨嘉. 铝合金精密铣削有限元仿真的参数化建模[J]. 轻合金加工技术, 2011, 39(12): 51-54.

[10] 曹金凤, 王旭春, 孔亮. Python 语言在 Abaqus 中的应用[M]. 北京: 机械工业出版社, 2011.

[11] 周兰. Abaqus 二次开发技术在编织型材料微结构设计中的应用[D]. 兰州: 兰州理工大学硕士学位论文, 2010.

[12] 张强, 马永, 李四超. 基于 Python 的 Abaqus 二次开发方法与应用[J]. 船舶电子工程, 2011, 31(2): 131-134.

[13] 施宗成. 鼓式制动器热结构耦合参数化有限元分析[D]. 长春: 吉林大学硕士学位论文, 2011.

[14] 符敢为. 基于 Pro/E 的桥机主梁参数化设计与分析[D]. 太原: 太原科技大学硕士学位论文, 2012.

[15] 程凤. 基于 ANSYS 的岸边集装箱桥式起重机参数化仿真及疲劳分析[D]. 武汉: 武汉理工大学硕士学位论文, 2007.

[16] 刘惟信. 机械最优化设计[M]. 北京: 清华大学出版社, 1994.

[17] 孙志明. 中厚板焊接有限元数值模拟及其参数优化[D]. 北京: 北京交通大学硕士学位论文, 2011.

[18] 李海涛. 基于遗传算法的工程项目多资源均衡优化研究[D]. 大连: 大连理工大学硕士学位论文, 2012.

[19] 李元科. 工程最优化设计[M]. 北京: 清华大学出版社, 2006.

[20] 于明明. 车削过程的参数化建模及优化控制[D]. 哈尔滨: 哈尔滨理工大学硕士学位论文, 2013.

第 11 章　有限元软件仿真结果对比

本章首先对 Deform 和 Third Wave AdvantEdge 两个仿真软件的主要功能窗口和各个功能模块进行介绍，然后选用相同的刀具、工件、切削参数通过 Deform 和 Third Wave AdvantEdge 两个仿真软件进行切削有限元仿真。将 Deform 和 Third Wave AdvantEdge 仿真后提取的切削力、温度及仿真得到的切屑形态与 Abaqus 仿真结果以及试验结果进行对比分析，虽然不同的切削仿真软件，其特性和计算方式不同，但输出量的数值相差不大、切屑形态相近、变化趋势相同。

11.1　Deform 介绍

Deform 系列软件是由位于美国 Ohio Columbus 的科学成形技术公司（Science Forming Technology Corporation）开发的。该系列软件是一套基于有限元的工艺仿真系统，用于分析金属成形及其相关工业中的各种成形工艺和热处理工艺[1]。通过 Deform 在计算机上模拟整个加工过程，可以帮助工程师与设计人员设计模具和产品工艺流程，减少昂贵的现场试验成本，提高模具设计效率，降低生产和材料成本，缩短新产品的研究开发周期。Deform 的子模块包括 Deform-2D、Deform-3D、Deform-F2、Deform-F3、Deform-HT、Deform Tool，以及其他主要 ADD-ON 模块，如 Microstructure、Ring Rolling、Machining、Cogging、Shaping Rolling。

11.1.1　Deform 主要功能介绍

Deform 主要用来分析变形、传热、热处理、相变和扩散之间复杂的相互作用，以及各种物理现象之间相互耦合及相互影响。依据其功能模块，该软件主要可以展开以下分析。

1. 成形分析

（1）冷、温、热锻的成形和热传导耦合分析，提供材料流动、模具充填、成形载荷、模具应力、纤维流向、缺陷形成和韧性破裂等信息。

（2）刚性、弹性和热黏塑性材料模型，特别适用于大变形成形分析，弹塑性材料模型适用于分析残余应力和回弹问题，烧结体材料模型适用于分析粉末冶金成形。

（3）完整的成形设备模型可以分析液压成形、锤上成形、螺旋压力成形和机械压力成形。

（4）温度、应力、应变、损伤及其他场变量等值线的绘制。

2. 热处理

（1）模拟正火、退火、淬火、回火、渗碳等工艺过程。

（2）预测硬度、晶粒组织、成分和含碳量。此功能可以用来开展已加工表面完整性的研究，分析切削条件对已加工表面变质层生成的影响。

（3）可以输入各段淬火数据来预测最终产品的硬度分布。

（4）可以分析材料晶相，每种晶相都有自身的弹性、塑性、热属性和硬度属性。

11.1.2　Deform-2D、Deform-3D 介绍

在金属切削加工中，常使用的模块是 Deform-2D 和 Deform-3D，下面主要介绍这两个主模块。

1. Deform-2D

Deform-2D 可以在同一集成环境内综合建模、成形、热传导和成形设备特性，主要用来分析成形过程中平面应变和轴对称等二维材料流动，适用于热、冷、温成形，广泛用于分析锻造、挤压、拉拔、开坯、镦锻以及许多其他金属成形过程。Deform-2D 允许用户通过选择平面应力单元或对称单元生成一个二维（2D）模型，它们是拥有 4 个节点的四边形，可仿真的材料为弹性材料、塑性材料、刚性材料、弹-塑性材料或者多孔材料，软件的数据库提供了多种材料属性。

2. Deform-3D

Deform-3D 可以在同一集成环境内综合建模、成形、热传导和成形设备特性等功能，主要用于分析各种复杂金属成形过程中三维材料流动情况，可以为热、冷、温成形，提供具有较高价值的工艺分析数据。Deform-3D 是针对复杂金属成形过程的三维金属流动分析的功能强大的过程模拟分析软件[2]，也是一套基于工艺模拟系统的有限元系统（FEM），专门设计用于分析各种金属成形过程中的三维（3D）流动的分析软件，可以提供极有价值的工艺分析数据及有关成形过程中的材料流动和温度流动数据。典型的 Deform-3D 应用包括锻造、钻削、铣削、轧制、旋压、拉拔和其他成形加工手段。

Deform-3D 是模拟 3D 材料流动的理想工具，它不仅鲁棒性好，而且易于使用。Deform-3D 强大的模拟引擎能够分析金属成形过程中多个关联对象耦合作用

的大变形和热特性。系统中集成了在必要时刻能够自行触发自动网格重新划分的生成器，生成优化的网格系统。在要求精度较高的区域，可以划分细密的网格，从而降低运算规模，并显著提高计算效率。

Deform-3D 图形界面既强大又灵活，为用户准备输入数据和观察结果数据提供了有效工具，Deform-3D 还提供了三维几何操纵修正工具，这对于三维切削过程模拟极为重要。

11.1.3　Deform 主窗口介绍

Deform-2D 和 Deform-3D 二者的主窗口相同，并且二者都是由前处理器、模拟处理器（FEM 求解器）和后处理器三大模块组成。这里仅以 Deform-3D 为例（V6.1 版本）从上述三大模块分别介绍其主窗口的组成部分。

1. Deform-3D 主界面

运行 Deform-3D 后进入的主界面如图 11.1 所示。

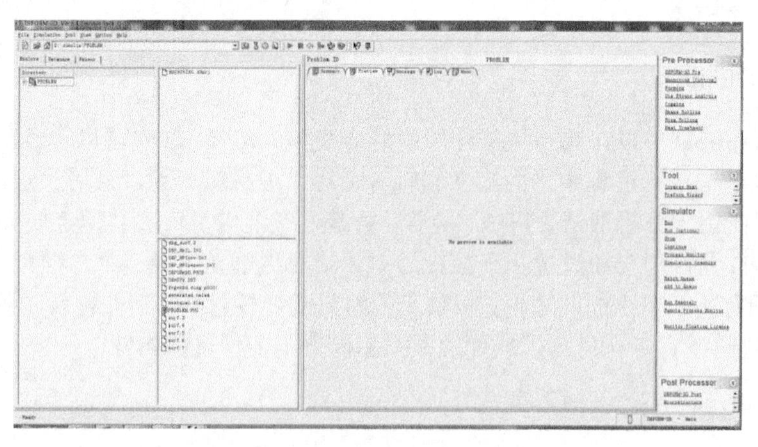

图 11.1　Deform-3D 的主界面窗口

在主界面的上部为应用菜单，应用菜单中包括仿真文件建立、仿真进程控制、db 文件管理器、界面显示、环境设置、帮助文件查看等设置，其下方可以看到一些常用的快捷键，如图 11.2 所示。

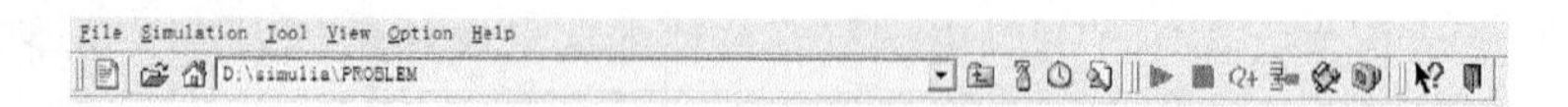

图 11.2　主界面应用菜单选项

通过应用菜单选项下面的信息显示窗口可以对仿真进程进行实时监测。监测内容主要包括运行状态信息、动画进程、仿真结果信息等，如图 11.3 所示。

图 11.3　信息显示窗口

通过主界面右侧的工具栏可以方便地进入前处理模块、后处理模块、刀具仿真模块以及仿真的运行控制、监测模块，如图 11.4 所示。

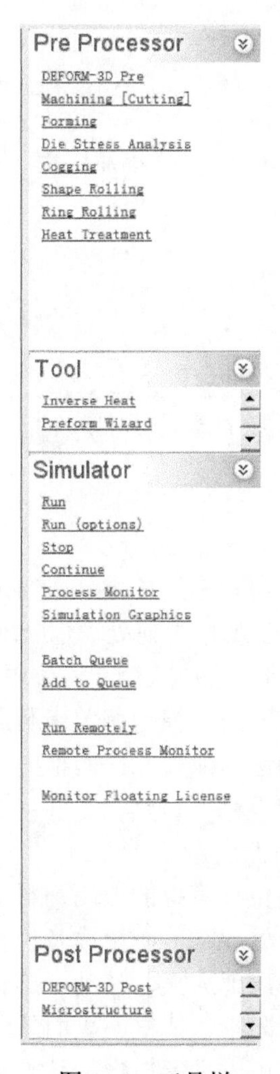

图 11.4　工具栏

通过工作目录可以看到所选目录下仿真人员编辑的仿真文件以及文件的工

作状态，并可对所选文件进行有关操作，如运行、停止控制以及进入前处理、后处理等，如图 11.5 所示。

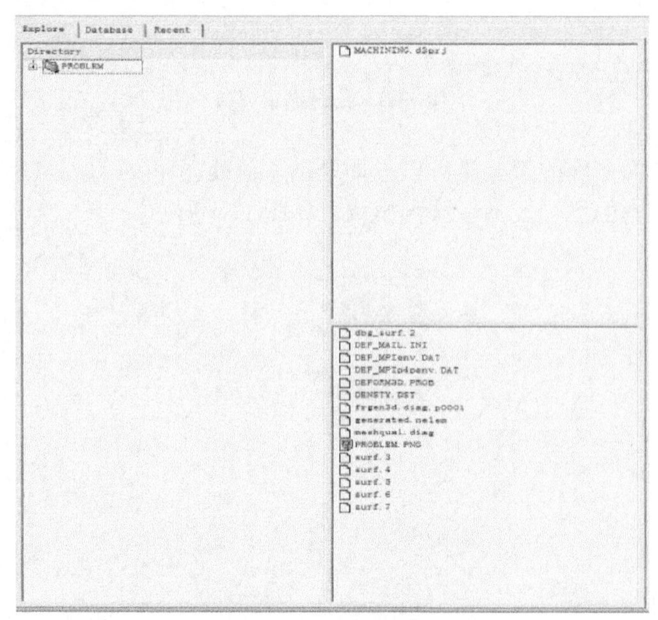

图 11.5　工作目录菜单

2. 前处理器设置界面

有两种常用的路径创建金属切削加工文件：通过主界面应用菜单中的 File 来新建文件并进入前处理；通过工具栏中前处理器（Pre Processor）下的 Deform-3D Pre 或 Machining→Cutting 选项直接在默认文件位置中新建文件并进入前处理。在前处理窗口中，可以进行有限元仿真模型相关参数的初步建立：刀具和工件的建立或导入；刀具和工件材料的选择或建立；网格的划分；相对运动的设置；边界条件的设置；仿真进程参数的设置；刀具和工件接触关系的设置；前处理数据的生成等。前处理主界面如图 11.6 所示。

在应用菜单中，可以实现仿真模拟的控制、材料属性的设置、空间位置关系的设定、接触关系的设置、前处理文件的生成及保存；可以实现从各个角度观察图像区域，包括放大、缩小、局部放大、移动、旋转、适当观测角度等；可以用不同形式观测几何物体，包括阴影、线框、表面轮廓等；可以保存、导出、打印前处理文件以及截图；用户也可以进行自定义仿真环境。

通过快捷菜单可以方便地实现上述应用菜单中的相关设置，对于仿真较为熟练的人员一般都用快捷菜单来完成以上设置，快捷菜单如图 11.7 所示。

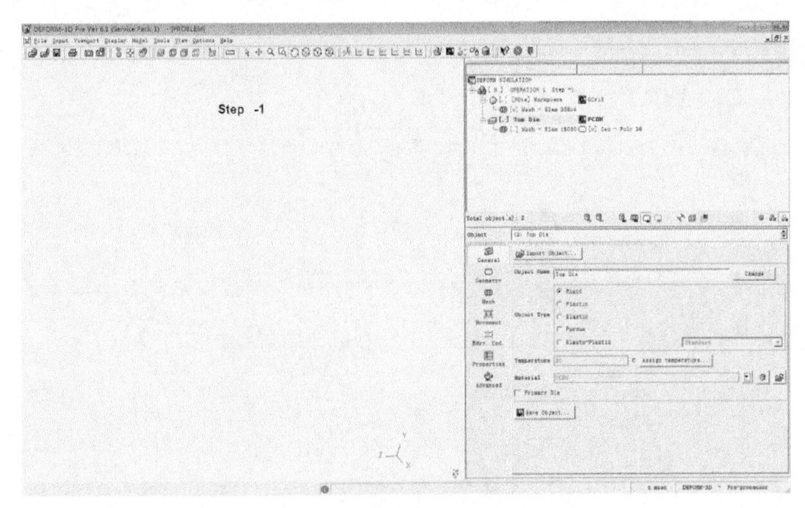

图 11.6　前处理主界面

图 11.7　快捷菜单

对象树窗口显示刀具以及工件的关键信息，如划分的网格数目、材料、边界条件。同时也可以对要修改或查看的对象进行选择，如图 11.8 所示。

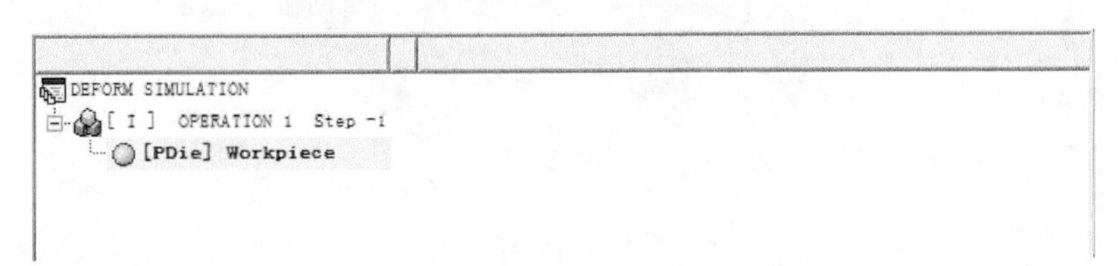

图 11.8　对象树窗口

通过对象树窗口下方的图标来添加或删除对象、显示或隐藏对象以及选择对象的显示形式，如图 11.9 所示。

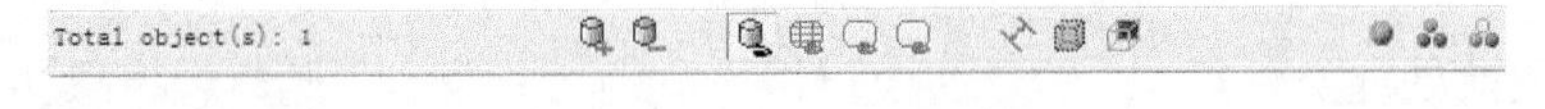

图 11.9　对象显示快捷区

用户可以在显示信息设置窗口导入工件与刀具的几何模型，然后对二者的材料、网格划分、相对运动、边界条件、高级属性等方面进行相关设置，如图 11.10 所示。

通过前处理界面中的图形显示窗口可以查看前期所建立的刀具和工件的几何模型以及对二者的各种可视化设置，如图 11.11 所示。

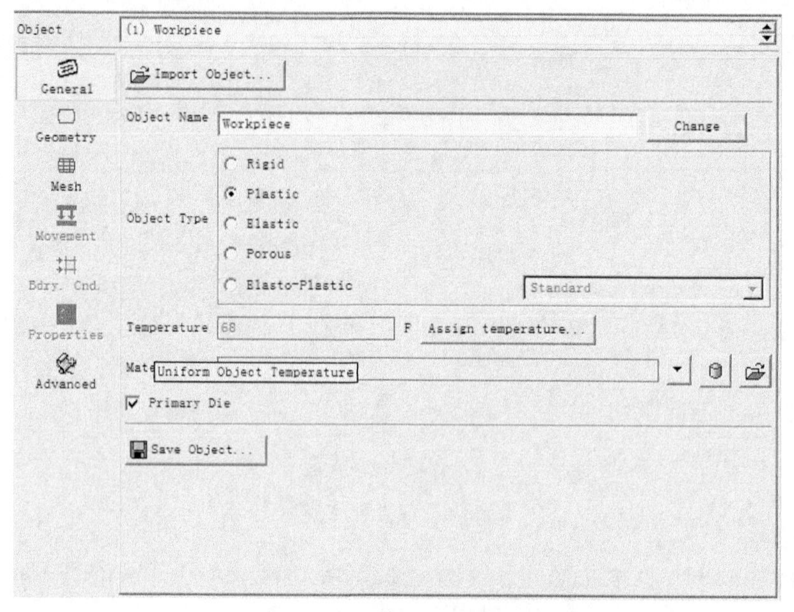

图 11.10　显示信息设置窗口

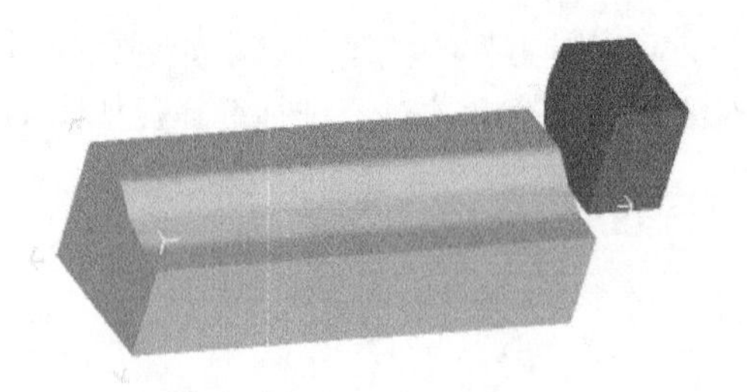

图 11.11　图形显示窗口

前处理文件设置完毕后，要注意的是，在生成可运行的前处理 .db 文件后，一般还会将前处理文件进行保存生成 .key 文件以便对前处理文件进行修改编辑。

3. 求解器运行界面

生成前处理文件后，在主界面中可以看到前处理文件，然后就可以进行求解。运行求解的方法有两种：一种是单击应用菜单栏中的 Start 开始运行 .db 文件，如图 11.12（a）所示；另一种是单击工具栏模拟控制器 Simulator 中的 Run 开始运行 .db 文件，如图 11.12（b）所示。

可以通过工具栏中 Simulator 下的 Process Monitor 对仿真过程进行实时监控，如图 11.13 所示。同时也可以在 Simulation Graphics 观看模拟过程及效果，主要包括应力、温度等，如图 11.14 所示。

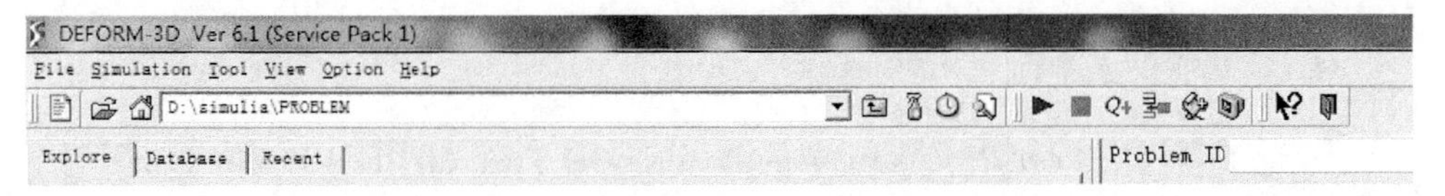

（a）应用菜单中运行开始的设置

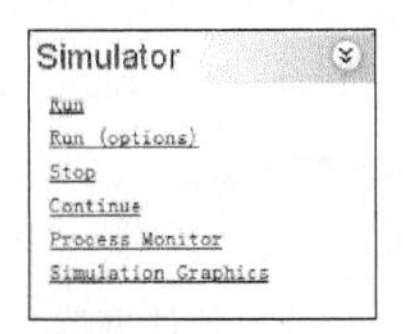

（b）工具栏模拟控制器中运行开始的设置

图 11.12　模型运行开始的设置

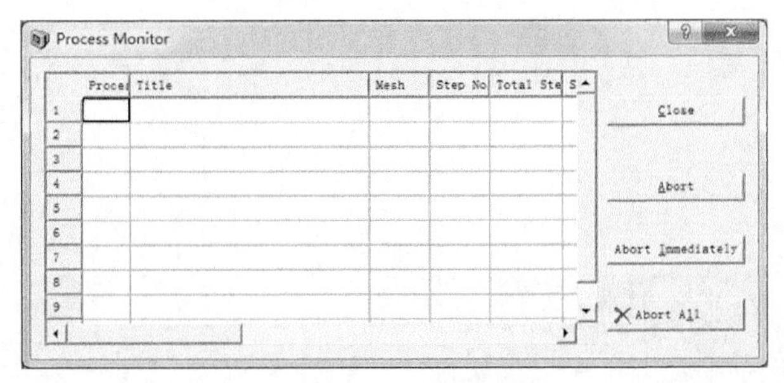

图 11.13　仿真过程监控窗口

图 11.14　仿真效果监测窗口

4. 后处理设置界面

通过工具栏中 Post Processor 中的 Deform-3D Post（图 11.15）进入仿真文件的后处理界面中，以便观测仿真结果的变化情况，如图 11.16 所示。

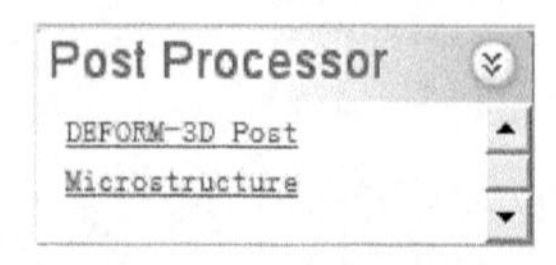

Post Processor
DEFORM-3D Post
Microstructure

图 11.15　后处理器入口

Step -1

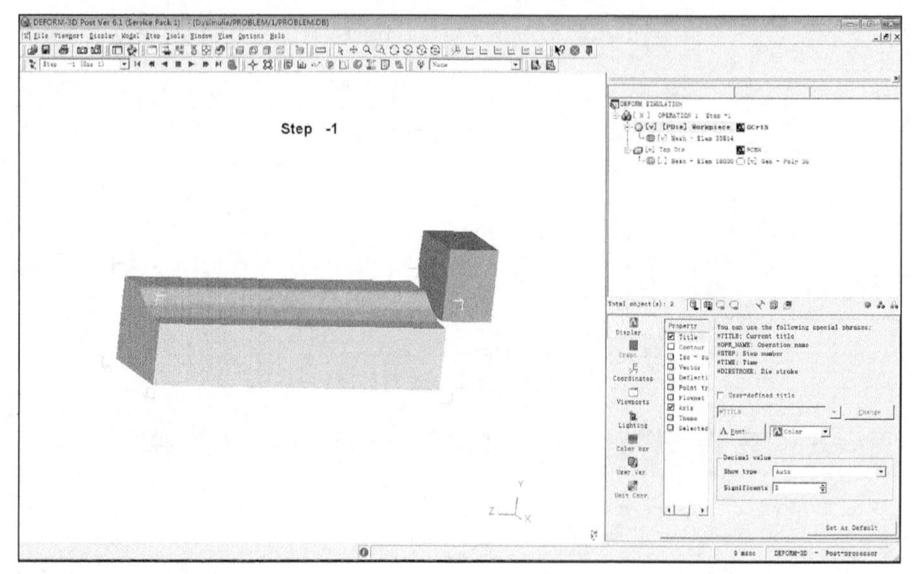

图 11.16　后处理主界面

后处理与前处理的对象树窗口、对象显示快捷区基本相同。下面对与前处理不同的快捷菜单、显示信息设置窗口及图形显示窗口进行详细描述。

实际上，后处理区别于前处理的地方主要体现在应用菜单栏中 Tools 选项下的内容，由于后处理主要针对仿真结果的分析，所以 Tools 选项下的内容均为用户所关注的各类仿真结果，如模拟步的详细信息、状态变量（温度、应变、位移量、刀具磨损等信息）、切削力的变化曲线、点追踪、切片观察、材料流动情况等，如图 11.17 所示。

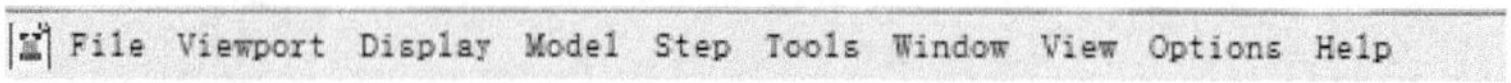

File Viewport Display Model Step Tools Window View Options Help

图 11.17　后处理应用菜单

通过快捷菜单可以方便地进入上述应用菜单中 Tools 选项下的相关内容，如图 11.18 所示。

图 11.18　快捷菜单

在显示信息设置窗口中可以对图形设置区的背景颜色、数值显示、坐标轴显示等进行自定义，如图 11.19 所示。

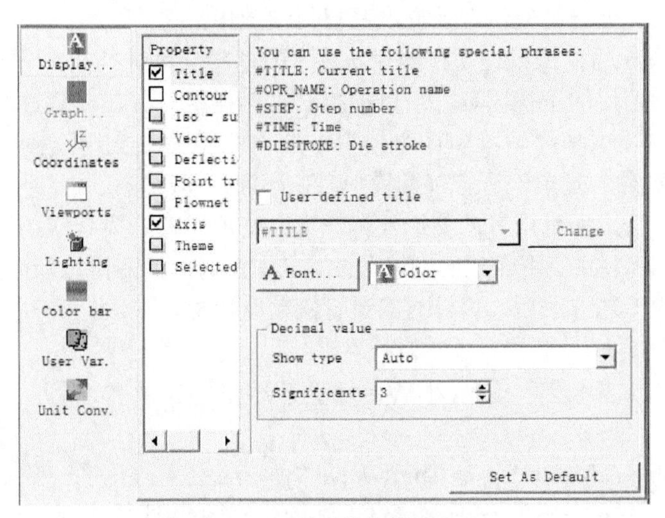

图 11.19　显示信息设置窗口

后处理的图形显示窗口基本上和前处理是相同的，但是后处理中我们关注更多的是切削过程中各个物理量的变化，所以显示区的内容更为“丰富”和“多彩”，如图 11.20 所示。

Step -1

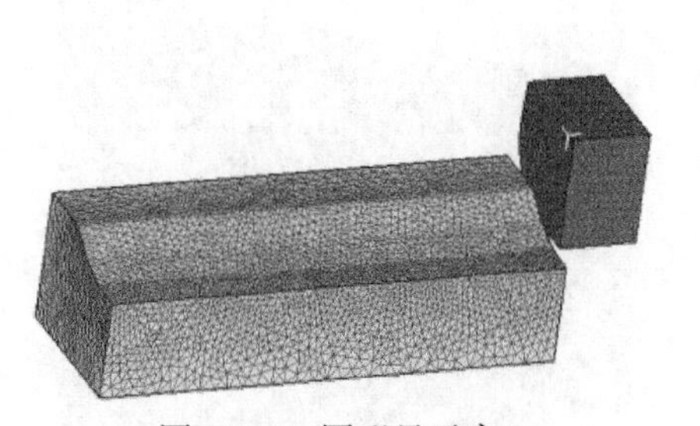

图 11.20　图形显示窗口

11.1.4　Deform 的特性分析

Deform 界面操作方便，前后处理功能好、专用性强、计算效率高、模拟精度较高，可用于实际生产的工艺分析及模具设计。同时，Deform 为工艺人员提供了一个方便可靠的设计环境，工艺人员可以直接看到模拟结果，随时调整工艺参数、修改模具，直至得到比较理想的结果[3]。使用 Deform 时还需注意以下两点：

（1）Deform 的材料参数设置对整个模拟非常重要，会影响模拟的精度。因此，在 Deform 中建立属于企业自己产品的材质库则是非常关键的。因此，我国的加工制造企业应根据自身的情况建立产品材料参数库。

（2）Deform 的模拟过程是在绝对状态下的理想环境进行的，而实际生产情况下则存在各种各样的干扰因素，所以模拟结果存在误差。在模拟过程中工艺人员要根据自己的知识和经验不断调整模拟中的一些相关参数纠正各类干扰。使用 Deform 对大型件、复杂件进行辅助模拟时，计算时间比较长，此时可以采用化复杂为简单的方法，如利用等温变形代替非等温变形、忽略模具或坯料中一些次要的几何形状、减小并使用合理的网格分配、尽量去除增加网格重新划分的因素等。在取得合适的工艺方法后，再针对其进行高精度模拟。

11.2　Third Wave AdvantEdge 介绍

Third Wave AdvantEdge 是 Third Wave Systems 公司推出的一款金属切削有限元仿真软件，Third Wave AdvantEdge 的切削仿真图如图 11.21 所示。Third Wave AdvantEdge 这款分析软件可用于优化金属切削工艺、增加材料去除率；可用仿真代替大量的试切，减少试切次数，避免试切过程中的材料浪费，缩短设计、加工周期；通过对切削方案的比较可以获得优化的切削参数及刀具等；更重要的是，软件仿真为实际加工提供理论依据，避免传统加工中单方面凭借经验而导致技术的不可复制性、零件质量不可控性[4]。

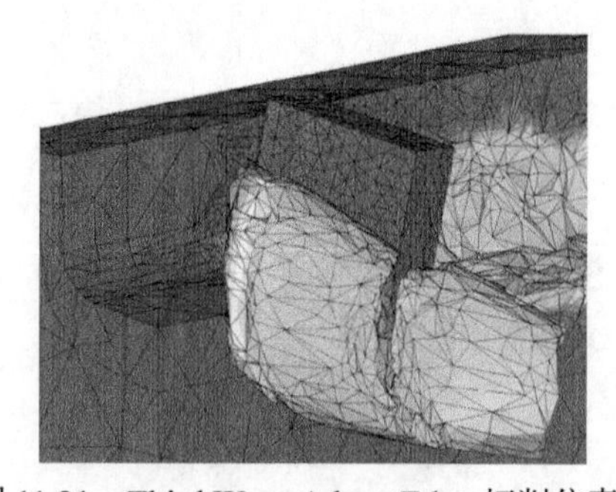

图 11.21　Third Wave AdvantEdge 切削仿真图

11.2.1　Third Wave AdvantEdge 主要功能介绍

Third Wave AdvantEdge 在一个软件包中包含三个主要部分组件，如图 11.22 所示。

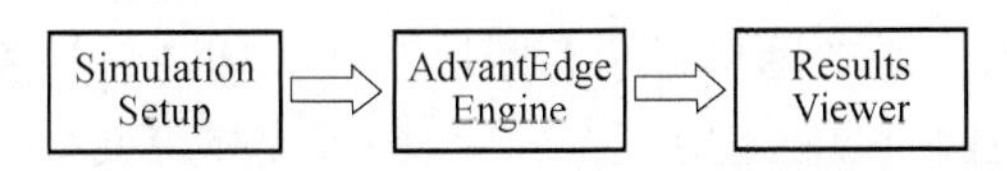

图 11.22　Third Wave AdvantEdge 三个主要部分组件

（1）在仿真设置界面允许设置完整的仿真过程，包括确定刀具以及工件的几何参数、材料性能和加工参数。

（2）AdvantEdge FEM 引擎将执行所有设置中输入的参数来进行计算。

（3）在结果显示组件提取需要的仿真结果，包括切削力、刀具温度和稳态结果等。

Third Wave AdvantEdge 将先进的有限元技术和专为金属切削仿真所建立的用户图形界面相结合，主要特点体现在刀具性能、加工参数、材料、分析、结果可视化五个方面。

（1）刀具性能：Third Wave AdvantEdge 中具有标准前后角的切削刀具几何尺寸，还可以绘制用户自定义的具有断屑槽的刀具；可以定义和精确化刀尖圆弧半径（锋利性）；还可供用户自定义刀具旋转进行刀具夹持装置的补偿；具有可供用户选择的材料级别；具有 Sandvik 刀具公司的带有断屑槽的刀具库；用户也可以自定义刀具涂层、材料和厚度。

（2）加工参数：用户可以选择车削、锯削、拉削、铣削、钻孔、攻丝、切槽、镗削等加工方式；可以对细微车削加工过程进行仿真；具有输入加工参数的功能，可输入的加工参数有进给量、切削速度、切削深度、切削长度和径向接触等；具有可变的切屑受力区域用来模拟逆铣和顺铣；具有毛刺仿真功能；具有国际制或英制单位制选项。

（3）材料：Third Wave AdvantEdge 具有不断扩展的通过试验和数值计算验证的工件与刀具的材料模型库，开发了专用于描述切削过程中的材料性质的材料模型；具有自定义材料输入功能；材料力学性能包括弹性、应变、硬化、应变率依赖性、热软化（包括比热容和热导率）；能够描述工件硬度的变化；用户还可以自定义本构模型。

（4）分析：Third Wave AdvantEdge 可以进行全自动的有限元自适应网格重划，分析重点区域如第一变形区和第二变形区；可以进行热-力耦合时间积分；可以分析工件和刀具的热传导作用与惯性作用；可以对多物体的接触摩擦和界面热传导分析；可以对刀尖圆弧半径（锋利性）分析求解；可以进行残余应力计算、稳态分析、断屑槽分析、刀具磨损的仿真等。

（5）结果可视化：Third Wave AdvantEdge 仿真状态显示在“Job Monitor”中；在仿真时用户可以在任何时间查看仿真结果；具有不同的绘图显示类型，包括网格描绘、轮廓变化描绘、向量图显示、*XY* 坐标显示、动画显示等；用户可以自动分析刀具；用于结果分析的图形显示有断屑特征、切削刀具和横向加工刀具的切削力、刀具/工件的温度和热量的产生率、塑性应变和应变率、应力和最大剪应力分量、速度分量和大小等。

11.2.2　Third Wave AdvantEdge 主要窗口介绍

打开 Third Wave AdvantEdge 之后，可以看到 Third Wave AdvantEdge 的功能主界面，如图 11.23 所示，上面一行是主菜单栏，主菜单栏主要包括 Project（项目）、View（视图）、Workpiece（工件）、Tool（刀具）、Process（过程）、Simulation（仿真）、Custom Materials（自定义材料）、Design（设置）、Preference（参数设置）、Help（帮助），每一主菜单下都有其对应的分菜单选项，本节主要介绍这些菜单窗口。

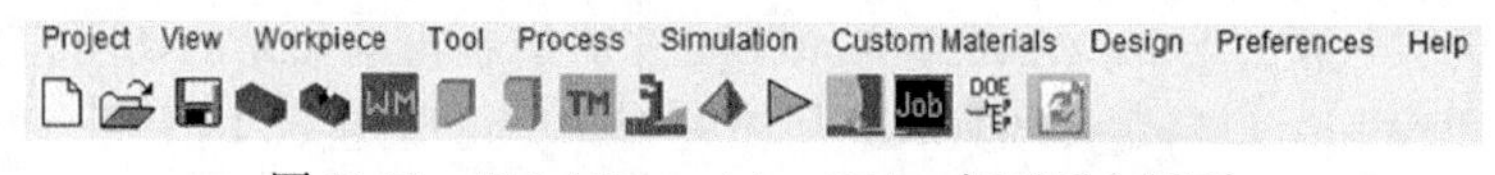

图 11.23　Third Wave AdvantEdge 打开后主界面

图 11.24 为一些仿真过程中常用到的 Third Wave AdvantEdge 快捷菜单。

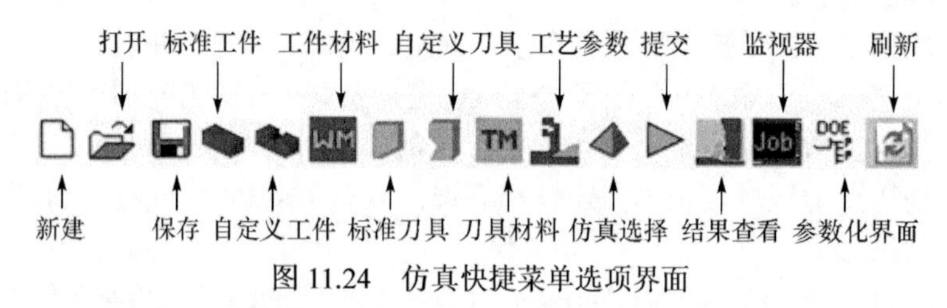

图 11.24　仿真快捷菜单选项界面

Project 菜单主要包括新建、打开、选择、保存、另存为、存档、显示项目信息、打印、退出等选项，如图 11.25 所示。其中存档选项下面包括创建归档文件和解压存档文件（解压压缩文件），打印选项下面包括打印图形、打印项目信息，此外还有一些与文件相关的选项。

View 菜单主要包括重绘、放大、缩小、适合完全尺寸（恢复原来尺寸）、工件刀具显示，如图 11.26 所示。在工件刀具显示选项下可以设置分别显示工件、刀具以及将工件和刀具同时显示出来。

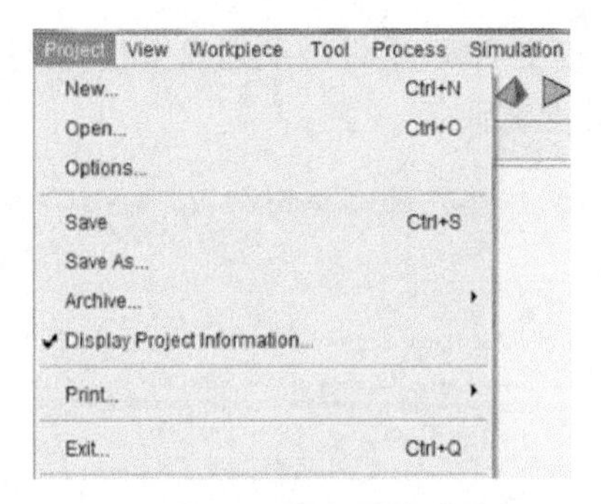

图 11.25　Project 菜单选项界面

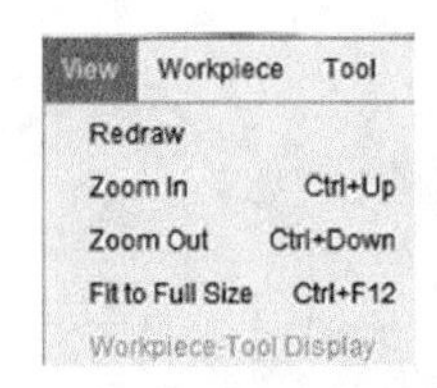

图 11.26　View 菜单选项界面

Workpiece 菜单主要包括输入工件、创建/编辑标准工件、创建自定义工件、编辑自定义工件、复合工件、导孔、斜钻、工件材料、工件另存为，如图 11.27 所示；导入工件又包括工件、STEP 文件的工件、DXF 文件的工件。

Tool 菜单主要包括导入刀具、创建/编辑标准刀具、创建/导入自定义刀具、编辑自定义刀具、刀具动态特性输入、刀具材料、刀具涂层、刀具另存为、刀具网格浏览器输入刀具，如图 11.28 所示。导入自定义刀具又包括导入绘制好的刀具或者软件提供的 Sandvik 刀具库、DXF 文件的刀具、NASTRAN 文件的刀具、STEP 文件的刀具、VRML 文件的刀具、STEL 文件的刀具。刀具动态特性输入又包括强迫振动频率和振幅（只限二维）、刚度/阻尼、垂直速度、梁模型。

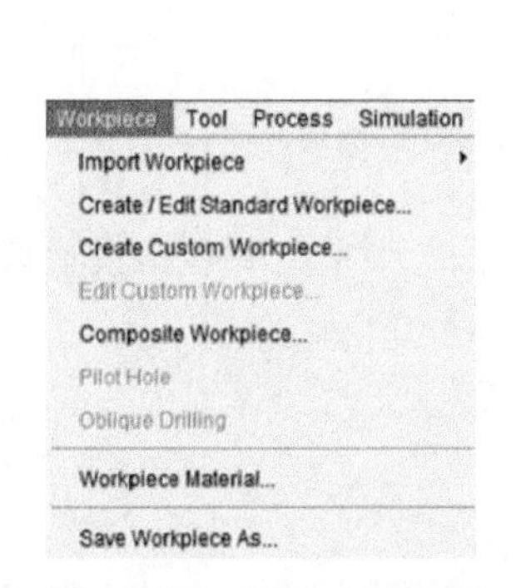

图 11.27　Workpiece 菜单选项界面

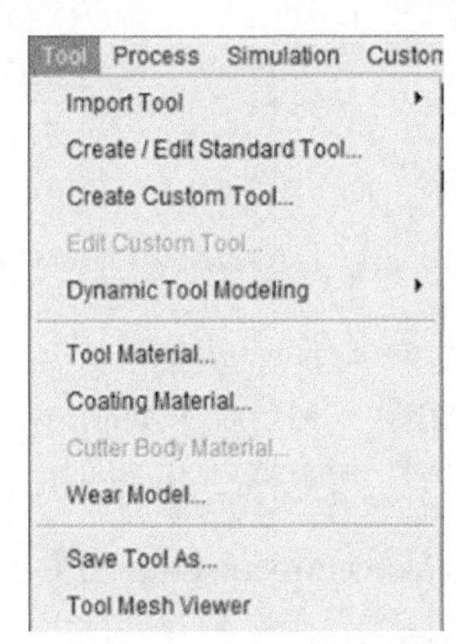

图 11.28　Tool 菜单选项界面

Process 菜单主要包括工艺参数、工艺类型、摩擦、冷却液、流程选项等，如图 11.29 所示。

Simulation 菜单主要包括提交、批处理作业、结果、查看当前区域、任务监视器、仿真选项、平均残余应力、HPC 工作分类，如图 11.30 所示。提交菜单又包括提交当前的文件、提交批处理文件、提交 HPC 文件。批处理作业又包括创建/编辑批处理文件、添加到已经存在的批处理文件。

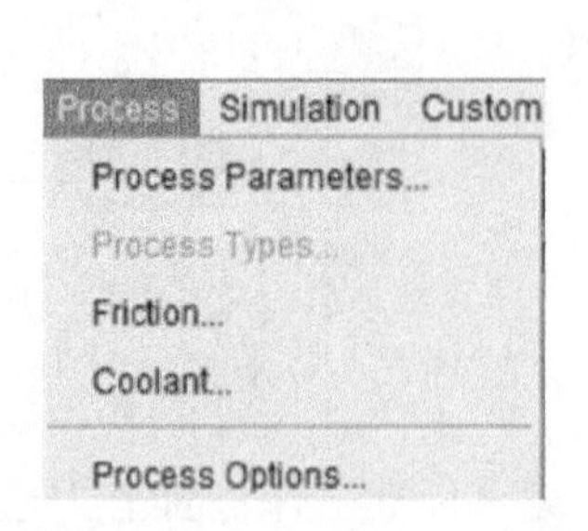

图 11.29 Process 菜单选项界面

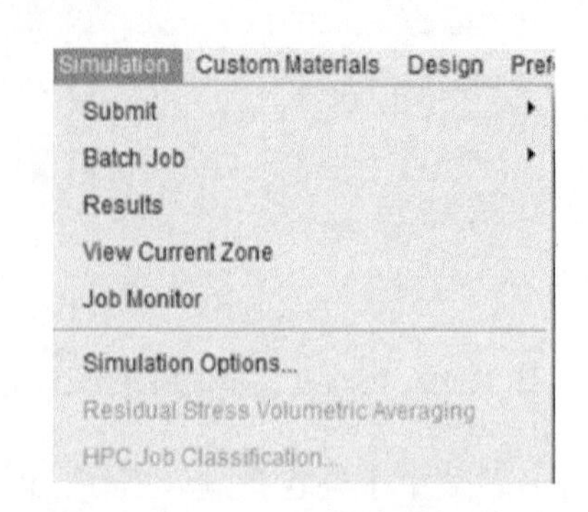

图 11.30 Simulation 菜单选项界面

Custom Materials 菜单主要包括本构模型、工件材料、涂层 1、涂层 2、涂层 3、刀柄材料、刀体材料等，如图 11.31 所示。

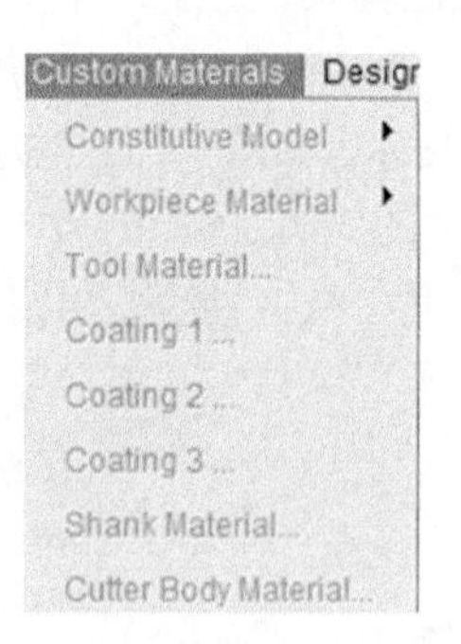

图 11.31 Custom Materials 菜单选项界面

Design 菜单主要包括界面参数；Preference 菜单主要包括设置首选项；Help 菜单主要包括用户手册、关于 Third Wave AdvantEdge。

仿真完成后，可以通过 Tecplot 对仿真结果进行查看。

11.2.3 Third Wave AdvantEdge 主要模块

Third Wave AdvantEdge 是一款优秀的切削仿真软件，本节主要围绕工件、刀具、仿真处理这三个模块对 Third Wave AdvantEdge 进行介绍。

1. 工件模块

1）切削标准工件尺寸设置

对于二维车削/锯削/拉削选择标准工件时，依次选择 Workpiece→Create/Edit

Standard Workpiece，定义二维车削、锯削和拉削的参数，输入工件的长度和高度。为了尽量减少工件边界效应，工件的高度应至少为进给量的 5 倍。对于切削力分析，工件的长度和切削长度必须足够长以使模拟计算能达到稳定状态。对于顺铣与逆铣仿真计算，标准工件只需要输入工件的宽度。由于铣削过程是一个非连续的切削过程，工件的长度将取决于 AdvantEdge FEM。图 11.32 为二维车削过程中工件尺寸的设置。

在三维斜角车削中，不考虑刀尖圆弧半径。因此，三维斜角车削工件和二维斜角车削工件的参数设置类似，而需要增加的参数为切削深度。图 11.33 为三维车削过程中工件尺寸的设置。

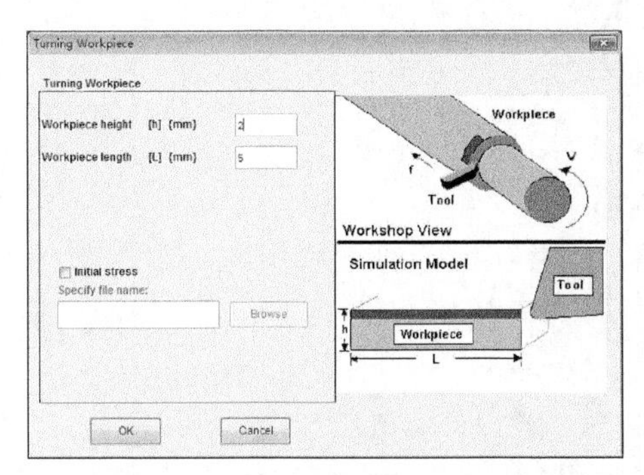

图 11.32　Turning Workpiece 窗口

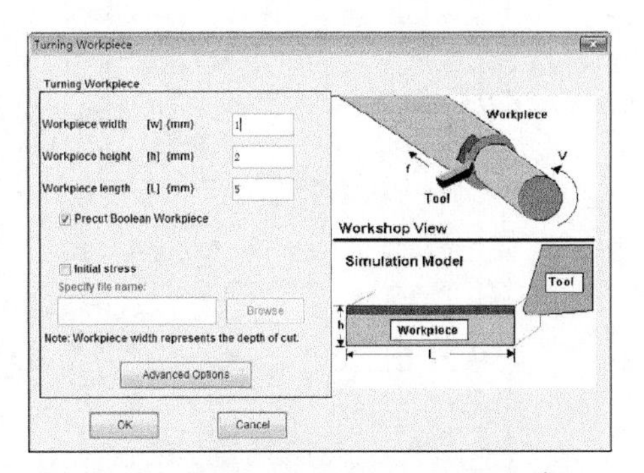

图 11.33　Oblique Turning Workpiece 窗口

斜角车削工件时，为了使切削仿真模拟时间少，应遵循以下准则：①工件高度应约为进给量的 5 倍；②工件长度应约为工件高度的 3 倍。圆角车削工件时，为了使切削仿真模拟时间少，应遵循以下准则：①工件高度应约为进给量的 5 倍；②工件宽度应约为工件高度的 1/2。

2）工件材料设置

定义工件材料是一个模拟计算的重要组成部分，工件材料的定义会对仿真结果产生重要的影响。AdvantEdge FEM 拥有工件材料、刀具材料、涂层材料数据库。选择 Workpiece→Material，定义标准工件材料。Workpiece Material 窗口中，通过下拉菜单将不同国家与种类的材料加以分类，也可以在 Variable Hardness 中输入工件材料的布氏硬度，如图 11.34 所示。单击“Properties”按钮会弹出一个窗口，显示拉伸强度、初始屈服强度、硬度和材料组成。需要注意的是，此窗口对二维和三维模拟是相同的。

对于自定义材料，可以选择 Workpiece→Material，定义一个标准的工件材料。先选择 Workpiece Material 窗口，激活“Custom”单选按钮，然后关闭该窗口，通过 Custom Materials 菜单输入材料。

3）自定义工件

通过 AdvantEdge FEM 可以自定义工件，选择 Workpiece→Create Custom Workpiece，打开 Custom Workpiece Editor 窗口。创建自定义工件和创建自定义刀具非常相似，如图 11.35 所示。当创建一个自定义工件时，应当考虑：①工件需要在 X 方向、Y 方向或 X 与 Y 方向同时被固定；②工件方向存在底部约束；③工件在发生接触的部位指定边界；④在工件上从顶点开始测量；⑤工件避免与尖角接触。

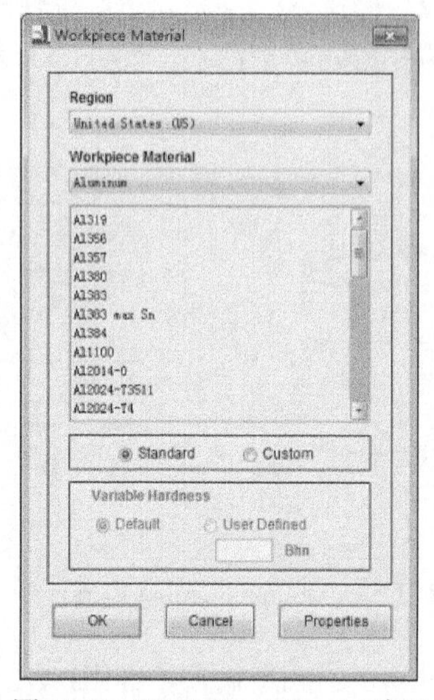

图 11.34　Workpiece Material 窗口

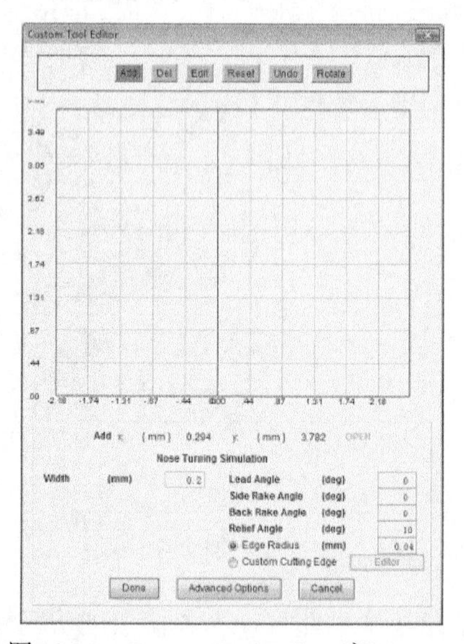

图 11.35　Custom Tool Editor 窗口

4）复合工件

AdvantEdge FEM 允许指定五层复合材料，每层都可指定厚度。此功能允许模拟材料层之间的交互作用，如铸铁衬板与铝合金缸体。选择 Workpiece→Composite Workpiece 即可建立复合工件，如图 11.36 所示。

输入工件的高度/长度，然后选择层数，输入每层的材料和厚度。如果材料需要导入，每层材料都可以通过 Custom Material 菜单进行导入，AdvantEdge FEM 将为每一层创建一个 TWM 文件。需要注意的是，设置复合材料时，复合材料层之间的边界假定为无摩擦。

2. 刀具模块

1）标准刀具

标准刀具是一个标准的车刀刀片、一个标准的铣刀刀齿或一个标准的锯刀刀齿。选择 Tool→Create/Edit Standard Tool 打开刀具参数窗口，输入标准刀具的参

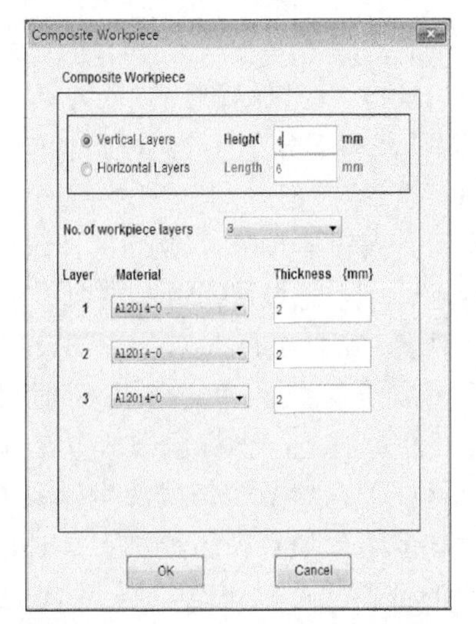

图 11.36　Composite Workpiece 窗口

数，在这个窗口中可以定义刀具直径（只对铣削刃口）、刀尖刃口半径、前角和后角，如图 11.37 所示。单击“Advanced Options”按钮改变刀具大小、网格大小和等级，如图 11.38 所示。

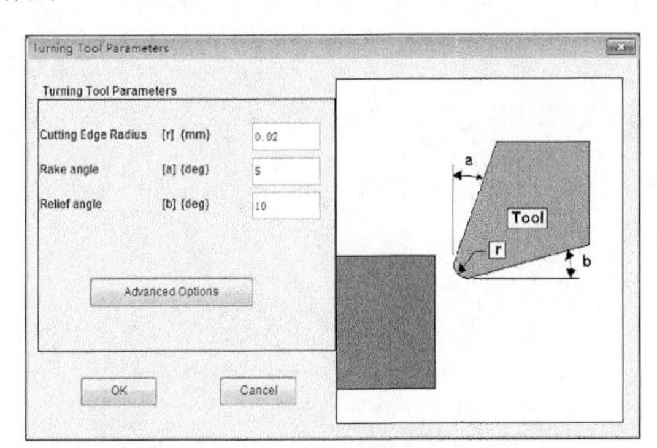

图 11.37　车削 Tool Parameters 窗口

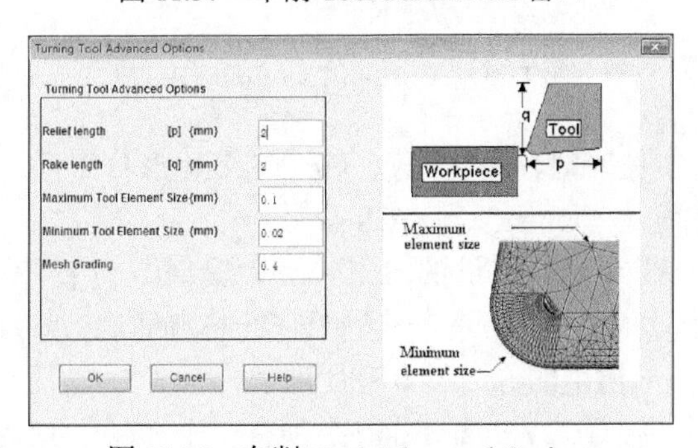

图 11.38　车削 Tool Advanced Options

2）自定义刀具

自定义刀具（Custom Tool），可以绘制或导入刀具，AdvantEdge 接受先前绘制的以 DXF 格式保存的刀具截面部分。当绘制断屑槽时，可以通过刀具编辑器自定义该刀具；通过拖动鼠标左键或使用“+”和“–”键可以在自定义刀具编辑器中实现视图缩放，自定义刀具编辑器顶部“Undo”按钮可以撤销最后一步的执行命令。“Reset”按钮可以调整自定义刀具编辑器窗口显示整个刀具。

绘制自定义刀具时，选择 Tool→Create Custom Tool。自定义刀具编辑器中，网格作为一个多边形的顶点，光标显示为一个“+”时可以创建自定义刀具的顶点，如图 11.39 所示。需要注意的是，坐标已被放置在 X 轴正方向，以便负前角几何形状的绘制。顶点坐标在顶点参数窗口局部坐标系中定义，其原点为刀尖，按顺时针方向单击网格创建多边形顶点。当绘制刀具时，没有必要单击每个点的准确位置，因为每个顶点的位置都可以更改，原点（0, 0）永远是刀尖的位置。需要注意的是，绘制刀具时必须按顺时针方向，否则仿真过程中网格划分不正确将导致计算结果精度不足。

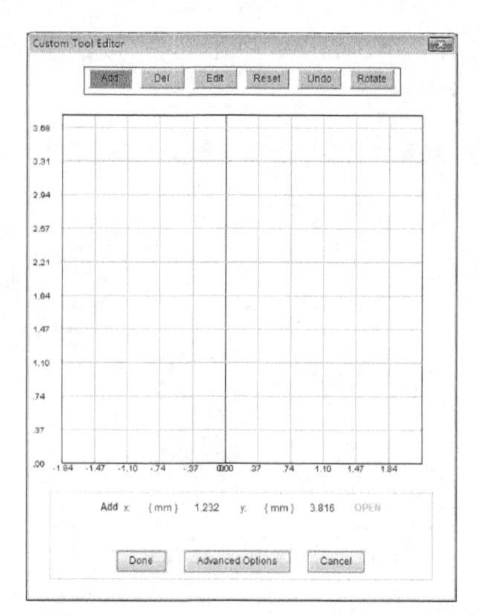

图 11.39　Custom Tool Editor 窗口

完成自定义刀具绘制时，单击原点（0, 0）多边形将闭合。多边形为封闭时，右下角的指示状态将从“Open”到“Close”。

导入绘制的刀具或软件提供的 Sandvik 刀具时，选择 Tool→Import Tool，可以有两种选择：①My Tools 是一个由用户创建的自定义刀具的个人目录；②Sandvik 是具有标准槽型的 Sandvik 刀具目录。

所有自定义刀具被导入 AdvantEdge 必须有一个 *.twt 的扩展名，自定义刀具的参数可以通过自定义刀具编辑器修改。选择 Tool→Edit Custom Tool 打开自定义刀具编辑器，手动移动一个顶点时，在顶点附近单击“编辑”按钮的光标直到手形光标出现。单击顶点，然后在新的理想位置再次单击，可以输入一个坐标点从而精确移动多边形顶点，单击“Edit”按钮将光标移至顶点附近直到手形光标出现。右击顶点参数打开窗口，并输入相应坐标值。

通过自定义刀具编辑器可以添加或删除刀具顶点。打开自定义刀具编辑器选择 Tool→Edit Custom Tool。添加一个刀具顶点时，单击自定义刀具编辑器顶部的“Add”按钮，单击要增加的刀具顶点即可；要删除一个刀具顶点，单击自定义刀具编辑器的顶部的“Delete”按钮，单击要删除的顶点即可。

打开自定义刀具编辑器选择 Tool→Edit Custom Tool，可以通过自定义刀具编辑器修改刀尖圆弧半径和顶点半径。编辑刀尖圆弧半径或顶点半径时，右击原点或所需的顶点，然后输入一个半径值。自定义刀具的默认刃口半径为 15μm。

3）刀具材料

定义标准刀具材料时，选择 Tool→Material 打开刀具材料窗口定义标准刀具材料。此窗口适用于二维和三维模拟，如图 11.40 所示。需要注意的是，灰色列表表示新的刀具材料类型。

定义标准刀具涂层可以选择 Tool→Coating 打开刀具涂层参数窗口。首先必须定义刀具涂层的层数，然后选择各层的厚度和材料，第一层认为是最内层，其余依次覆盖在第一层上面，最多可能输入三层涂层；输入厚度少于 3μm 时超薄涂层被自动选中，如图 11.41 所示。需要注意的是，除非涂层总厚度小于 3μm，否则涂层会扩大刀具的尺寸，此时先前定义的刃口半径将有所改变。

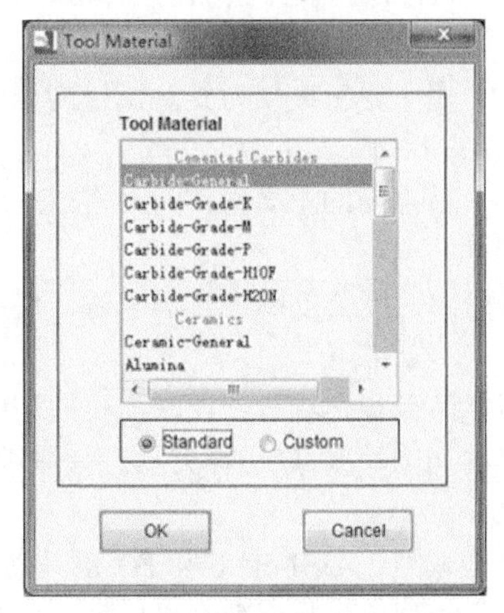

图 11.40　Tool Material 窗口

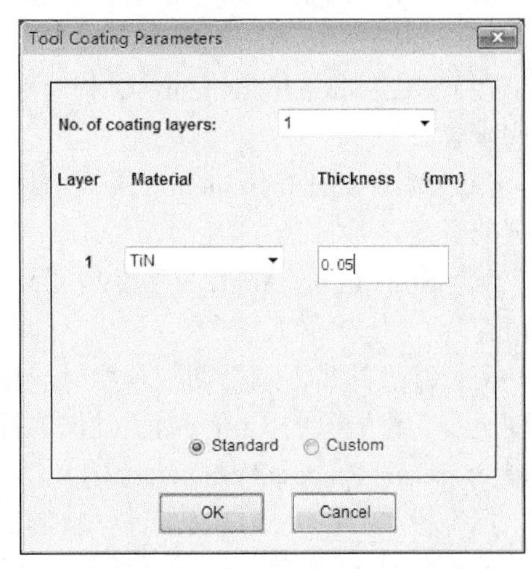

图 11.41　Tool Coating Parameters 窗口

刀具假定为弹性体，因此 AdvantEdge FEM 通常需要使用刀具材料的本构模型，要创建自定义刀具材料，选择 Tool→Material，激活“Custom”单选按钮。

4）刀具磨损

Advant Edge FEM 分析提供了刀具磨损建模，允许选择标准刀具磨损模型或自定义刀具磨损模型。自定义刀具磨损模型时可以选择 Tool→Wear Model，打开 Tool Wear Model 窗口，如图 11.42 所示。

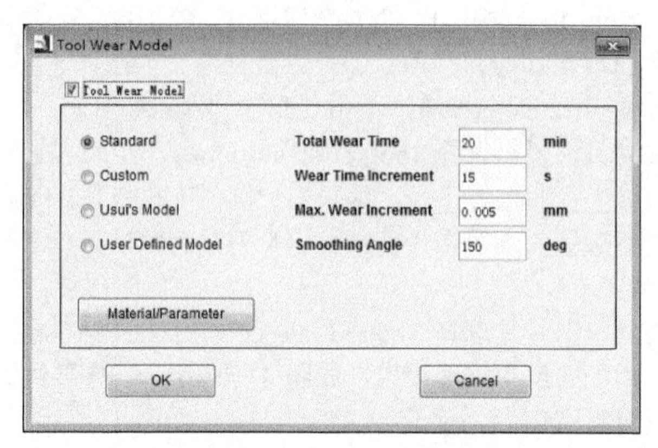

图 11.42　Tool Wear Model 窗口

单击相应的单选按钮可以选择四种不同的刀具磨损模型：标准模型、自定义模型、Usui 模型或定义的刀具模型。所有的刀具磨损模型选项允许自定义参数或接受默认值。

（1）Total Wear Time（所有刀具磨损时间）：将预测该刀具的切削磨损的总时间。

（2）Wear Time Increment（磨损时间增量）：用于更新磨损刀具磨损量的迭代时间步长。

（3）Max Wear Increment（最大磨损增量）：节点间的距离将作为网格自适应划分的公差。

（4）Smoothing Angle（平滑角度）：网格内部角度公差网格自适应时，使用此值。

需要注意的是，选择切削长度时应使模拟能达到稳定状态，此时需要的切削长度至少为进给量的 15 倍。为了确保选择正确的切削长度，应运行刀具进行测试，选择 Process→Process Parameters 定义切削长度。

标准模型有两个预定义工件材料的刀具磨损模型：AISI-5290 和 D3 工具钢。相应的刀具材料设定为立方氮化硼，在刀具磨损模型中选择标准磨损模型可以激活这两个模型，然后选择“Material/Parameter”按钮，如图 11.43 所示。

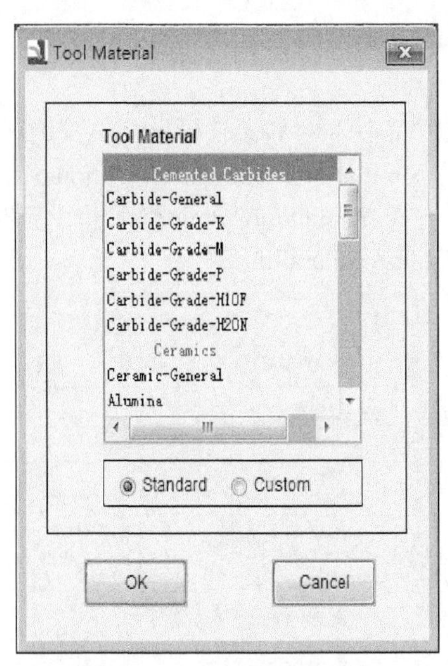

图 11.43　Standard Model 窗口

自定义磨损模型，允许根据切削速度（切削的单位速度）选择磨损模型。在 Tool Wear Model 窗口中选择 Custom，然后选择“Material/Parameter”按钮，Custom Wear Material 窗口将出现。这时，可以定义磨损常量 K 和 α。这些常量涉及的刀具磨损率为

$$\omega = K \cdot \mathrm{e}^{-\frac{\alpha}{T+237.15}} \cdot v_{\mathrm{c}} \tag{11.1}$$

式中，K 和 α 为材料常数；ω 为磨损率，即单位体积、单位时间内损失的体积；T 为稳定切削阶段的切削温度；v_{c} 为切削速度。

Usui 模型类似于自定义磨损模型，计算刀具磨损率时考虑的节点速率有所不同，要应用此模型模拟。首先选择 Usui 模型，然后在 Tool Wear Model 窗口单击“Material/Parameter”按钮，最后在 Usui’s 窗口中定义材料常数 K 和 α。这些常数涉及的磨损率为

$$\omega = K \cdot \mathrm{e}^{-\frac{\alpha}{T+237.15}} \cdot v_{\mathrm{c}} \cdot P \tag{11.2}$$

式中，K 和 α 为材料常数；ω 为磨损率；T 为稳定切削阶段的切削温度；v_{c} 为切削速度；P 为压力。

3. 仿真处理模块

一旦几何形状、加工条件和材料条件确定，仿真选项就可以在 AdvantEdge FEM 中进行定义。选择 Simulation→Simulation Options，打开 Simulation Options 窗口，如图 11.44 所示。在 Simulation Options 窗口中有四个选项卡：General、Workpiece Meshing、Results 和 Parallel。

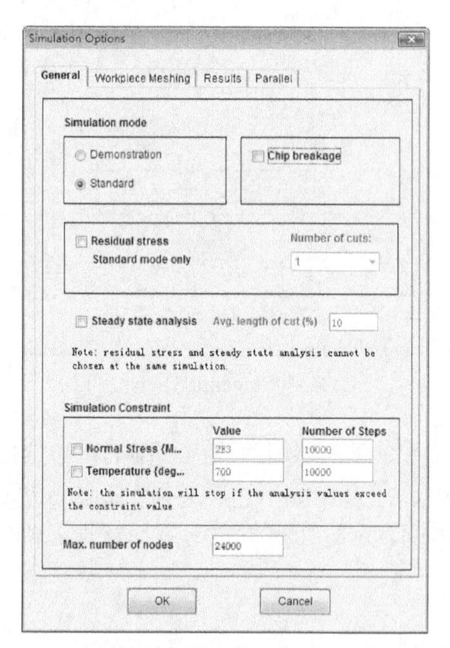

图 11.44　Simulation Options 窗口 General 选项卡

在 General 选项卡中，可以定义仿真模式，确定是否需要分析残余应力、切削后分析类型和仿真约束，仿真可以在快速模式或标准模式中运行，默认和建议的设置是标准模式。

Rapid mode（快速模式）将减少仿真时间，但是它提供的结果不够精确。由快速模式产生的网格和算法可能会对仿真准确性造成很大的影响，由于准确度下降，快速模式只能获得可视化的信息，它不能用于力的验证或复杂的分析。

Standard mode（标准模式）需要较长的仿真时间，但提供了更加准确的结果，还允许使用高级选项，如残余应力分析等。标准仿真比快速仿真更可靠、更准确、更健全。切屑断裂选项将预测切屑是否会断裂并显示出切屑的形状。由于额外的仿真计算量，此选项需要更多的计算时间。切削长度应当设置得较长从而使切屑有足够长的断裂时间。

由于网格粗化和额外的热力计算，残余应力分析选项需要标准模式仿真，这会大幅增加计算时间，仿真时必须使用下拉菜单指定切削次数（1 或 2）；AdvantEdge FEM 默认为 1。残余应力分析比标准切削需要更多的计算，因为工件已加工完成部分网格不会粗化。可以通过 Simulation Options 窗口 General 选项卡的网格细化残余应力分析区域输入一个网格细化深度值来改变网格细化深度。在残余应力分析期间，工件深度方向的切削单元不会变得粗糙。切削完毕后，无论是切屑和刀具都要被除去，热量消退、机械振动消失后，工件的应力状态就会显示。

仿真约束选项提供了一个自动预警分析和仿真终止功能，当刀具的正常压力值或温度值超过定义的约束时自动报警或终止仿真；当仿真许多个实例时，将节省 CPU 时间。其中刀具的峰值温度和刀具正应力的峰值是最主要的输出变量，此选项仅用于二维分析，正常压力和温度约束值必须由用户输入。如果在仿真试验中，刀具的温度峰值或正常应力均超过指定步骤数量的约束值，分析将终止，“Termination”信息将会显示在工作监视器，仿真结果在分析终止前写入 Tecplot。

为了保存模拟文件，应选择 Project→Save，文件将被保存在相应的文件夹。当在 AdvantEdge FEM 保存模拟文件时，几个文件将被创建以供将来使用：一个*.twp 文件、一个*.twt 的文件、一个*.inp 文件和多个*.twm 的文件。

选择 Simulation→Batch Job→Create/Edit Batch File，将创建一个批处理文件，会被提示命名文件（*.bat 扩展名），并指定到该批处理文件将被保存的路径，选择批处理任务中的任务，单击“Add”按钮浏览每个模拟。需要注意的是，任务的顺序就是它们运行的顺序。

选择 Simulation→Submit→Submit Current Job，提交一个仿真项目。仿真项目将在提交模拟窗口被打开，随着新任务选择，单击“确定”按钮以启动模拟。任务监视器将自动打开，以显示各项工作进度。

批处理作业能触发一些模拟运行，而不是并行模式；当一个任务完成时，另外的任务将自动开始，选择 Simulation→Submit→Submit Current Job，提交批处理作业，该任务监视器会自动打开并显示当前的工作进展和已完成的工作，如图 11.45 所示。

需要注意的是，对于 Windows 操作系统，批处理任务可从用户界面提交，或者在 MS-DOS 提示符下通过打开 Windows 资源管理器双击该批处理文件。双击批处理文件来启动批处理作业不能关闭命令提示符，否则，整个批处理任务将终止。如果 DOS 提示符不自动打开，则在模拟计算中肯定存在错误，可以检查*.out 文件。

初始网格生成（仅三维），一旦三维仿真被提交，AdvantEdge FEM 将开始生成该项目的初始网格，任务监视器将自动打开，以显示其各项工作进度。AdvantEdge FEM 完成网格划分后，Meshing Complete 窗口将打开，提醒用户准备进行模拟计算，如图 11.46 所示。

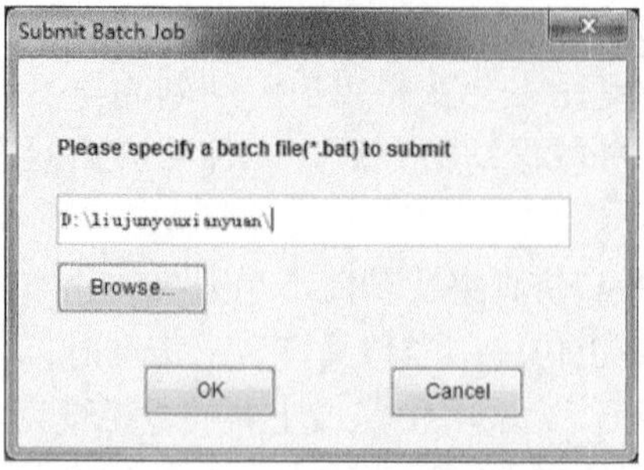

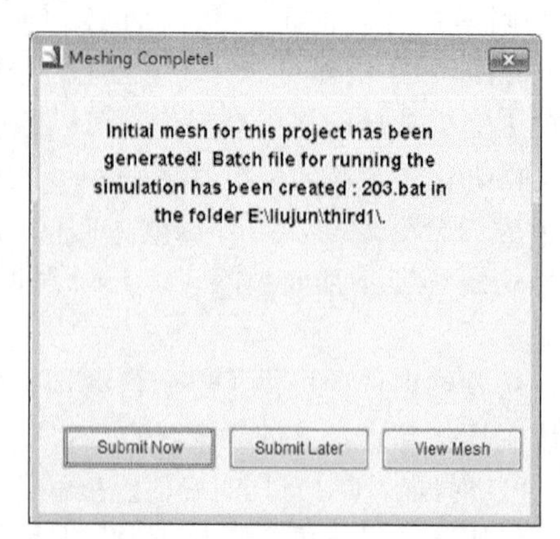

图 11.45　Submit Batch Job 窗口

图 11.46　Meshing Complete 窗口

如果选择 Submit Now，AdvantEdge FEM 将提交立即批处理文件，在几秒钟内任务及其状态会出现在监视器，在极少数情况下，可能不会自动启动。如果发生这种情况，应在任务监视器中双击批处理文件提交任务。如果选择 Submit Later，AdvantEdge FEM 将创建一个批处理文件，这个批处理文件的位置将显示在提交帮助窗口，这项任务仍将显示在任务监视器内，但其状态是等待提交。任务完成后提交，AdvantEdge FEM 开始模拟计算。

选择 Simulation→Job Monitor，AdvantEdge FEM 任务监视器可以不断更新模拟计算的进展。监测工作记录了所有已在计算机上网格划分或建模的日志，并允许对这些任务进行排序。

仿真过程中任务可能会停止，这是由于以下原因造成的：①完成前中断；②电力中断等。如果需要进一步处理，选择 Simulation→Submit Current Job，然后单击“Restart”单选按钮，单任务模拟会重新启动。重新启动任务，需要重新启动文件，扩展名为*.res。在重新启动模拟前，可以对项目更改。但是，刀具、工件和工艺参数不会改变，切削长度可以增加/减小。需要注意的是，任何已重新启动的任务将显示在任务监视器中，并显示总的切削长度和当前的切削情况。

重新启动批处理任务比单个模拟更加困难，但可能是必要的，因为会发生断电或重新启动计算机的情况。要重新启动批处理任务：①Simulation→Batch File→Create/Edit Batch File；②浏览批处理文件，然后批处理终止时最后进行的文件，重新启动文件扩展名为*.res 的启动文件；③选定在此文件之前已完成的任务；④保存该文件；⑤Simulation→Submit Current Job，打开停止的模拟计算文件；⑥单选“Restart”按钮。

需要注意的是，强烈建议备份文件，然后尝试重新启动所有的批处理文件，一个简单的方法是在相同路径下创建一个新文件夹将所有文件复制到该文件夹。

11.2.4　Third Wave AdvantEdge 的特性分析

Third Wave AdvantEdge 是一款功能强大的切削仿真软件，该软件能够设计、改善和优化切削加工工艺。它使用户能够准确确定加工参数和刀具配置，这样可以降低切削力、温度和加工变形；所有这些都是在离线状态下进行的，可以减少在线测试费用和生产时间；减少昂贵的切削试验；延长刀具寿命、减少刀具磨损；改进刀具几何尺寸和切削控制；加快加工过程；提高生产效率；减少由切削热、切削力和残余应力等引起的加工变形；增加材料去除率；提高设备利用率。

11.3　二维切削过程仿真模型的建立

11.3.1　二维切削过程仿真

选用相同参数的刀具、工件，切削参数用 Deform、Third Wave AdvantEdge 进行有限元仿真，将仿真结果与 Abaqus 仿真结果以及试验结果从切削力、温度、切屑三个方面进行对比。工件材料选用淬硬钢 GCr15；刀具选用 PCBN 刀具，刀具的参数为：后角 6°、前角 0°、刀尖圆弧半径 0.03mm；设定工件底端以及刀具上端的温度边界条件为 20℃；切削参数为：切削速度 150m/min、进给量 0.1mm/r、切削深度 0.1mm。

图 11.47 为 Deform 二维仿真图。其中，图 11.47（a）为切削过程中的切屑温度图，图 11.47（b）为仿真过程中 X 方向的切削力，即主切削力。

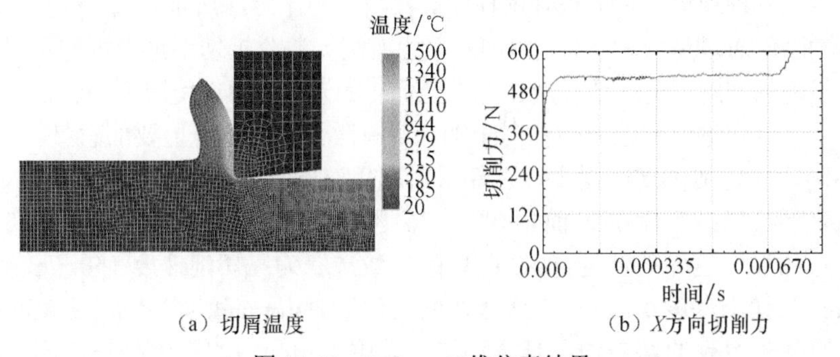

（a）切屑温度　　　　　　（b）X方向切削力

图 11.47　Deform 二维仿真结果

图 11.48 为 Third Wave AdvantEdge 二维仿真图。其中，图 11.48（a）为仿真后的刀具工件温度图，图 11.48（b）为仿真过程中的温度变化曲线，图 11.48（c）为仿真过程中 X、Y 方向的切削力。

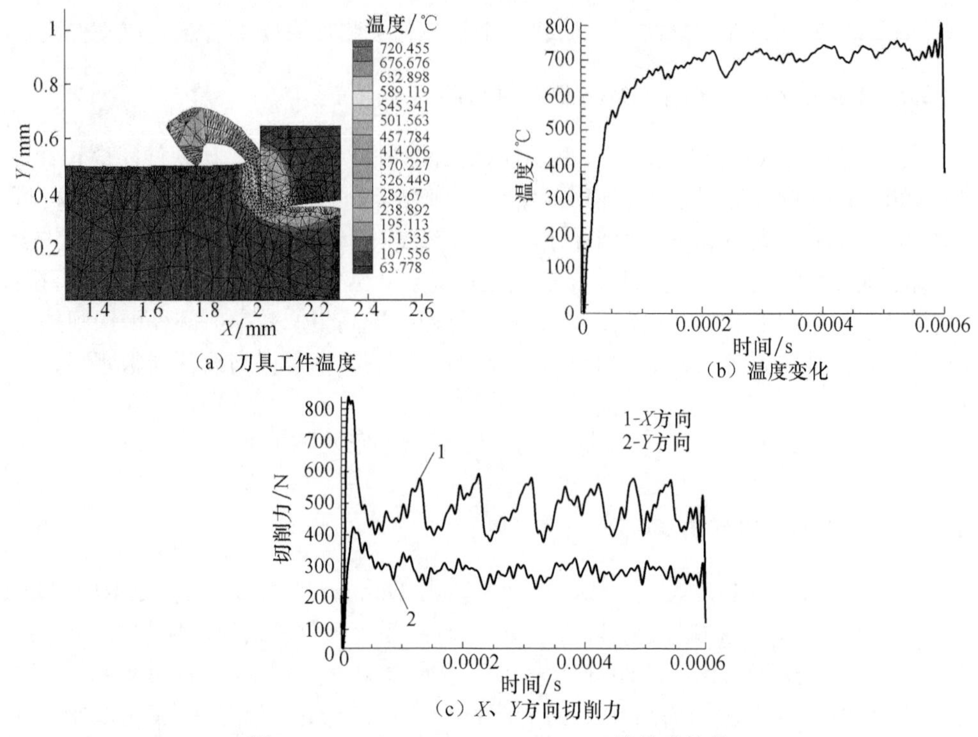

（a）刀具工件温度　（b）温度变化

（c）X、Y方向切削力

图 11.48　Third Wave AdvantEdge 二维仿真结果

11.3.2　二维切削过程仿真结果的比较

有限元法是模拟金属切削加工过程的有效方法，该方法有助于理解材料去除过程中发生的物理现象，对于正确选择刀具材料、设计刀具几何形状、提高产品的加工精度和表面质量是一种有效的手段。采用有限元法分析切削加工过程不仅有利于对切削机理的理解，而且是机械加工工艺优化的有利工具。使用不同的仿真软件对同一个切削过程进行有限元仿真对于加深对有限元的理解有重要的意义。

不同软件切削仿真过程中，工件材料选用淬硬钢 GCr15；刀具选用 PCBN 刀具，刀具参数为：后角 6°、前角 0°、刀尖圆弧半径 0.03mm；设定工件底端以及刀具上端的温度边界条件为 20℃；切削参数选取为：切削速度 150m/min、进给量 0.1mm/r、切削深度 0.1mm。在这些切削条件下 Deform 和 Third Wave AdvantEdge 两种仿真软件得到的切屑均是带状切屑。总体上切削力的变化趋势相同、切屑形态相似、切削温度相差不大，并且与 Abaqus 仿真得到的结果以及试验结果基本一致，但由于不同软件的计算方式、网格划分以及其他一些设置不尽相同，切削力和温度在数值上有一定的差别。

下面从切屑形态、切削力、切削温度三个方面对仿真结果进行分析。显然，Deform 和 Third Wave AdvantEdge 两种仿真软件在给定的切削条件下产生的切屑与同条件下 Abaqus 仿真得到的稳定的带状切屑相类似；切削力是切削过程中重要的物理参数之一，它的大小不仅影响加工工艺系统，还影响工件的加工质量和加工精度。因此，研究加工过程中切削参数对切削力的影响规律，可以为高速切削加工中切削参数的选择提供科学的理论依据。在 Deform 切削仿真过程中，当刀具刚接触到工件时 X 方向的切削力有一个剧烈上升的过程，经过短暂的上升很快达到稳定状态，数值大小为 520N，且 X 方向的切削力为主切削力；在 Third Wave AdvantEdge 切削仿真过程中，刀具刚切削到工件时在 X 方向和 Y 方向有一个力的突变，从切削仿真过程中切屑的形态也可以看出，在最开始切削时产生了一段形状不规则的切屑，切削达到稳定状态后 X 方向的主切削力在 510N 左右波动，Y 方向的切削力维持在 300N 左右；Abaqus 仿真中得到的主切削力约为 650N，而试验中由 Kistler 9257B 压电式测力仪得到主切削力为 800N。Deform 的仿真温度云图中显示的最高温度在 650℃左右，Third Wave AdvantEdge 的仿真温度在 600℃左右，Abaqus 仿真过程刀具的最高温度在 700℃左右，试验中由热像仪得到的切削区域温度分布图显示切削区域中的最高温度为 650℃。在选定的仿真条件和试验条件下，在切屑形态、仿真温度以及切削力三个方面，Abaqus 仿真得到的结果与试验结果较为接近，图 11.49 为在选定的切削条件下 Deform、Third Wave AdvantEdge、Abaqus 以及试验得到的主切削力和温度的对比图。

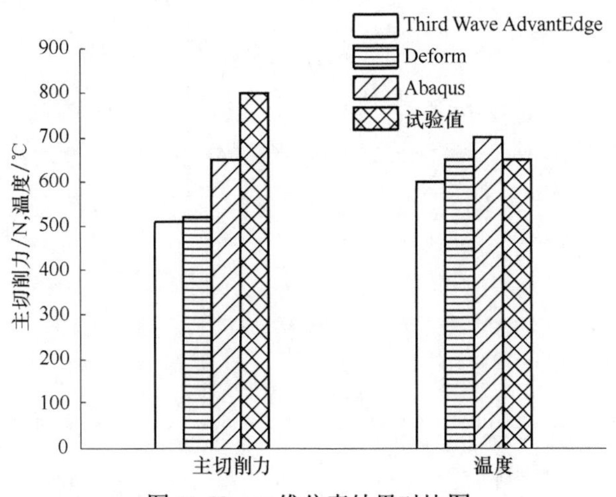

图 11.49　二维仿真结果对比图

11.4　三维切削过程仿真模型的建立

11.4.1　三维切削过程仿真

选用相同参数的刀具、工件、切削参数进行有限元仿真，将 Deform、Third Wave AdvantEdge 的仿真结果与 Abaqus 仿真结果以及试验结果，从切削力、温度、切屑三个方面进行对比。工件材料为淬硬钢 GCr15；刀具选用 PCBN 刀具，刀具参数为：后角 7°、前角 -15°、刀尖圆弧半径 0.4mm；切削参数为：切削速度 200m/min、进给量 0.2mm/s、切削深度 0.1mm。

图 11.50 为 Deform 三维仿真图。其中，图 11.50（a）为仿真后的切屑温度图，图 11.50（b）为仿真过程中 X 向的切削力，图 11.50（c）为仿真过程中 Y 方向的切削力，图 11.50（d）为仿真过程中 Z 方向的切削力。

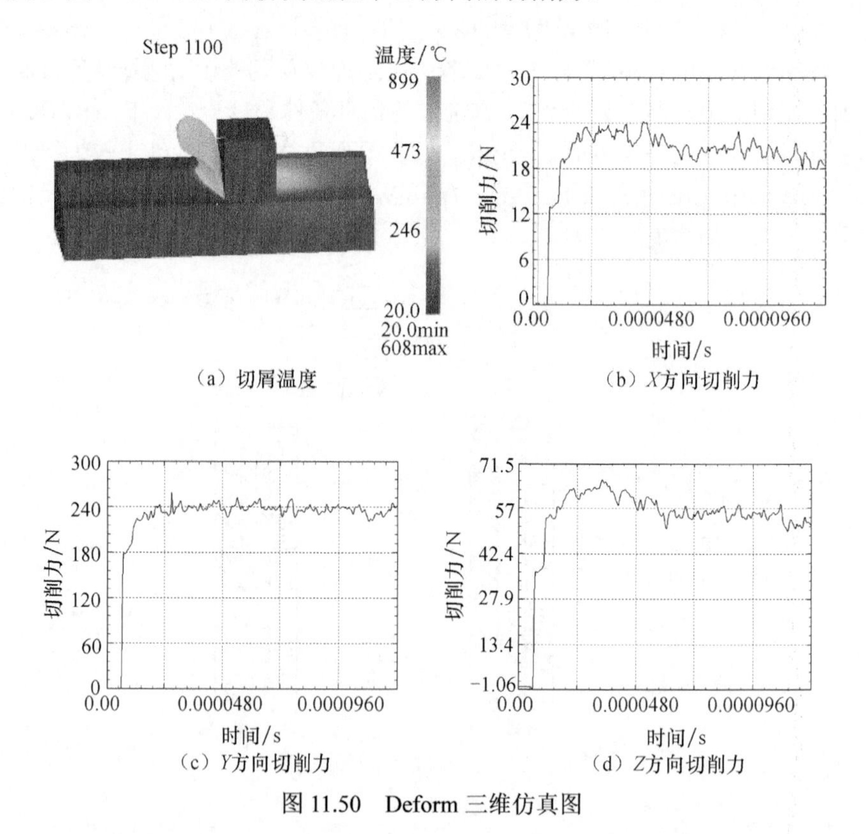

图 11.50　Deform 三维仿真图

图 11.51 为 Third Wave AdvantEdge 三维仿真图。其中，图 11.51（a）为仿真后的刀具工件温度图，图 11.51（b）为仿真过程中最高温度的实时变化曲线，图 11.51（c）为仿真过程中 *X*、*Y*、*Z* 方向的切削力。

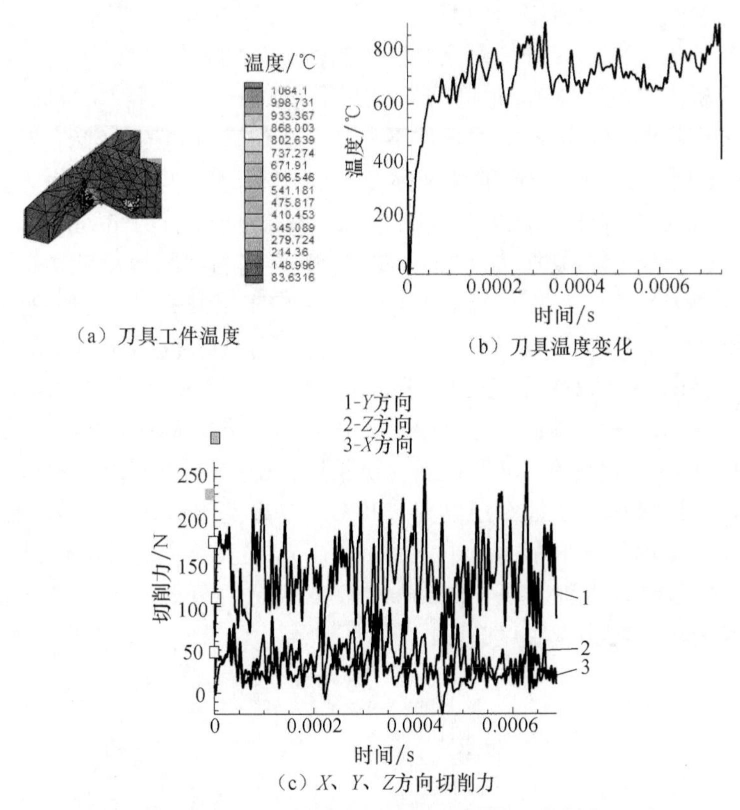

（a）刀具工件温度

（b）刀具温度变化

（c）*X*、*Y*、*Z*方向切削力

图 11.51　Third Wave AdvantEdge 三维仿真图

11.4.2　三维切削过程仿真结果的比较

相对于简化的二维仿真而言，三维切削仿真结果更为准确，但由于三维仿真较为复杂，所花费的仿真时间也显著增加。在本节中将 Deform 和 Third Wave AdvantEdge 在工件材料为淬硬钢 GCr15，刀具选用 PCBN 刀具；刀具参数为：后角 7°、前角−15°、刀尖圆弧半径 0.4mm；切削参数为：切削速度 200m/min、进给量为 0.2mm/r、切削深度 0.1mm 的条件下的仿真结果进行对比。

在切削仿真模拟过程中，切削力并非是稳定不变的，当切削达到稳定以后切削力会在某一平衡值附近上下振荡，这与实际切削过程中由压电式测力仪测得的切削力的变化是一致的。造成这种现象的原因是，在实际切削中，刀具刚接触到工件时，刀具首先接触到的工件材料会先产生弹性变形，接着工件材料内部的晶格进行滑移并发生塑性变形，此时切削力增大；随着刀具的继续前进，在切削刃附近会出现应力集中，当材料的金属剪应力超过强度极限时，切屑就被剥离，此时切削力会相应随之降低。此过程周而复始，因此在切削过程中当切削达到稳定以后切削力曲线为一定范围内的振动波。

在进行三维切削仿真分析对比时，仍然考虑从切屑、切削力、温度三个方面进行对比分析。显然，Deform 和 Third Wave AdvantEdge 两种仿真软件在给定的切削条件下产生的切屑形态与同条件下 Abaqus 仿真得到的稳定的带状切屑相类似，在 Deform 仿真中，*X* 方向的切削力在 15N 左右，*Y* 方向的切削力为主切削力，在 210N 左右；*Z* 方向的切削力在 55N 左右；在 Third Wave AdvantEdge 仿真中，当切削稳定后 *X* 方向的切削力在 20N 左右，*Y* 方向的切削力在 160N 左右，*Z* 方向的切削力在 55N 左右；而试验中由 Kistler 9257B 压电式测力仪得到的 *Y* 方向的切削力在 261N 左右，*Z* 方向的切削力在 80N 左右，*X* 方向的切削力在 20N 左右。试验结果与 Abaqus 仿真结果较为接近，仿真值略高于试验值。Deform 的仿真最高温度在 650℃左右，Third Wave AdvantEdge 的仿真最高温度在 650℃左右，Abaqus 的仿真最高温度在 700℃左右；试验过程中由热像仪得到的切削区域温度分布图显示切削区域中的最高温度为 720℃。在选定的仿真条件与试验条件下在切屑形态、切削温度和切削力三个方面，Abaqus 仿真结果与试验结果较为接近。图 11.52 为在选定的切削条件下 Deform、Third Wave AdvantEdge、Abaqus 和试验得到的各个方向切削力及温度的对比图。

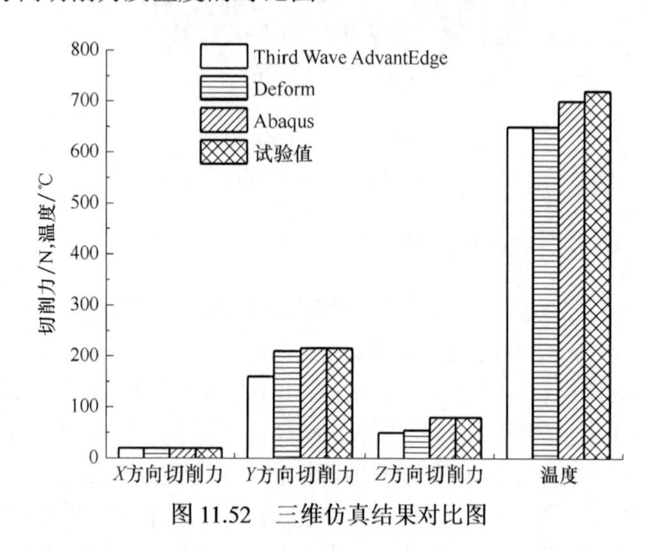

图 11.52　三维仿真结果对比图

11.5　本 章 小 结

本章首先较为详细地介绍了 Deform 和 Third Wave AdvantEdge 这两个三维仿真软件。然后在相同的切削条件用这两个仿真软件分别进行了二维切削仿真和三维切削仿真。最后将 Deform、Third Wave AdvantEdge 和 Abaqus 的仿真结果在切削力、最高温度、切屑形态三个方面与试验结果进行对比。虽然不同的切削仿真软件其特性和计算方式不同，但各个输出量的变化趋势相同。在切削仿真模拟过程中，切削力并非是稳定不变的，当切削达到稳定以后切削力会在某一平衡值附近上下振荡；切削仿真得到的最高温度也在一定范围内波动。结果表明，在选定的仿真条件和试验条件下，在切屑形态、切削温度和切削力三个方面，Abaqus 仿真结果与试验结果较为接近。

参 考 文 献

[1] 龚红英, 朱卉, 徐新城, 等. 基于 Deform-3D 的汽车零件冷挤压成形方案研究[J]. 锻压技术, 2010, 35(5): 16-19.
[2] 徐学春, 胡广洪, 董万鹏. Deform 在航天航空工业中的应用[J]. 精密成形工程, 2012, 4(6): 53-55.
[3] 杜海威, 刘凯泉, 郭义. Deform 软件在加工制造业中的应用[J]. 一重技术, 2008, 123(3): 103-105.
[4] 门超. MasterCAM 环境下刀具切削参数的自动优化方法[J]. 中国科技信息, 2007, 5(15): 85-87.